学前教师教育案例评析教程系列

丛书主编　杨　彦

幼儿行为观察与案例评析教程

主　编　经承凤　付红珍　杨　彦

副主编　张立华　林夏冰　朱婧绮　徐卫梅　梁艳珍

新形态
一体化教材

WUHAN UNIVERSITY PRESS
武汉大学出版社

图书在版编目(CIP)数据

幼儿行为观察与案例评析教程/经承凤,付红珍,杨彦主编.—武汉:武汉大学出版社,2022.8

学前教师教育案例评析教程系列/杨彦主编

ISBN 978-7-307-23243-3

Ⅰ.幼… Ⅱ.①经… ②付… ③杨… Ⅲ. 幼儿—行为分析—幼儿师范学校—教材 Ⅳ.B844.12

中国版本图书馆 CIP 数据核字(2022)第 139586 号

责任编辑:李晶晶　　责任校对:汪欣怡　　版式设计:韩闻锦

出版发行:**武汉大学出版社**　(430072　武昌　珞珈山)

(电子邮箱:cbs22@ whu.edu.cn 网址:www.wdp.com.cn)

印刷:湖北金海印务有限公司

开本:787×1092　1/16　印张:20.25　字数:416 千字　插页:1

版次:2022 年 8 月第 1 版　2022 年 8 月第 1 次印刷

ISBN 978-7-307-23243-3　定价:53.00 元

学前教师教育案例评析教程系列

丛书主编　杨　彦

丛书编委会

丛书顾问

文　萍　广西幼儿师范高等专科学校
王　屹　南宁师范大学
李艳荣　广西幼儿师范高等专科学校
张家琼　重庆第二师范学院
熊　伟　陕西学前师范学院

丛书主编

杨　彦　广西幼儿师范高等专科学校

丛书编委（以下按姓氏笔画排序）

丁桂苏　桂林师范高等专科学校
韦国善　崇左幼儿师范高等专科学校
田茂群　钦州幼儿师范高等专科学校
刘洪波　柳州城市职业学院
刘晓军　广西幼儿师范高等专科学校
李钰燕　广西教育研究院
李淑贤　广西幼儿师范高等专科学校实验幼儿园
杨廷树　铜仁幼儿师范高等专科学校
杨　彦　广西幼儿师范高等专科学校
杨晓云　南宁市直属机关保育院
吴宣毅　广西凌云县中等职业技术学校
佘雅斌　广西幼儿师范高等专科学校
陈金菊　广西幼儿师范高等专科学校
陈泽铭　中国儿童教育发展中心
陈　娟　广西演艺职业学院
林　丽　广西直属机关第一幼儿园
金晓梅　湖北幼儿师范高等专科学校
胡　明　广西直属机关第三幼儿园
贵尚明　广西博童教育发展有限公司
夏　蔚　川南幼儿师范高等专科学校
徐卫梅　广西实验幼儿园
徐晓燕　川北幼儿师范高等专科学校
唐翊宣　广西幼儿师范高等专科学校
蒙志勇　广西幼儿师范高等专科学校
雷一萍　广西二轻技师学院
熊秀峰　北海艺术设计学院

学前教师教育案例评析教程系列

丛书主编　杨　彦

本书编委会

主　编　经承凤　付红珍　杨　彦

副主编　张立华　林夏冰　朱婧绮　徐卫梅　梁艳珍

编　委（按姓氏拼音字母排序）

包丽梅　付红珍　经承凤　黄　娇　黄婉圣　李镇鸿

梁秋立　梁艳珍　林夏冰　陆青莲　陆显琛　覃金莉

宋木子　谭红雨　唐玉婷　吴洁秋　吴振梅　胥　萍

徐卫梅　杨媚媚　杨　彦　曾　鑫　张重宁　张立华

张艺腾　朱婧绮　邹晨露

丛书总序

“骑马者应从马背上学”

“骑马者应从马背上学”是我国著名幼儿教育家张雪门先生关于幼稚师范教育要加强见习和实习、注重实践和实例，促进学生通过课堂听讲、实际体悟从而内化所学、善于应用，以培养合格而优秀的幼教师资的重要指导思想。张雪门先生创办的北平幼稚师范学校，在管理上特点突出：学生上午在校听课、下午到园实习，把一系列实践活动贯穿于三年学习之中，认为只有亲自参与到真实的幼教情景当中去观察、去尝试，才能获得有效的经验并且提升能力。“离开了马背，尽管念一辈子的骑马书，如果跨上马去，还是会从马背上翻下来。”张雪门先生用朴素至理的箴言，生动形象地诠释了幼教师资培育之“实”与“适”，至今仍具有重要的时代意义。

新时代的“骑马者”——幼儿园教师，无论职前培养还是在职培训，都更需夯实“马背”——实践教学体系，包括优秀案例及指导教程等专门的支撑。基于实践取向研发系列课程资源，强化实训实作实习，优化幼儿园教师培养培训，是国策精神、教育使命、社会期盼。

自 2012 年以来，《3—6 岁儿童学习与发展指南》《幼儿园教师专业标准（试行）》《教师教育课程标准（试行）》《中共中央国务院关于学前教育深化改革规范发展的若干意见》等相继出台，关于幼儿健康成长、幼教提质增益及其重中之重是打造专业化幼师队伍等研究日益深入。2018 年《中共中央国务院关于全面深化新时代教师队伍建设改革的意见》这一里程碑式的文件提出“大力振兴教师教育，不断提升教师专业素质能力”“全面提高幼儿园教师质量，建设一支高素质善保教的教师队伍”“强化实践性课程”等重要指示，为我们积极应答新时代学前教育高质量发展和幼教师资高水平建设明确了方向和要求。

“纸上得来终觉浅，绝知此事要躬行。”长期以来，尤其是在见习实习过程中与学生们和幼儿园园长、老师们大量接触和深入交流，感受到大家有很多好点子、好做法、好经验值得分享，如不注重收集整理则难免遗憾，若将其梳理集萃，得以“珠海拾贝”，传扬“典型正能”，创获“实践智慧”，对推进人才培养、丰富理论内涵和指导幼教实务将带来诸多利好。于是，经过集思广益和不懈努力，“学前教师教育案例评析教程系列”结集出版。丛书立足实践，以其理性的思考、独到的构想，将感性体悟、学理逻辑有机融入案例铺陈、图文并茂、资讯扩展和品评点拨之中，力求能够更好地诠释“实”与“适”。

实——衔华佩实。对于丛书和各册的体例架构，怎样才能基于实实在在的一线经验且不简单堆砌、不流于形式，我们几经思索、终得破解。遵循实践教学规律，以学习者视角，对教育随笔、教育故事、教育案例等材料进行有机重构，突出导引性、递进性、可借鉴性和可操作性。通过情境导入、单元聚焦来引领了解各单元要义，各单元之下设置若干课，将学习目标、学习准备、学习领航、学习支持、案例与评析以及拓展检测等板块组成各课的主体内容，并辅以扫码查阅资源链接、扩展认知和项目练习等内容，把各册编写成一本本扎实、平实、充实的案例式指导教程。凸显以案促学，以例明理，以评启智，以实践出真知。

适——以适为新。考虑到丛书和各册的实际应用，为了使文本活现起来，跃然纸上而不是停滞于书中，我们力求增强教材的普适性、自适性。丛书各册所涉及课程均为《幼儿园教师专业标准（试行）》《学前教育专业认证标准（暂行）》指向的专业课程，且大多为各院校学前教育专业人才培养方案的核心课程，涵盖环境创设与利用、游戏活动支持与引导、幼儿行为观察与分析、保教活动与班级管理、沟通与合作、反思与发展等专业能力，是全体幼师必备的“专业基本功”，对标明确，普适性强。同时丛书编写注重提升阅读友好，不仅甄选优秀案例，而且精选照片、图表、声像资料等，配合发散式问答、建设性提示等，支撑各级各类幼师“一专多能”。教材以新样态、多元化呈现，可读易懂，自适性强。凸显人与书的界面交互，学与做的应用交互，支持探寻适切的个性化学习兴趣并鼓励迈向自我创新之路。

编写此套丛书是为丰富学前教师教育课程资源、加强推进实践教学、促进幼师人才培育质量，为众多院校的幼师生和广大的幼教人员提供专业成长的“样例”和“支架”。为达初心，我们勤力深耕，精益求精。自2019年开始动议、构思、组队、编撰并不断完善，直至丛书问世，我们克服了诸多困难！尽管2020年突如其来的疫情迫使编写工作按下了暂停键，丛书出版计划也受到影响，但是我们坚持笔耕不辍，终在花果繁茂之季得尝墨色书香。回顾此间历经的三年，一支热爱教育事业、理论基础扎实、实践经验丰富的编写团队如同一个大家庭，彼此勉励，共克时艰，不辞辛劳，令人感佩！以广西幼师（前身是1938年张雪门先生创办的北平香山慈幼院桂林分院广西幼稚师范学校）学前教育专业教师为主组成的高校团队，与广西、四川、云南等各示范幼儿园的园长们、老师们和各界热心人士积极联动、携手共进，武汉大学出版社的热忱邀约和鼎力支持也给予源源动能，所有参编人员的专业和敬业融汇于字里行间，在此一并衷心感谢！

> “生活兮教育，生活兮教育，我们生命唯一之伴侣。为汝勤力，不分旦夕，为汝驰驱，不顾险夷。人生意义在利他，他利己亦利，生活兮教育。”
>
> “淳朴兮孩子，淳朴兮孩子，未来世界好坏之主体。浑然心地，不知害利，乐哉游戏，不计非是。社会价值在没我，没我以利人，先利小孩子。”

八十多年来，北平香山慈幼院校歌仍萦绕耳畔荡涤人心，纯美而清晰地传递了张雪门先生的教育理念。从北平到桂林，从过去到现在，无论时空如何转换，坚守“先利小孩子”初心不改；无论“骑马者”如何更迭，坚持“从马背上学”笃行不怠。期待能将我们对学前教育的美好追求传递和共勉，也望不吝赐教以改进不足之处。脚踏实地、志存高远，将“骑马者”“扶上马”并“送一程”，这是历史重托和时代使命，我们将继续深研精进，为新时代幼教师资培育贡献“广幼智慧”。

杨彦

2022 年 1 月于绿城南宁

前　言

蒙台梭利曾说："唯有通过观察和分析，才能真正了解孩子内心的需要和个别差异，以决定如何协调环境，并采取应有的态度来配合幼儿成长的需要！"只有懂儿童，才能真正地走进儿童。儿童的成长和发展，与教师的素质密切相关。其中，幼儿行为的观察和评价是幼儿教师专业能力的重要组成部分。特别是《幼儿园教师专业标准（试行）》规定，幼儿园教师应"掌握观察、谈话、记录等了解幼儿的基本方法，有效运用观察、谈话、家园联系、作品分析等多种方法，客观地、全面地了解和评价幼儿，有效运用评价结果，指导下一步教育活动的开展"。

《幼儿行为观察和案例评析教程》是一本系统介绍幼儿行为观察方法的指导用书。以案例分析的形式全面介绍了对幼儿进行行为观察分析的理论知识、观察方法和指导要点。本书立足"课岗融合，做学合一"，大量引入幼儿园教师进行行为观察与分析的实际案例，与幼儿园保教工作密切结合，可以帮助学习者深入理解如何进行幼儿行为观察与分析。学习者可以在这样鲜活各异的案例中深入理解幼儿行为观察与分析的内涵并掌握观察与评价方法。

全书从理论和实践两个维度对幼儿行为观察评价进行剖析与解读。第一单元和第二单元为概述部分，阐述了观察的目的和意义、方法和评价等理论内容。第三单元到第六单元聚焦幼儿园一日活动流程中的不同活动类型，阐述幼儿在生活活动、游戏活动、运动、学习活动中观察记录的方法、分析评价的要点和指导策略。

本书编制的主要特点在于：

第一，理实一体，注重实践。本书从观察与评价的角度出发，详细阐述了幼儿行为观察以及相关理论知识。理论知识的储备是教师准确地观察，科学地分析与评估的基础。在此基础上，各个章节还引入了大量的案例，可以帮助学习者深入地理解如何对幼儿进行观察与评价。

第二，突破重点，提升能力。本书不仅系统地介绍了观察与评价的方法，还详细阐述了一日活动流程中的不同活动的观察要点和评价标准，每一章的最后一节还专门给出运用具体的方法开展观察与评价的完整观察样例，直接对应解决幼儿园教师不知观察什么，如何观察及评价的问题。

第三，学思结合，内化迁移。本书在每一单元的编写体例上，均设有“情境导入”“学习目标”“学习准备”“资源链接”“学思研训”等部分，使学习者在学习前能够了解学习的主要目标和内容，在学习中能够结合理论与案例进行深入学习，在学习后能够进行复习和反思，全面地提升观察与评估幼儿的能力。

本书可以作为高校学前教育专业学生及相关专业的学习用书，也可以作为幼儿园教师培训和幼儿园教研活动指导用书。本书为新形态立体教材，配有二维码方便教师及学生使用。

本书由广西幼儿师范高等专科学校经承凤、付红珍和杨彦主编，编写团队具体分工如下：朱琳、曾鑫编写了第一单元和第二单元，黄婉圣编写了第三单元第二课，宋木子编写了第五单元第二课、第三课，付红珍编写了第三单元第一课、第三课、第四课和第六单元，经承凤编写了第四单元和第五单元的第一课。本书在编写过程中得到了多所幼儿园的大力支持，广西大学第二幼儿园胥萍、覃金莉、陆青莲、吴振海，广西民族大学幼儿园张立华、林夏冰、杨媚媚、黄娇、包丽梅，广西卫生健康委员会幼儿园李镇鸿，广西幼儿师范高等专科学校实验幼儿园唐玉婷，北海市第一机关幼儿园张重宁等老师们为本书提供了生动的案例、图片和视频，在此一并感谢！

编者

2022 年 6 月 12 日

目　录

第一单元

幼儿行为观察的“因由”

【情境导入】

在幼儿园实际教育工作中，幼儿教师或实习学生会抱怨“观察太枯燥了”“在教学过程或者保育过程中既要完成本职工作，还要观察幼儿，并且准确地记录幼儿的行为，实在太难了”“为什么非要观察呢?”“我不知道怎么表述他的行为”等。面对家长“我很想知道他为什么这样做”“他很小气，从不和其他小朋友分享玩具”“我准备单独出门时，他就会大哭”等一系列问题时，又不知如何与家长进行有效交流，甚至同样无法理解。在学习完本单元之后，你将会找到为什么进行幼儿行为观察、怎么样进行幼儿行为观察等问题的答案。

【学习目标】

1. 掌握行为观察的含义，理解幼儿行为观察的意义。
2. 了解幼儿行为观察的原则，学会撰写观察计划。
3. 能够用儿童发展理论、《3—6 岁儿童学习与发展指南》指导行为观察的实施过程。
4. 对幼儿行为有观察兴趣，初步形成科学的评价观。

【学习准备】

1. 阅读预习

(1)《幼儿园教师专业标准（试行）》

(2)《3—6 岁儿童学习与发展指南》

(3)《幼儿园保育教育质量评估指南》

(4) 相关书籍推荐：

王烨芳. 学前儿童行为观察与分析 [M]. 南京：江苏教育出版社，2012.

李晓巍. 幼儿行为观察与案例 [M]. 上海：华东师范大学出版社，2017.

2. 思考求解

(1) 什么是行为观察?

(2) 幼儿行为观察的意义是什么?

(3) 为什么说行为观察是幼儿教师的必备能力?

第一课

什么是幼儿行为观察

瑞吉欧创始人马拉古齐曾说：“儿童形象是教学的起点。”教师如何看待儿童决定着教师的教育教学行为。成都华德福创始人张俐认为：“孩子是一个谜，我们想要支持他就必须尽可能地读懂他。”① 只有对幼儿行为进行科学的观察与分析，才能明确幼儿当前的发展水平和潜在发展水平，进而为幼儿的下一步发展提供适宜的教育支持。

一、行为观察的含义

我们需要弄明白学科定义上的“行为”“观察”，才能理解行为观察的规范性、科学性，这有助于学习者在本门课程起始阶段建立起对这门课程的科学性感知。

（一）什么是行为

某幼儿园中班，鑫鑫（4 岁 3 个月）脱下鞋子走进沙坑，拿起沙坑旁的树枝，在沙坑画了一个圆圈，并将红色的落叶放在圆圈里面。随后，他捡起沙坑中的小石头在圆圈内的落叶下摆成一条向上的曲线，然后用黄色的落叶在圆圈的右边摆成一个圆。他微笑着说：“他在吃橙子味的棒棒糖。”

如果对上述文字进行分析，你就能够发现幼儿“平常”“表面”行为背后隐藏的“宝藏信息”——幼儿正在展现发育过程中的技能。而传递这些关键信息的外在体现就是——幼儿的行为。

行为（behavior）是可以通过一种或多种感官直接观察到的个体所做的任何事情。根据观察行为的范围，分为广义和狭义的行为。一般认为广义的行为除了直接可见的外在活动，还包括由观察可见的行为线索间接推知的内在心理活动及心路历程。这些不可直接观察的情绪、思维、知觉、态度、动机等观察者可通过外部行为表现的线索、资料进行评估和推测。狭义的行为特指外显的且能被直接观察、描述、记录或测量的活动。例如，小紫在吃饭，小想在搭积木。这种说话、走路、游戏、吃东西等一言一行、一举

---

① 资料来源：微信公众号“日敦社幼师学园”文章《为什么幼师即使只做 3—6 岁的教育，但也需要了解人一生的发展规律》，2021 年 11 月 29 日。

一动都是可被直接观察的行为，可借用一定外部设备（录音机、照相机、摄像机、量尺、计时器）记录并加以分析。

行为也分为意识（consciousness）和潜意识（unconsciousness）两种。意识层面的行为有内显和外显之分，内显行为则需要行为主体自我报告，以口头、文字或描述等方式说明自身感受，外显行为是可被外部观察的。潜意识由于行为主体也无法发觉或解释，虽然可以通过外显的行为表现建立与内在潜意识的联系，但难以推测，因此，对行为的观察主要涉及内显的活动和外显的活动。

受外部刺激影响，姿势、行动、表情或语言等都是个体意识的显现。特别是幼儿的行为反应有时是直接的，可通过多次观察，推断幼儿的个性心理倾向和个性特征。例如，乐乐在教室玩布娃娃，听到广播放《小白兔》的音乐，马上起身跳舞。有时幼儿表现出的行为是刺激反应的结果，但刺激和行为这两者之间的心理活动，既内在意识无法直接观测得到，只能通过多次、长期观察才能推测其行为表现下的情绪、思维、动机、需要等，从而理解个体行为。例如，妈妈今天下班回来，买了悦悦最喜欢的乐高，悦悦看到后手舞足蹈，立刻动手拆包装盒，但是很快停了下来。我们能直观地看到刺激和刺激引起的行为反应，但是很难推测悦悦为什么突然停止拆包装盒的动作。因此，外显行为动作背后还潜藏着个体的心理活动。

（二）什么是观察

凯丽（2岁10个月）基本能够完成简单的字母拼板，她拿起一块拼板用力按进底板上，完好地塞进去，脸上露出微笑。接着她拿起下一个拼板用力地塞进目标底板，但是怎么都不能完好地放进去。她停下来，手托着脸颊看着底板，然后将拼板和底板的几个形状进行对比，转动角度，尝试塞进去。第一次失败时，她看向了在一旁的老师，然后她变化角度终于把正确的拼板放到正确的底板上。

很显然，凯丽通过游戏拓展了她的技能和经验，我们能观察到凯丽完成字母拼板游戏的投入程度，以及她在没有帮助的情况下，遇到困难时是如何独立完成这一任务的，还可以观察到凯丽的试错过程。

“行为可以在自然的情景中观察到。”观察（observe）是通过一种或多种感官来获取信息、理解其意义，并以有意义的方式运用这些信息的能力。一般来说，信息大部分通过视觉被接收，其次是听觉，因此，在观察中提及的感官，主要是视知觉（perception）。这里谈论的观察不仅指生理意义上的“看”，更包括心理学意义上的“看”。生理上，基于正常的眼球视网膜和视觉敏感度，人们能够分辨和观测物体，但这仅能获取事物的外部形象，是最基本的观察。心理学上，大脑执行着一种对感官接收到原始刺激（raw stimuli）的理解和解释功能，对未经解释和处理的刺激赋予其意义。

故而观察不仅是人的感觉器官直接感知事物的过程，而且是人的大脑积极进行思维活动的过程。作为幼儿教育工作者，除了会看、听，还要会“有意义地看和听”，否则就不能理解幼儿，更无法与他们进行有效互动。

有研究者认为观察是“刺激→感官→判断”的过程。由于观察较为复杂，我们通常将其所包含的四个要素概括为以下几个方面。

第一，注意。注意是指心理活动对一定对象的指向和集中，是伴随感知觉、记忆、思维、想象等心理过程的一种共同的心理特征。观察的发生必定指向一定的观察对象，这个对象可以是人、事、物，只有当注意聚焦在观察对象上，观察才算开始。

第二，焦点与背景。焦点是指能够引起观察者注意的事物，即观察对象。而观察对象存在于一定的环境之中，与其他事物相互影响，因此与观察对象产生联系的事或有关信息便是背景，这个背景可以是情景环境，也可以是想法、行为等。

第三，主观介入。观察者的内在动机、情感及价值判断有意或无意地参与观察活动即主观介入。虽然强调观察的客观性，但人不可避免地带有一定的主观倾向，因此，在观察中注意对信息的记录。

第四，判断与结论。基于客观事实和主观观念，给予观察对象一个意义就是判断。这个判断可以是观察过程中暂时的待验证的想法，也可以是最后的结论。

【想一想】

陈鹤琴的观察笔记

有一次我到南京去，在火车上看见一个母亲带了两个小孩子：一个大的，大约四岁；一个小的，大约两岁。小的抱在手里，大的坐在椅子上。母亲叫大的坐好不准动，大的坐了一会儿就吵起来，他要弟弟的摇铃，母亲不给他，他就哭了！母亲叫他不要哭，对他说：“你做哥哥，年纪大了，还要哭吗？不许哭！不许哭！”不过他还是哭，还是吵。后来母亲打了他几下，他哭得更加厉害。那时我想，这样小的孩子，哪里可以像成人一样坐得牢？他应当有东西玩玩，有图画看看，有事情做做，就不会厌倦了。他哭了好久，母亲另外买了一个摇铃给他，他拿到之后，擦擦眼泪，就笑嘻嘻地去玩了。

资料来源：孙诚主编．幼儿行为观察与指导（第二版）［M］．长春：东北师范大学出版社，2019.

问题：请从观察四要素的角度分析陈鹤琴的上述观察笔记。

（三）什么是行为观察

行为观察指通过感官或仪器设备，有目的、有计划地对个体外显行为及现象进行感知和记录，获取客观现实资料，并据此了解和分析观察对象的行为的心理活动和个性心理。幼儿行为观察则是指对幼儿行为进行的观察研究，在对幼儿行为了解的基础上，对他们的个性、需要、兴趣等不同方面进行了解，从而调整教育行为和策略。

使用行为观察研究幼儿主要有两方面优势：第一，幼儿行为观察能发现很多无法从其他方法测量的行为。标准化测验或者实验研究能在成人身上获得较为准确的数据，但是对于幼儿来说，他们的语言、思维、读写能力尚未成熟，通常不能较好地表达自己的认识和理解，幼儿的能力甚至有可能远远超过标准化测验或研究的范畴。而在行为观察中，能较好地弥补这方面的信息和数据，特别是自然情景下的观察是最真实、直接的评价方式之一。第二，无论是采用参与性观察还是非参与性观察，自然观察还是实验室观察，成人在意识到被观察后，会不自觉地改变原有行为方式，但对幼儿来说，较少受到影响。虽然不会完全忽略，但不会刻意表现。

二、日常观察与专业观察的区别

观察随时随地发生，人们在日常生活中都会注意周围信息，因为这是人类认识世界的一个最基本的方法，这便是日常观察，也叫作一般观察。日常观察多数没有明确的目的性、计划性，有可能是因为“好奇、有趣、探究心”引起的。而专业观察是由于职业需要或科学研究而进行的，是一种有目的、有计划的活动，需要做出正确、专业的事实判断。

有学者对比二者的观察过程后认为，日常观察是“接收信息→主观判断”，专业观察是“接收信息→主观判断→接收信息”不断往复的过程。日常观察不作为科学研究的手段，因此在观察的目的、手段、深度、准确度上与专业观察有较大差异。

观察者只关注自己感兴趣、需要的信息，自动忽略不感兴趣的内容，而观察到的信息常常是某些偶发事件、特殊背景下的行为，对观察对象完整、确切的信息并不熟知，且不会有系统的观察，因此，在观察目的上日常观察具有较强的主观性、片段性和偶然性。而专业观察是为了职业需要或科学研究进行的观察，带有明确的目的性、计划性，有步骤的安排和严格的记录通常是为了解决某些问题预设或假设的。

日常观察是简单地借助感知觉接收信息，但专业观察为确保推论和结论的准确性、客观性，需要运用专业、科学的方法进行收集、记录、分析材料，以保留事实原貌。有时还需要再三回顾事实真相，使用仪器、工具记录过程性资料。在分析资料时也采用科学的分析方法，使解释和结论接近零误差。

日常观察的观察者在对现象观察后较少思考行为表象背后的信息，所下的判断较为随意。而专业观察通常会问“行为表现前后一致吗?”“信息准确吗?”“和其他人一起时也展现得一样吗?”等，也就是说，专业观察会深入探索焦点与背景这一要素的原貌，并试图找到规律，降低推断和结论出错的概率，并提供有效的解释信息。

三、幼儿行为观察的意义

观察是为了知道幼儿做了什么，评价的本质是进行价值判断，评价的内容是观察对象的实际表现和应有发展水平之间的信息。幼儿行为观察与评价这一科学活动的主要实施者是教师，其次才是家长，虽然对教师和家长来说，其意义可能侧重不同，但毫无疑问，最重要的作用是通过观察幼儿来评估他们的需要，拓展他们的经验，促进他们的学习。

（一）幼儿行为观察为教育者提供了解幼儿的信息

幼儿行为观察可以为教育者提供幼儿行为详细的信息，这有助于全面了解幼儿。

1. 记录客观事实

将幼儿的行为，如表现出的经验水平、能力水平、认知水平等直接、客观地记录下来是观察评价的第一步。表 1-1 的观察记录可以客观地展现小栋在某一段时间内的活动轨迹，观察者可根据大量客观资料进行后续的比较、分析等。

除了能直观看到的事实，幼儿的能力在行为活动时也能“被客观地看见”。比如，君君正在和幼儿园的朋友绘声绘色地讲上周父母带他去动物园的事情，那么在君君的语言表达中就能展现记忆涉及的技能发展。图 1-1 展现的是记忆、语言和推理中所涉及的技能。

2. 诊断幼儿发展水平

人们普遍认为，幼儿遵循着普遍的、一般的发展规律，展现相似的心理和行为特征。我们学习了大量与幼儿有关的理论知识，可在观察中运用，以检验幼儿是否遵循了一般发展规律，是否达到发展常模，是否表现出慢于或快于同龄人的行为等。这些资料可以帮助分析幼儿的发展是否在正常水平范围，可根据诊断结果对幼儿进行鉴定和选拔，也可为后续的干预提供基本信息。

表 1-1　　**追踪观察记录表**

<table>
<tr><td>幼儿姓名：小栋</td><td>性　别：男</td><td>年　龄：6 岁</td><td>编　号：09</td></tr>
<tr><td>观察日期：2018 年 10 月 29 日</td><td>开始时间：10:30</td><td>结束时间：10:50</td><td></td></tr>
<tr><td>观察地点：活动区</td><td>观 察 者：依依</td><td></td><td></td></tr>
<tr><td colspan="4">观察目标：了解小栋在活动区域的活动轨迹</td></tr>
<tr><td colspan="4">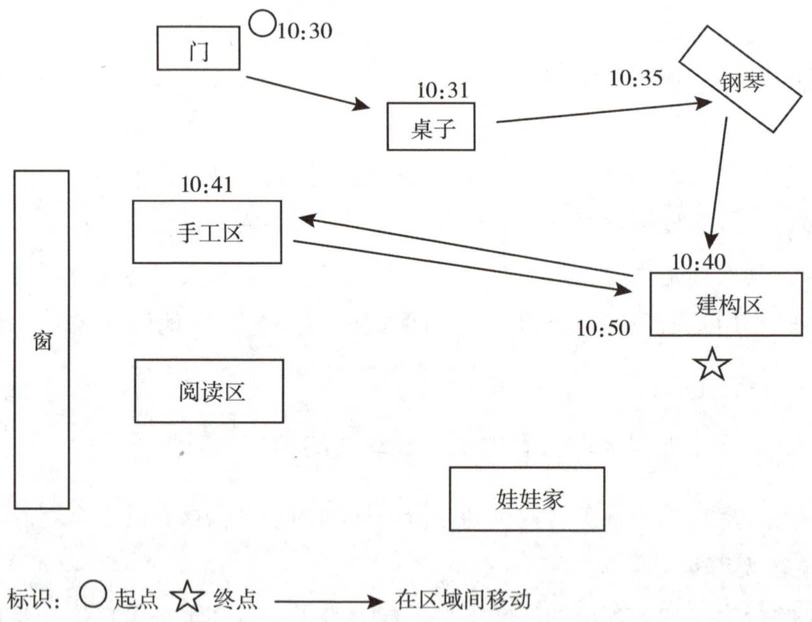
</td></tr>
<tr><td colspan="4">分析评价
小栋进到活动区后，首先在桌子上画画，将画交给坐在钢琴旁的老师后，就去了建构区，之后又去手工区拿了纸和笔回到建构区。
与大班其他幼儿相比，小栋在活动中表现出了对建构区的偏爱，其他区域活动几乎没有。</td></tr>
<tr><td colspan="4">指导建议
教师可以提供更多类型的建构材料供幼儿搭建。同时，鼓励幼儿积极参与其他区域的活动，以促进其全面均衡发展。</td></tr>
</table>

例如，将《3—6 岁儿童学习与发展指南》（以下简称《指南》）作为评价指标，可用来比较 3—4 岁、4—5 岁、5—6 岁儿童在健康、语言、社会、科学、艺术五大领域的发展程度，哪些达到了、哪些未做到、哪些超越了。表 1-2 是根据《指南》中艺术领域的指标制作的等级评定量表，观察者可检验 3—4 岁幼儿是否达到一般水平。

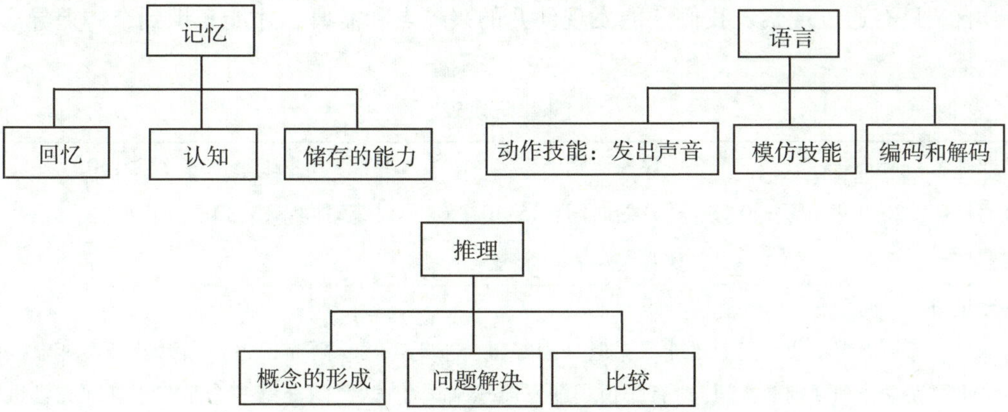

图 1-1　记忆、语言和推理涉及的一些技能

表 1-2　**3—4 岁幼儿艺术发展等级评定量表**

项目	内　　容	等级				
		5	4	3	2	1
一、感受与欣赏						
1. 喜欢自然界与生活中美的事物	喜欢观看花草树木，日月星空等大自然中美的事物					
	容易被自然界的鸟鸣、风声、雨声等好听的声音所吸引					
2. 喜欢欣赏多种多样的艺术和作品	喜欢听音乐或观看舞蹈、戏剧等表演					
	乐于观看绘画、泥塑或其他艺术形式的作品					
二、表现与创造						
1. 喜欢进行艺术活动并大胆表现	经常自哼自唱或模仿有趣的动作，表情和声调					
	经常涂涂画画、粘贴并乐在其中					
2. 具有初步的艺术表现与创造能力	能模仿学唱起小歌曲					
	能跟随熟悉的音乐做身体动作					
	能用声音、动作姿态模拟自然界的事物和生活情景					
	能用简单的线条和色彩大胆画出自己想画的人或物					

备注：5—很好；4—好；3——般；2—差；1—很差。

3. 发现个体差异

每个儿童都有其自身独特的发展规律，可能受遗传影响，也可能受后天环境等因素的影响，只有通过观察，我们才能发现幼儿的兴趣点和需要，才能意识到个体差异。

表 1-3　　**轶事记录表**

幼儿姓名：阿充	性　别：男	年龄：5 岁半	编号：01
观察日期：2019 年 12 月 20 日	开始时间：15:10	结束时间：15:30	
观察地点：操场	观 察 者：余星		
观察记录 今天老师组织小朋友们上足球课，但是刚好碰上下毛毛雨。阿充说道：“我最喜欢淋雨啦!”老师讲解完动作和规则后，问：“有哪位小朋友愿意来试一试?”阿充第一个举起手。阿充尝试了一次，没有踢进球筐，他看着球摸了摸脑袋。老师让阿充多练习，鼓励说多试几次就能踢进了，但是阿充踢了好多次都没有踢进。他站着思考了一会儿，然后尝试着用手代替脚的姿势把球“踢”进门框，阿充看着进球了，咧开嘴笑了起来，又重复了很多次这样的行为。踢球过程中，其他幼儿都能遵守规则，排队按顺序练习，阿充总是插队。每次进球后，阿充都会跑到老师面前说道：“老师，我踢进了好多球!”此时，旁边有个小朋友说：“老师！阿充不是用脚踢进的！是用手放进去的！而且他老是插队!”老师蹲下来，摸着阿充的头说道：“阿充，是这样吗?”阿充低下头不说话了，把球一扔，说：“我不踢了。”这时老师捡起足球，站在阿充旁边，告诉他：“要排好队，不然其他小朋友就没机会踢了。”老师又一次仔细地讲解了踢球的动作，让阿充再试一次。在老师不断的鼓励下，阿充终于踢进了球筐，他笑了起来，按照这个方法一次一次地去踢球，还主动给不会踢球的幼儿传授自己的经验。			

在表 1-3 中，阿充的个性、规则意识程度、思维发展阶段、同伴交往行为等在集体活动中区别于其他小朋友的行为方式。他对自己“不守规则”的成就非常自豪，并不断地在老师面前炫耀。其实，他既能“不按常理出牌”，也能通过教育完成动作训练，这一系列的能力取决于其前期的练习量或称之为经验。因此，观察者可以通过观察了解幼儿已有的经验和环境因素，以更多地了解幼儿的个体差异。

（二）幼儿行为观察是教育者提高教学能力的依据

教育者对幼儿进行行为观察，也是在使用研究方法进行探究，在这个过程中教育者会不断地反思、查阅大量资料以解决教育教学情境中的某个问题。以问题为导向的方法能够极大地发挥教育者的主观能动性，针对某一幼儿提供具体化教学建议，提高教育教学质量。

1. 促进教师专业发展

教师的专业能力是教师完成教育活动所必需的综合素质，伴随教师职业的专业化而出现，是保障其完成职业要求和工作职责的必要条件，直接影响着幼儿发展以及幼儿园教育质量。全美幼儿教育协会（NAEYC）的《幼儿园教师职业准备标准》、日本的教师专业标准、英国合格教师专业标准都明确规定，幼儿教师应该具备观察和评估幼儿学习和发展的能力。我国颁布的《幼儿园教师专业标准（试行）》（以下简称《标准》）中的“激励与评价能力”部分明确写道，“二是能有效运用观察、谈话、家园联系、作品分析等多种方法，客观地、全面地了解和评价幼儿；三是能有效运用评价结果，指导下一步教育活动的开展”，观察是幼儿园教师的基本功，评价则是教育过程的重要组成部分，是改进教育和促进幼儿良好发展的重要手段，也是教师自我成长的重要途径。“反思与发展能力”部分也明确写道，“一是能主动收集分析相关信息，不断进行反思，改进保教工作；二是能针对保教工作中的现实需要与问题，进行探索和研究”。反思能力能有效改进专业能力、改进实践工作。

这些行业标准的出台更加体现出幼儿园教师具备专业观察评价能力的重要性。幼儿园教师只有主动参与到专业观察中，才能发现幼儿已经达到什么水平，理解他们为什么做某事，从而加深对幼儿发展知识的理解，学会从幼儿的视角看待事物，进而改进保教工作、完善教学手段、提高专业技能。

2. 提供个性化教育方案

个性化教育是相对于统一性教育而言的，是在尊重和关注的基础上，制定契合受教育者学习和发展的教育方案。多元智能理论认为每位学生的智能都各具特点并有各自独特的组合方式。如果教育者能通过观察儿童的行为了解到他们处于何种发展水平，就能更加清楚地知道幼儿个体之间的差异，并根据实际制定适宜的教育目标，提供合适的活动来促进个体发展。

例如，在案例“从不吃到自主进餐的变化”中，就能较为直观地看到教师使用观察法对豆豆进行持续性观察，找到行为背后的原因，并不断调整教育方式和方法，达到帮助豆豆养成良好进餐习惯的目的。

【案例链接】

从不吃到自主进餐的变化（节选）

穆林杰

开学两周多了，豆豆的情绪逐渐稳定下来，就要在幼儿园进行午餐了。经过几次观察，我发现豆豆吃饭是个难题，一到吃饭时间就哭，老师不喂就不吃。老师喂了，她还找各种理由拒绝吃。为了解决豆豆吃饭的问题，我认真观察她，找到原因，针对原因，利用不同的方式给予指导和帮助。经过努力，豆豆吃饭的问题有了明显的改善。

情景一

到吃饭时间了，我请小朋友们去洗洗小手准备吃饭。豆豆听了之后就哭了起来，喊着：“我要找姥姥！”

我说：“豆豆乖，老师知道豆豆想姥姥了。咱们吃完饭就到门口等姥姥，好吗？你听听，你的肚子都咕噜咕噜地叫了。”

豆豆依然不理睬我的话。我把她带到了座位上。

我说：“这个饭可真香啊！多吃肉肉会长高高，你来吃一口吧！”我把饭端到豆豆面前，伸手去扶豆豆的手，让她拿勺子。刚碰到勺子，豆豆就迅速地把手缩了回去，不肯拿。

我说：“穆老师喂你吃一口好不好？吃完饭，姥姥就来接你了。”

豆豆慢慢地张开了嘴，可这口饭刚到嘴里，她又哭了起来，嚷着说：“太硬了，咬不动！”她把饭又吐了出来。

接连喂了几次，饭都被豆豆吐了出来。她还啼哭不止，一顿饭没吃多少。

反　思

豆豆不吃饭，一是因为她的咀嚼能力比较弱。从前两周的加餐情况中我发现，她只用前门牙咬东西吃。二是因为她在家中习惯了家长喂饭。豆豆对于自己动手吃饭很不习惯，也很不愿意，再加上分离的焦虑，她就更不配合我吃饭了。我想，我需要在吃饭以外的时间里多和豆豆沟通，让她先接受我。

情景二

又到吃饭时间了，豆豆的情绪相对前几次稳定了许多。她吃饭时需要老师喂，对吃饭依然没有什么兴趣。

我说：“豆豆，你看今天的饭菜五颜六色的，多好看呀！我们尝一尝，看它是不是糖果的味道。”我依然试着去扶她的小手，想让她自己拿勺子。她依旧迅速地收回小手，把小手放到了桌子下面。

我说：“穆老师喂你。你尝一尝，看看红色的是什么味道的。”

豆豆张开嘴，我把食物塞进她的嘴巴里。她刚嚼了两下就哭着说：“太多了，太多了！”

我说：“豆豆不哭，豆豆不哭。不多，你看老师。”

我用手指着自己的嘴巴，做出咀嚼的动作，并告诉她把饭菜从前面门牙移到后面的槽牙位置，然后用力地嚼。她看着我的嘴动，也跟着动了起来。就这样，豆豆试着一点点、一点点地用后槽牙咀嚼，在老师的帮助下吃了一小碗饭。

反 思

豆豆的姥姥说豆豆挑食，硬的不吃，青菜也不吃。其实，不是豆豆不喜欢吃，而是她吃的方法不正确。看来我需要在咀嚼能力上与豆豆的姥姥多沟通，让豆豆的姥姥在家教豆豆用后槽牙咀嚼。在家吃水果也不要再榨汁喝，要切成块吃，让豆豆练习咀嚼能力。豆豆学着老师的方法，饭菜吃了不少，也开始接受老师并开始配合进食。

情景三

餐前，孩子们都洗完手了，清清老师为小朋友们盛好饭菜。当我把饭菜端给豆豆时，她主动拿起勺子，左手也扶到了自己的碗上，一口接一口地吃起了香喷喷的饭菜。

我说："豆豆真棒，自己可以一手拿勺，一手扶碗地吃饭了，这样衣服也不会脏，个子还会长得高高的。"

豆豆抬头看了看我，脸上露出了笑容。

我说："快吃吧，吃完饭姥姥就来接你了。加油！"

豆豆干脆地回应道："嗯，吃完姥姥就来接我。"

豆豆高兴地吃了起来。这顿饭，豆豆是自己独立吃完的。

反 思

豆豆干脆的回应和高兴地吃饭的样子，出乎我的意料。老师们听了会意地笑了，这是由衷的高兴。经过不懈的努力、耐心的引导，豆豆从不吃到能够自主进餐，这种变化告诉我们，只要我们善于发现幼儿的问题，找出问题的原因，针对原因想出策略去引导与帮助，一定能促进幼儿快乐地成长。

资料来源：王翠肖．幼儿行为观察与记录精选［M］．北京：北京交通大学出版社，2017.

3. 监控并提高教育质量

在《教育大辞典》中，教育质量是指教学水平高低和效果评价，最终体现在培养对象的质量等方面。微观概念聚焦在培养对象的质量方面，也就是教学水平和教学效果优劣差异等情况。幼儿的发展与表现是衡量幼儿园教育质量的关键指标，是反映幼儿教师教学能力的透视镜。幼儿教师的工作对象是正在发展中的人，因此，具备有意义的"听"和"看"，才能与幼儿进行有效的教学。我们可以通过分析班级幼儿的行为，从中发现有价值的线索，开展适宜教育，提高教育质量。这样做可以侧面监控教学质量和教育行为，反思课程中的问题与不足。

【案例链接】

观察记录

我正在组织发课间餐，看到一桌的小朋友都围在一起热热闹闹地说话，没有进餐，便走过去看他们在讲什么话题，准备好好“教育一番”。走近后，听到天天大声叫起来：“哇！好美呀！”她的声音刚落，周围的小朋友络绎不绝地称赞着。原来他们在看小金手里的一张婚纱照，他们围成一圈七嘴八舌地讨论着。

天天：“什么是结婚呀？”

大海：“生宝宝。”

蓝兰：“结婚就是马上就要生宝宝了。”

郭丽：“结婚就是和男生一起结婚。”

高高：“新郎要戴一个领结。”

大宝：“肚子里会有一个宝宝。”

万萌：“结婚就是一个女孩和一个男孩带着结婚证，出去旅游。”

马嘉：“一个是生宝宝的证，一个是结婚的证。”

洛洛：“我们去园博园春游的时候看到了新娘子。”

李木：“结婚是女生娶了不一样的男生。”

蓓蓓：“我长越来越大的时候，就可以和老师结婚了。”

崔浩：“如果结完婚的话会有戒指戴在手上。”

晶晶：“结婚也可以去一起野餐。”

彤玥：“结婚可以拥抱在一起，表示你爱那个男生。男生也会很爱那个女生，他们会生小宝贝。”

玖儿：“结婚就是去医院里生宝宝了。”

孩子们热烈地讨论着，看着孩子们一本正经的样子，看来这个话题他们很感兴趣。于是我设计了一系列有关“结婚”的主题课程活动。从最开始讨论结婚是什么，认识结婚证，做婚礼调查表，到分享自己参加婚礼的经历，了解婚礼仪式和习俗，阅读和结婚有关的绘本，再到组织一场未来的婚礼。整个主题课程活动，孩子们全程参与，积极找资料、制作手工、讨论方案、扮演角色等，主题涉及社会、艺术、科学等领域。在这个过程中孩子们对结婚的认识和理解达到了教学目标。

资料来源：南京鹤琴幼儿园公众号文章《田老师的草坪婚礼》和《田老师的草坪婚礼之番外篇》。

以上案例中老师的做法充分考虑了幼儿的兴趣，从发现问题、探索问题、呈现想法等一系列设计环节，调动了他们的自主性和创造性。教师在教学过程中依据幼儿的活动参与度等行为表现评价活动质量，可以结合使用一些辅助工具对教育活动的适宜性进行评价并且适时调整改进，如表 1-4 所示。

表 1-4　**教育活动适宜性评价表①（以幼儿在教育活动中的表现为指标）**

评价项目	等级得分		
	2	1	0
1. 对新内容的兴趣	高	中	低
2. 主动参与的程度	高	中	低
3. 内容的接受和理解程度	高	中	低
4. 学习中的独立性和创造性	高	中	低
5. 互动与合作性	高	中	低
6. 常规和秩序	高	中	低

宏观的教育质量更强调全方位的教育质量，包括幼儿园基础设施、班级管理、师资水平、学前教育教学方法运用等。幼儿园教育质量是关系幼儿快乐生活和健康发展的关键问题，对幼儿的观察评价是幼儿园教育质量评价的重要组成部分。一项对比研究通过调查不同时期幼儿园的物质环境和教育实施过程，揭示了我国部分地区近 20 年的幼儿园教育质量与效果发展。这为提升幼儿园教育质量提供了重要信息和改进依据。早在 2009 年，澳大利亚政府就正式实施儿童早期发展指数评估（Australian Early Development Index，AEDI），由政府主导的幼儿园教育质量检测体系已成为学前教育发展的重要趋势。由此看出，观察与评价幼儿是改进教师的教学工作、推动幼儿园教育质量的有力推手。

（三）幼儿行为观察促进家园合作的有效沟通

专业的观察和评价在家园合作的作用上体现在三个方面。首先，在家园沟通中提供更客观、更准确的幼儿成长发展信息，加深家长对儿童发展知识的了解。

4 岁的夏海正在玩积木，他的妈妈在教室外边看他玩耍边和林老师交谈。他的妈妈说：“把一块积木放在另一块积木上能学到什么知识？有什么用?”林老师提

① 冯晓霞. 幼儿园课程［M］. 北京：北京师范大学出版社，2001.

示她要观察得更仔细一些，特别是看看他在搭积木的时候有没有产生社会互动，比如分享积木、合作搭建积木、怎么把架子稳定住、和小朋友说了什么。然后，林老师向他妈妈指出，儿童在选择特定大小的积木以匹配正在设计和搭建的造型时，就是在获得有关概念，如大小、高低、重量、形状等。

图 1-2　儿童进行积木游戏

以上的情景如果教师不能及时地引导家长以专业的视角观察幼儿、了解幼儿，那么就失去了良好的家园沟通机会。教师可以通过家园合作，给予家长更多深层次的幼儿发展评价，逐渐培养家长观察评价的习惯和能力。

其次，专业的观察和评价是高质量家园合作的桥梁。幼儿的发展受到家庭环境、父母教养方式等因素的影响，教师需要向家长了解更多有关幼儿成长的真实信息，而家长在与教师的互相交流中能更客观、全面地了解不同情境下幼儿的行为表现，更好地理解幼儿的需要和经验，能更立体、客观地看待幼儿的真实发展情况。二者在丰富的资料、理性的分析基础之上建立起的交流平台可以让家长充分体验到家园合作的优势，更积极主动地参与其中。各国政府也在有关文件中强调了家长这一评价主体对家园合作的重要性，如我国《幼儿园教育指导纲要（试行）》（以下简称《纲要》）中指出，“管理人员、教师、幼儿及其家长均是幼儿园教育评价工作的参与者。评价过程是各方共同参与、相互支持与合作的过程”。全美幼儿教育协会（National Association for the Education of Young Children，简称“NAEYC”）的《幼儿教育机构质量标准与认证体系》（*Early Childhood Program Standards and Accreditation Criteria*）明确提出：“幼儿教育机构应该持续、系统地对儿童的发展做出评价，评价必须是基于机构与家庭的双向交流；幼儿教育机构要为家庭提供评价方法；幼儿教育机构、家庭及相关专家必须定期举行会议讨论幼儿在家庭和课堂上的发展情况。”

最后，专业的观察和评价能以扎实的专业素养获得家长的信任和尊重。在沟通时，教师能帮助家长从专业的视角理解幼儿，耐心的说明和客观的分析能让家长感受到教师良好的职业素养和道德素养，从而减少不必要的误解、困扰，甚至冲突，并在互相尊重、理解的前提下，更好地开展保育工作和教学活动。

第二课

缘何进行幼儿行为观察

幼儿行为分析是幼儿行为观察的重要内容，直接影响教师下一步的教育策略的制定与实施。只有客观地分析、解读和评价幼儿的动作、语言和表情，才能了解幼儿当前的兴趣和发展水平，才有可能对幼儿做出适时的呼应，提供最近发展区的支架。而要提高教师对幼儿行为分析的科学性、适应性和有效性，就需要教师熟悉儿童发展理论，合理利用《指南》指导观察。

一、幼儿行为观察与儿童发展理论

在发展心理学领域中，有很多理论用来解释儿童的发展。不同的理论看待幼儿的方式不同，这与研究者对三个基本问题持有的态度有关：发展是主动的还是被动的、发展是连续性的还是阶段性的、发展是受遗传影响还是环境影响，但不管哪一种儿童发展理论，其都是为了描述和解释人的发展，预测在某些特定条件下个体会表现出何种行为。学习儿童发展理论能够帮助我们更加理性地、恰当地、科学地解释儿童和预测儿童。

（一）理解儿童的基本准则

理解发展的含义是有效观察幼儿的前提，能随时间的变化理解幼儿的发展行为是优质教育和保育的重要环节。行为观察目的或目标与发展理论、观点息息相关，在讨论相关儿童发展理论之前，先谈谈一些基本概念和儿童世界的基本准则。

什么是发展？发展（development）是指个体受生物和环境因素的影响，在结构、思维或行为上随着时间推移所产生的变化。这种变化是有秩序的、系统的、一定程度可预测的，表现在儿童的身上是一种组织结构的变化。这种变化进而影响儿童行为方式的变化。儿童从坐、爬、站到走、跑、跳、攀爬、牙牙学语到口语交际和复杂的想法和情绪表达及更复杂的思考，他们的组织结构和功能不断进行重组，不断地进入下一阶段，从而产生质变的结果。儿童的量变显著体现在生长上。生长（growth）一般指事物在数量或大小上的变化，如身高、体重的增加，骨骼肌肉、体格的增长，词汇量的增加等，是一种量变。儿童的发展是在不断量变的基础上进行的重组、结合，从而形成新的质变的过程。

探索儿童世界的七个基本准则是研究者在讨论儿童发展问题时应该保持的观点，其出自《儿童世界：从婴儿期到青春期》（*A Child's World：Infancy Through Adolescence*）一书，目前是学者广泛认同并持有的对儿童发展的态度。

1. 各个发展领域相互关联

每一个发展领域都会影响其他发展领域，同时也受其他发展领域的影响。这一点有助于理解儿童的行为，比如，宋元的身高超出同龄人水平，这一因素是怎样影响其与同龄人的社交互动的？

2. 发展表现出广泛的个体差异

这一原则具有普遍性，每个儿童在整体上遵循一定的发展规律，但在生长和发展速度、兴趣和需要等方面有个体差异。

3. 发展是积极主动且相互作用的

儿童不是环境刺激的被动接受者，而是积极主动地寻求经验；更为重要的是，发展具有相互作用性。儿童塑造着自身发展，并影响着他人对他们的反应。一名友善、礼貌的儿童很可能会得到他人同样友善、礼貌的回应，一名攻击性强的儿童很可能引起其他儿童对他的攻击。

4. 环境影响发展

儿童不是单一的个体，是生活在环境中的人，家庭、同伴群体、社区、新科技、社会变迁等都会影响儿童发展。因此，在理解儿童时要结合多元文化来看待儿童的行为。

5. 儿童的发展具有可修复性

早期经验对儿童发展有重要影响，缺乏刺激的环境会对儿童发展造成不利影响，但并不意味着这种影响是终身的、不可改变的。可修复性是指，如果儿童遭遇的负面损伤经验持续时间不长，那么他们可以从这些不利经验中得以恢复。这也反映出儿童发展过程中要抓好关键期。

6. 发展的累积性

累积指的是儿童的发展水平不是孤立于或独立于之前已经发生的各种变化，儿童的能力、技能、知识、经验都是他先前发展历史的结果。因此，既不要忽视儿童先前发展对其现有发展水平的影响，也不要忽视现有发展水平对儿童将来发展的影响。

7. 发展的特征

发展表现出如下特征：A. 复杂性的特征。复杂性是指发展指向于更加复杂和熟练的行为和能力。例如，4 岁儿童的身体动作、语言、思维和情绪等都比 2 岁儿童更加成熟、复杂和多样。B. 分化的特征。分化是指最初笼统的行为逐渐分离为更加独立、更加熟练和更加精确的行为。例如，一个3个月大的婴儿躺在婴儿床上，想要够一个悬挂在他头上的物体，他往往会把整个身体都探出去，而3岁儿童在接近和抓握物体时，只运用胳膊和手。C. 层级整合的特征。层级整合使儿童可以把多种技能、行为和动作结合起来，作为一个协调统一的整体来发挥作用。例如，手指动作不仅可以同大的手臂动作区分开来，而且不同类型的动作可以服务于不同的目的。手指和手臂可以相互独立地工作，也可以作为一个整体来发挥作用。

（二）儿童发展理论

在发展的问题上，米勒总结了涉及的5个相关主题（表1-5），这是理解各个理论的前提，也是发展心理学的主要议题。人类的本质是什么？发展是质变还是量变？遗传和环境如何作用于发展？什么在发展？发展是连续的还是不连续的？有关这些议题的观点已取得研究者的共识。

表1-5　**关于发展的几个问题①**

基本问题	讨　论
人类的本质是什么	A. 机械论观点。这种观点认为，人就像一部机器，必须由外界的某种刺激“开动”才能运转。因此，人对外界刺激作出反应，以及他们将来在类似情境中所作出的反应取决于他们先前行为的结果，如果他们的反应受到了嘉奖或强化，那么他们就更有可能重复这一行为。如果他们的行为受到了惩罚或没有得到强化，那么他们就不太可能重复这一行为。因此，机械论把发展看作被动的 B. 机能主义观点。这种观点与机械论观点针锋相对，认为人类是自己发展的主动参与者，人类并不是静坐在那里，只等着对环境刺激作出反应，而是一个主动的、积极寻求刺激的有机体。根据皮亚杰的理论，人实际上是通过自己与环境的相互作用来建构事实。通常，人们把皮亚杰的认知发展理论称为相互作用论或建构主义 C. 情境主义理论。这种观点源自维果茨基，他认为只有在某种社会文化情境中，我们才能理解发展和行为。因此，我们只有通过了解儿童的发展历史才能理解他们的发展和行为。儿童的发展历史指儿童在其所属的社会文化环境中进行社会化时所经历的所有事物
发展是质变还是量变	生长是量变，发展是质变，量变是质变的基础，会促进发展

① ［美］沃伦·R. 本特森. 观察儿童：儿童行为观察记录指南（第二版）［M］. 于开莲，王银玲，译. 北京：人民教育出版社，2017.

续表

基本问题	讨　论
遗传和环境如何作用于发展	这一问题涉及发展背后的原因：发展在多大程度上依赖于基因遗传（天性），在多大程度上依赖于经验（教养），尽管长期以来人们对此一直争论不休，但现在人们普遍认为遗传和环境在共同引导和影响发展。在发展过程中，无论是遗传还是环境都不能独自发挥作用。他们之间存在相互作用，各自为儿童发展发挥其必要的作用
什么在发展	一般而言，认知、社会、情绪、身体、语言行为等领域构成了人类发展的大部分内容。儿童在这些领域的表现常常是观察的重点
发展是连续的还是不连续的	机械论和机能主义对这一问题有不同的答案。机械论，比如行为主义者认为，发展是连续的，即“遵循同样的发展进程，可以根据稍后阶段的行为推测之前的行为”，这是量变的核心特征 机能主义，比如皮亚杰和其他阶段论者则认为发展是非连续（或质变）的。可以通过爬山和爬楼梯的对比来说明发展的连续性和非连续性之间的差异。连续性或量变如同爬山：儿童不断爬山，越爬越高，儿童的能力或行为中没有明显的新表现，只是高度比他先前达到的较低的高度有数量上的增加。爬楼梯代表质变或非连续性的变化，因为每一级台阶都与它以下或以上的其他台阶不同。尽管发展的累积性准则认为第三级台阶需要以第一和第二级台阶为基础。但第三级台阶并不只是数量比第一或第二级台阶多

事实本身不能说话，但科学建立在事实的基础上，理论是用来解释事实，为事实提供理论框架的工具。因此，学习各种理论是为了更准确地了解儿童的发展。目前，解释人类发展的主要理论有六种：精神分析理论、学习理论、认知发展理论、信息加工理论、进化论和生态系统理论。本课对精神分析理论、学习理论、认知发展理论进行简要介绍，提供一个帮助观察者更好、更理性地看待儿童发展的视角。与此同时，我们强调没有哪一种理论或观点能够解决所有问题，每一种理论或观点都会从一个方面或角度来解释儿童的发展。

1. 精神分析理论

（1）弗洛伊德的心理性欲理论。

弗洛伊德是精神分析理论的代表人物，将人格划分为本我（id）、自我（ego）、超我（superego）。他认为儿童早期的环境非常重要，“在出生的头几年，儿童在处理自己与生俱来的生物性冲动和社会要求之间的冲突的过程中形成了人格”。

本我是人的自私部分，只与满足个人欲望有关，遵循快乐原则，不受任何物质和社会的约束。它有两种表现方式，一种是立刻满足，如婴儿看见想要的东西就立马去拿，无论是否是他的，是否是有害的；另一种是通过愿望实现，如婴儿感到饥饿但不能立即满足，那么他会想象食物从而获得暂时的满足。弗洛伊德认为这种本能的冲动永远存在，并受到健康的其他人格成分的控制。

自我遵循现实原则，主要工作是满足本我的冲动，但会以考虑情境现实性的方式进行。自我的主要任务是将本我的冲动控制在无意识当中以及缓解紧张。自我在意识、潜意识和无意识各部分之间自由活动。

超我在 5 岁左右开始形成，遵循道德原则，代表社会的、父母的价值和标准，是人格成分中的良心成分。不仅起到惩罚不道德行为的作用，更起到提供评价，判断行为是否符合道德要求的作用。超我过强的个体会不断地体验到道德焦虑。

弗洛伊德认为：“在和本我的关系上，自我好像是骑在马背上的人，他驾驭着这匹桀骜不驯的马，约束着它前进的方向。”① 本我、自我、超我相互独立却又相互作用。我们每个人意识之下的某个地方，永远存在着自我放纵、考虑现实和强制执行严格道德准则三者之间的紧张状态。

弗洛伊德对早期人格发展的解释主要围绕性的主题，认为我们每个人在童年期经历了一系列的发展阶段。由于每一阶段的主要标志是最初的性敏感区，且会影响成年期人格，因此划分了 5 个心理性欲发展阶段。

①口唇期（0—12 个月）：新产生的自我指引婴儿将吸吮行为转向乳房或奶瓶。如果口唇期需要没有得到适当的满足，个体就会发展出一些习惯，如在儿童期吮拇指、咬指甲、啃铅笔，在长大后饮食过度或吸烟等。

②肛门期（1—3 岁）：年幼的学步儿和学前儿童喜欢控制和排放大小便。如厕训练成为父母与儿童之间的一个主要议题。如果父母坚持在儿童做好准备之前进行训练，或者对儿童要求过少的话，那么肛门期控制问题所带来的冲突就可能会使儿童变得极端的秩序井然、清洁干净，或者肮脏不堪、无序混乱。

③性器期（3—6 岁）：本我的冲突转移到生殖器官，儿童在生殖器刺激中找到了快乐。弗洛伊德提出了男孩的恋母冲突和女孩的恋父冲突，幼儿对异性父母感到了一种性的需求。为了避免惩罚：他们放弃了这种欲望，取而代之的是接纳同性父母的特性和价值观。结果，超我就形成了。在此时建立的本我、自我和超我的关系决定了个体的基本人格。

④潜伏期（6—11 岁）：性本能逐渐减弱，超我进一步发展。儿童从家庭以外的成人和与之游戏的同性伙伴那里习得了新的社会价值观。

---

① 资料来源：Jerry M. Burger. 人格心理学（第七版）［M］. 陈会昌，等，译. 北京：中国轻工业出版社，2010.

⑤生殖器期（青少年期）：青春期使生殖器阶段的性冲动再次重现。如果个体在前一些阶段的发展是成熟的，那么它将导致性成熟、结婚、生育和抚养儿女。

心理性欲理论首次强调儿童早期经验对成人行为的影响。无意识的动机和愿望能解释一些无法解释的行为。这些在当时有着非同凡响的意义。

【资源链接】

西格蒙德·弗洛伊德

西格蒙德·弗洛伊德于1856年5月6日出生于摩拉维亚，4岁时举家迁居维也纳。他在中学时代就显示出非凡的智力，成绩一直名列前茅，17岁考入维也纳大学医学院，1876年到1881年在著名生理学家艾内斯特·布吕克的指导下进行研究工作，并在1881年开始自己工作，担任临床神经专科医生。

1886年与马莎·伯莱斯结婚，育有三男三女，女儿安娜·弗洛伊德后来也成为著名的心理学家。1938年因遭纳粹迫害迁居伦敦，于1939年9月23日因口腔癌在伦敦逝世。

图1-3　西格蒙德·弗洛伊德

弗洛伊德对精神分析的兴趣是在1884年与J·布洛伊尔合作期间产生的，他们合作治疗一名叫安娜·欧的21岁癔症患者，他先从布洛伊尔那里学了宣泄疗法，后又师从J·沙可学习催眠术，继而提出了自由联想疗法，1897年创立了自我分析法。他一生中对心理学的最重大贡献是对人类无意识过程的揭示，提出了人格结构理论，人类的性本能理论以及心理防御机制理论。

资料来源：百度百科，有修改。网址：https://baike.baidu.com/item/%E8%A5%BF%E6%A0%BC%E8%92%99%E5%BE%B7%C2%B7%E5%BC%97%E6%B4%9B%E4%BC%8A%E5%BE%B7/313363?fromtitle=%E5%BC%97%E6%B4%9B%E4%BC%8A%E5%BE%B7&fromid=122581#viewPageContent.

（2）埃里克森的心理社会发展理论。

埃里克森批判地吸收弗洛伊德的理论观点，认为儿童的发展受到社会和文化的影响，而不是性本能，具有对环境的适应性和好奇心、主动性。他提出了八种心理社会冲突。这八种心理社会冲突也被称为心理社会阶段（表1-6）。

表 1-6　　**埃里克森与弗洛伊德的人格发展阶段对比①**

大致年龄	发展阶段	观点：有意义的时间和社会影响	对应弗洛伊德的发展阶段
出生—1 岁	基本信任对基本不信任	婴儿必须学会相信别人可以照顾好自己的基本需要。如果照顾者表现出拒绝或前后不一致，婴儿可能认为世界是危险的，这里的人是不可信或不可靠的。主要的社会动因是照顾者	口唇期
1—3 岁	自主对羞耻和疑虑	儿童必须学会“自主”——自己吃饭、穿衣、讲卫生等。如果不能实现这种自立，儿童可能就会怀疑自己的能力，感到羞耻。主要的社会动因是父母	肛门期
3—6 岁	主动对内疚	儿童试图像成人一样做事，试图承担他们能力所不及的责任。有时候，他们的目标或行动与父母及其他家庭成员是冲突的，这些冲突可能使他们感到内疚。成功地解决这个危机要求达到一种平衡：儿童保持这种主动性，但是要学会不侵犯他人的权利、利益和目标。主要的社会动因是家庭	性器期
6—12 岁	勤奋对自卑	儿童必须掌握重要的社会和学习技能。在这一阶段，儿童经常将自己与同伴相比较。如果很勤奋，儿童将获得社会和学习技能，从而感到很自信。不能掌握这些技能会使儿童感到自卑。主要的社会动因是老师和同伴	潜伏期
12—20 岁	同一性对角色混乱	这一阶段是童年向成熟迈进的重要转折点。青少年反复思考“我是谁”。他们必须建立基本的社会和职业同一性，否则他们就会对自己成年的角色感到困惑。主要的社会动因是社区中的同伴	早期生殖器期（青少年）
20—40 岁	亲密对孤独	这一阶段的主要任务是建立亲密关系，与他人结成爱侣或同伴关系（或共享同一性）。没有建立亲密关系会使个体感到孤独或孤立。主要的社会动因是爱人、配偶或亲密朋友（同性或异性）	生殖器期

① ［美］谢弗，等. 发展心理学：儿童与青少年（第八版）［M］. 邹泓，等译. 北京：中国轻工业出版社，2009.

续表

大致年龄	发展阶段	观点：有意义的时间和社会影响	对应弗洛伊德的发展阶段
40—65 岁	繁衍对停滞	这一阶段的主要任务是建立亲密关系，与他人结成爱侣或同伴关系（或共享同一性）。没有建立亲密关系会使个体感到孤独或孤立。主要的社会动因是爱人、配偶或亲密朋友（同性或异性）	生殖器期
老年期	自我整合对绝望	这一阶段的主要任务是建立亲密关系，与他人结成爱侣或同伴关系（或共享同一性）。没有建立亲密关系会使个体感到孤独或孤立。主要的社会动因是爱人、配偶或亲密朋友（同性或异性）	生殖器期

埃里克森的心理社会性理论更加强调儿童的社会性因素，认为发展是贯穿人的一生的，在生命的特定时间里个体经历的生物成熟和社会需求决定了发展每个阶段都会面临不同的新的矛盾刺激，只有按照顺序解决，才能成功地发展良好的品质，进入下一阶段。

【资源链接】

埃里克森

图 1-4 埃里克森

Erik H. Erikson（埃里克森，1902—1994 年），美国神经病学家，著名的发展心理学家和精神分析学家。他提出人格的社会心理发展理论，把心理的发展划分为八个阶段，指出每一阶段的特殊社会心理任务；并认为每一阶段都有一个特殊矛盾，矛盾的顺利解决是人格健康发展的前提。

埃里克森是美国著名精神病医师，新精神分析派的代表人物。他认为，人的自我意识发展持续一生，他把自我意识的形成和发展过程划分为八个阶段，这八个阶段的顺序是由遗传决定的，但是每一阶段能否顺利度过却是由环境决定的，所以这个理论可称为“心理社会阶段”理论。

资料来源：百度百科，有修改。网址：https：//baike. baidu. com/item/%E7%88%B1%E5%88%A9%E5%85%8B%C2%B7%E5%9F%83%E9%87%8C%E5%85%8B%E6%A3%AE/1314842?fromtitle=%E5%9F%83%E9%87%8C%E5%85%8B%E6%A3%AE&fromid=2236485#viewPageContent.

2. 学习理论

学习理论是对学习规律和学习条件的系统论述，主要研究人类和动物的学习行为的特征，解释有机体学习的动机、内容和方法。心理学家、教育学家对人类与动物学习的机制进行了多方面的不同研究，形成了不同的学习理论：行为主义、操作学习理论、社会认知理论。

行为主义（behaviorism）是早期学习理论的哲学基础，开创者是华生（John B. Watson），他着重强调学习在人类发展中的重要作用，认为研究人类发展应该基于对外显行为的控制和观察，而不应该基于对无意识的分析或不可观察的现象的内省。华生认为，习得的外部刺激和可观察的反应之间的良好联结是人类发展的基石。婴儿是一张白板，没有天生的倾向性，他们的发展完全取决于养育环境和父母或者生活中的其他重要他人对待他们的方式。他通过小阿尔伯特的恐惧实验证明了儿童的可塑性，但同时反映出一种较为极端的思想，即父母对儿童将成为什么样的人负有很大的责任，应该从出生就开始训练他们。

操作学习理论是斯金纳在动物的研究基础上提出来的，他认为人类习惯于重复产生能带来愉快结果的行为，抑制不愉快结果的行为。操作性条件反射（operant conditioning）强调学习过程中重复的作用和行为的后果。例如，安安对她朋友的痛苦表示同情，父母对她这种友善的行为给予表扬，那么父母的表扬对于安安来说就是强化物。强化物有两种：一种是正强化物（positive reinforcers），呈现它们就会增加反应出现的概率，如食物、笑容。另一种是负强化物（negative reinforcers），撤销它们就会增加反应出现的概率，如电击。相反，惩罚物是抑制反应或减少反应再出现的刺激。惩罚既可以是正向的，也就是施予行动者一些不愉快的事物，也可以是负向的，也就是撤销令行动者愉快的事物。例如，大海每次超过宵禁时间回家都要关禁闭，那么大海就会按时回家。

斯金纳的操作性条件反射认为人类的发展方向取决于外部刺激（强化物和惩罚物），而不是本能，因此有种观点认为只要控制有价值的奖赏分配，就能使行为按照期望的方向发展，这适特别适用于2—3岁的学步期和4—6岁的学前期儿童。

社会认知理论最早名为社会学习理论，主要聚焦在儿童模仿榜样行为条件上，后期逐渐转向认知领域。班杜拉认为人类具有与认知能力，是积极的信息加工者，能够思考行为和结果之间的关系，因此人更多地受事件后果的影响，而不是受他们实际所经历的事件的影响。社会认知理论对理解人类行为最重要的贡献是提出了替代学习或称观察学习的概念，即通过观察他人的行为来进行的学习。学习并不仅仅发生在经典条件反射和操作条件反射的过程中，也发生在看、读或听说别人怎样做的过程中。行为是复杂的，所以不能通过强化或惩罚这样缓慢的进程来学习。例如，我们不能把飞行员放在飞机座舱里，通过强化其正确行为、惩罚其错误行为来教他飞行。班杜拉称，如果在学前期，孩子的每一个正确发音都必须得到强化，那么他们永远也学不会说话。相反，飞行员和婴儿要去看别人飞、听别人说，这样的过程并没有带来奖励。班杜拉对学习（learning）和行为表现（performance）做了重要区分。总之，社会认知理论家认为，人类发展是儿童与环境持续不断地相互作用的过程。儿童经历的环境或情境影响着他们的发展，同时他们的行为也影响着环境。因此，儿童是塑造影响他们发展的环境的积极参与者。

学者普遍认为学习理论的最大贡献在于提供了关于不断发展的儿童和青少年的有价值的信息，使人们开始理解发展的个体是如何形成依恋、性别角色、道德规范的，并且这一理论被广泛用在行为矫正或心理咨询中。

3. 认知发展理论

认知（cognition）是组织和理解经验的过程。认知发展（cognitive development）是发生在注意、知觉、学习、思维和记忆等智力活动中的与年龄相关的变化。认知发展理论关注认识是如何发生的，如何转变为系统的、逻辑的推理和问题解决的能力的。皮亚杰是认知发展理论的代表人物。维果斯基在此基础上完善和拓展了该理论框架。

理解皮亚杰的认知发展理论是建立在几个核心概念之上的（见表 1-7）。婴儿熟练地拿起床边娃娃的行为和放学回家的学生能清楚地记得清晰路线的行为都是一种适应性的行为，这种能够很好地适应环境的能力依赖于认知结构的发展。认知结构或图式是用来应对或解释某些经验的有组织的思维或行为模式。婴儿最初的图式是条件反射，如够取、抓握等。童年后期，认知图式逐渐抽象化，通过操作信息在头脑中进行。进而，皮亚杰认为儿童智力的发展是按照自身经验积极建构对事物新的理解。在理解新事物的过程中，儿童不断地体验到平衡（个体认知结构和环境之间的平衡与和谐的关系）和不平衡（个体思维加工和环境之间的不平衡和冲突），并通过适应（adaptation）来实现。适应包括同化（assimilation）和顺应（accommodation）两个部分。同化是指个体根据已有图式解释新经验的倾向，保证了个体认识的连续性。顺应是指个体通过改变已有图式来解释所经历的物体或事件新维度的倾向。我们依靠现有图式解释新经验或新问题，当现有图式不足以解决这些情景时，就会修改当前图示以更好地适应现实，最后儿童获得新的经验的重组，认知发展从现有阶段发展到下一阶段。表 1-7 是皮亚杰理论中核心概念的总结。

皮亚杰认为个体具有组织和解释信息的能力，其按照一种顺序性的阶段发展，提出了认知发展四阶段：感知运动阶段（0—2 岁），前运算阶段（2—7 岁），具体运算阶段（7—11、12 岁），形式运算阶段（11、12 岁及以上）。后一阶段是更复杂的思维方式，有赖于前一阶段的基础，因此儿童不能跳过任何一个阶段。

表 1-7　　**皮亚杰认知发展观的例证①**

	概念	定　义	举　例
开始	平衡	个人图式和经验之间的和谐状态	只见过鸟的儿童会认为所有会飞的东西都是鸟
	同化	根据已有图式解释新的经验从而适应新经验	儿童把天空中的飞机也叫作小鸟
结束	顺应	改变已有图式更好地理解新经验	当儿童意识到这种新鸟既没有羽毛也不能拍打翅膀时，内心就会体验到冲突或不平衡。于是他得出结论这不是鸟，并给它起一个新名字（或询问：“这是什么？”），至少在当时他能够成功地通过顺应达到平衡
	组织	重组已有图式，形成新的更复杂的结构	儿童重新理解鸟的图式，并建立“没有羽毛、不能拍打翅膀但能在天上飞的是飞机”的图式

（1）感知运动阶段：婴儿运用感觉和动作探索来获取对环境的基本理解。出生时他们仅有对环境的先天条件反射；在 1 岁左右，他们有了复杂的感知动作协调能力。婴儿获得对“自我”和“他人”的初步理解，建立了客体永存性，并开始把行为图式内化，生成意象和心理图式。根据婴儿发展的认知水平，又分为六个亚阶段：反射活动（0—1 个月）；初级循环反应（1—4 个月）；二级循环反应（4—8 个月）；二级图式间的协调（8—12 个月）；三级循环反应（12—18 个月）；通过心理整合创造新的手段（18—24 个月）。

（2）前运算阶段：儿童利用符号系统表征和理解环境信息，他们按照客体和事物外在的表现来反应。思维是以自我为中心的，认为别人理解事物的方式与自己是一样的。儿童通过活动增强想象力，逐渐认识到别人对事物的反应不是总与自己相同的。

（3）具体运算阶段：儿童获得并运用认知运算（这种心理活动是逻辑思维的成分）。儿童不再被事物的表面所蒙蔽。他们通过认知运算，能够理解客体的基本属性和联系；通过观察他人的行为和情境，增强推断他人动机的能力。

（4）形式运算阶段：通过对运算的操作（对思维本身的思考），青少年的认知运算得到了重组，此时的思维是系统和抽象的。逻辑思维不再局限于具体的和可观察的事物。青少年喜欢作假想推断，因此变得相当理想主义。这种系统的、演绎的思维可以帮助他们思考问题的各种解决方案并正确作答。

① ［美］谢弗，等. 发展心理学：儿童与青少年（第八版）［M］. 邹泓，等译. 北京：中国轻工业出版社，2009.

皮亚杰的儿童观充分尊重了儿童的积极性和主动性，把他们看成一个世界的探索者，是第一个解释儿童发展过程的学者，改变了以往只描述不解释的研究现状，对情绪和社会性发展起到重要影响，在教育学和教育心理学领域也发挥了重要作用，将认知发展理论推向了新的高潮。

【资源链接】

让·皮亚杰

让·皮亚杰（Jean Piaget，1896—1980 年），瑞士心理学家，发生认识论创始人。他先是一位生物学家，之后成为发生认知论的哲学家，更是一位以儿童心理学研究著名的发展心理学家。皮亚杰身份的顺序代表了皮亚杰一生从事研究活动的历程。

图 1-5　让·皮亚杰

自 1936 年起，皮亚杰一共荣获了 30 多个全球各地的大学及学术团体所颁发的荣誉博士学位，更负责主持多项重要国际联合会议。他一生中所得到的大大小小的奖项不计其数，更于 1969 年获颁美国心理学会的杰出科学贡献奖，1977 年获得了心理学界殊荣——爱德华·李·桑代克奖。

而皮亚杰一生的贡献并不止于心理学，他的理论对于现今的哲学、教育学、人工智能的发展……都产生了难以估量的深远影响。

资料来源：百度百科，有修改。网址：https：//baike. baidu. com/item/%E8%AE%A9%C2%B7%E7%9A%AE%E4%BA%9A%E6%9D%B0/8159030？fr=aladdin.

维果斯基认为对发展的解释应该在社会框架中进行，人和社会是相互作用、复杂交织在一起的，因此，社会文化会影响儿童的思维和发展。他提出了社会文化理论（social cultural theory），认为儿童通过与拥有更丰富知识的社会成员的合作对话从而获得他们的文化价值观、信仰和问题解决策略。其中比较重要的是：①认知发展发生于社会文化背景中，社会文化影响着认知发展的形式；②儿童的许多重要认知技能是在与父母、老师以及更有能力的同伴的社会交往中逐渐发展起来的。

文化是维果斯基强调的核心概念。儿童的智力发展与所处的文化密切相关，每种文化都为儿童传递了特定的信仰和价值观，提供了一种智力适应的工具，教会他们思考什么以及如何思考，使他们更加适应地运用自己的基本心理机能。家庭生活中，祖父母或者父母与儿童的对话潜移默化地蕴藏着本民族的信仰或文化观念。

最近发展区（zone of proximal development）是指独立解决问题时所具备的现有发展水平与在成人的帮助下或在与能力更高的同伴的合作下解决问题时所表现出的可能发展水平之间的距离。以下对话就是展现儿童最近发展区的生动案例。

妈妈：“布布，这个公园里有什么呀?”
布布：“宝宝秋千。”
妈妈：“对了，有秋千。还有什么?”
布布：(耸了耸肩)
妈妈：“有滑梯吗?”
布布：(微笑并点头)
妈妈：“那么公园里还有什么?”
布布：(耸肩)
妈妈：……
布布：“跷跷板!”
妈妈：“很棒，跷跷板。”

案例中，布布不仅学会了在妈妈的帮助下回忆特定事物，而且懂得了在抛开背景情况下记忆信息的重要性。布布学会了根据要求陈述妈妈已经知道的事实，还学会了在她自己想不出来的时候依靠妈妈的帮助提供一些答案。与此同时，妈妈在过程中起到了支架（scaffolding）的作用。支架是指专家在指导初学者时，根据他在学习情境中的行为做出相应的指导的过程，帮助初学者逐渐提高对问题的理解能力。5 岁的东东第一次使用钓鱼竿在鱼塘钓鱼，一开始他不知所措，直到爸爸在他身旁指导鱼竿的使用技巧后才逐渐掌握方法。当东东尝试成功后，爸爸及时鼓励他。多次练习后，东东掌握了要领。这个情景中我们能发现爸爸的水平显然是高于东东的，在爸爸的指导下，东东从不会到独立使用工具，爸爸起到的是支架作用，东东获得了新的技能水平并内化了相关知识，达到了他现阶段的最近发展区。维果斯基认为，个体正是通过与那些能够在最近发展区帮助他们提高功能水平的个体进行相互作用来促进自己的认知发展的。

【资源链接】

维果斯基

维果斯基（Lev Vygotsky，1896—1934 年），出生于 Orsha 小镇，毕业于莫斯科大学，苏联心理学家。

与皮亚杰是同时期的人物。但不同于皮亚杰认知发展泛宇宙统一的观点，维果斯基的理论强调文化、社会对儿童认知发展的影响。其是“文化—历史”理论的创始人，1917 年毕业于莫斯科大学法律系和沙尼亚夫斯基大学历史哲学系，1924 年到莫斯科心理研究所工作。维果斯基对人的高级心理机能进行了研究，并在 1925 年发表了《意识是行为主义心理学的问题》，明确提出研究意识问题对科学心理学的重大意义。1934 年维果斯基因患肺结核逝世，年仅 38 岁。维果斯基一生留下 180 多部著作，其心理学思想至今仍有很大影响。

图 1-6 维果斯基

维果斯基的思想体系是当今建构主义发展的重要基石。研究者提出了不少教学模式，其中值得注意的是支架式教学。这种教学方式的要点是：首先，强调在教师指导的情况下学生的发现活动；其次，教师指导成分将逐渐减少，最终要使学生达到独立发现的水平，将监控学习和探索的责任由教师向学生转移。维果斯基的理论对合作学习、情境学习等也有一定的指导性。

资料来源：百度百科，有修改。网址：https：//baike. baidu. com/item/%E7%BB%B4%E6%9E%9C%E8%8C%A8%E5%9F%BA/6131992? fromtitle=%E7%BB%B4%E6%9E%9C%E6%96%AF%E5%9F%BA&fromid=4500368&fr=aladdin.

社会文化理论更加强调主动学习，关注儿童现有水平，预估儿童能达到什么水平，这对教育具有深远的意义。基于维果斯基的观点，我们的教育应该走在发展的前面，教育者提供有指导性的参与活动，提供适合儿童当前能力的有帮助的暗示或指导，并监控学习者的进展情况，鼓励儿童彼此协助，小组中较低能力的成员会从较高能力的同伴的指导中受益，而高能力成员也会在充当教师角色的过程中获益，逐步把更多的心理活动发展的主动权移交给学生。

合作学习是一种有效地促进发展的方式。首先，儿童和他人一起活动时受到他人更多的激励；其次，儿童在合作学习时需要向他人解释自己的观点，并解决产生的冲突，这些能帮助年龄小的合作者反思自己的观点，同时，为了使别人能理解自己，他们的表达能力也会得到锻炼；最后，儿童在与他人合作时，更有可能运用更高水平的认知策略，这些策略有助于儿童形成自己的想法，找到问题的答案，这在儿童独立活动中很少能产生。

实际上，关注和学习儿童发展理论是教师、儿童保育工作者、父母将理论知识和实践经验更加紧密地结合在一起的有利时机，使他们更好地理解幼儿是如何思考、如何行为的。儿童的发展是一个复杂的过程，并不是某个理论、某个观点就能解释清楚的，但要在理论和实践中保持平衡。不仅要知道发生了什么、什么时候发生，还要清楚发生这些变化的背景和过程，以及这些变化对父母、教师、研究者意味着什么。

二、幼儿行为观察与《3—6 岁儿童学习与发展指南》

由于研究方法具有一定的局限性，学生在实际运用行为观察对幼儿进行探索时会遇到一些操作上的问题，如不会使问题具体化、不会对观察内容进行归类、难以把握评价尺寸等。而《指南》是一个很好地将两者结合的科学工具，这一部分就谈谈这两者的结合。

（一）幼儿行为观察的常见困境

幼儿行为观察的使用存在一些常见的困难，以下 3 种是较为困扰初学者的问题：

1. 有观察目的但难具体化

观察时知道要观察什么，但难以把握应该围绕某一目的的哪些方面进行具体化的观察，具体化到什么程度，即研究内容的制定常常凭借经验或者个人偏好，研究的信度和效度难以保证。例如，某保育老师正进行一项 2—3 岁儿童社会行为的调查，计划使用行为检核表，那么，该年龄段的幼儿在社会行为方面发展到什么程度，表现出怎样的行为是行为检核表中应记录的内容。但观察者对研究目的到研究内容的转化难以把握，这需要充分地理解幼儿的学习方式和特点。

2. 有大量资料但难评价

无论观察者是教师还是学前教育专业的在校生，当他们面对观察记录到的信息时，如何从纷繁复杂的信息中筛选有价值的表象事实？如何条理清晰地分析时常困扰的问题？有时这些都存在一定难度。幼儿表现出来的表象行为并非完全符合发展规律，这需要教师和相关人员从多方面进行推论和分析，稍不注意就会被一些表象迷惑。

阳西和罗德先跑到绘画区，阳西从钩子上取下一个塑料围裙递给罗德，罗德边说“谢谢”边穿上了。阳西又取下一个围裙自己穿上，然后说：“我们一起画张画吧，就画一个湖，上面画几只船。”罗德没有回应，而是把头转到一边，说：“你穿这个围裙很搞笑。”阳西大笑着说：“你也一样。”他们都笑了，然后一起走向放着大白纸的画架。在开始画之前，罗德突然说：“我得去趟洗手间，马上就回来。”阳西等了一会儿（大约 30 秒），就脱下围裙走到其他几个孩子正在玩的大积木区去了。

以上案例是轶事记录法的内容，那么从记录中能发现什么？又体现了幼儿什么方面的发展？这些就是观察者缺少从外显行为中发现问题的能力，这里所说的“问题”并非指幼儿出现了问题行为，而是观察者缺乏尊重幼儿发展的个体差异的意识，没有一把“标尺”衡量幼儿。

3. 发现发展性问题但难提出有效建议

上述案例中，我们能发现阳西在合作游戏中对领导角色的主动意识，主动提出绘画主题的建议，以及等待罗德不久就自主行动的行为，表现出她较强的独立性，罗德在合作游戏中采用转移的方式处理不同意见的情况。然而，在分析幼儿以上的行为表现后，观察者难以提出有效的操作性教育建议，对教师和家长在教育时应该如何引导和培养不能进行科学的反思和建议。想要解决这一问题，就要依赖观察者拥有的不同年龄段幼儿具备的发展水平、下一阶段应该达到何种程度等方面的理论知识储备，从而提出合理化的有效建议。

因此，观察者的知识经验很大程度上影响着观察质量，而《指南》的颁布不仅可以作为教师观察幼儿的理论框架和理论依据的支撑，还能作为观察指导手册和操作性指引，有效地为教师观察和了解幼儿提供借鉴、启示和帮助。

（二）《指南》在幼儿行为观察中的运用

为深入贯彻《国家中长期教育改革和发展规划纲要（2010—2020 年）》和《国务院关于当前发展学前教育的若干意见》（国发〔2010〕41 号），指导幼儿园和家庭实施科学的保育和教育，促进幼儿身心全面和谐发展，教育部于 2012 年 10 月 9 日正式颁布《3—6 岁儿童学习与发展指南》，对防止和克服学前教育“小学化”现象提供了具体方法和建议。

《指南》整体框架如图 1-7 所示，从健康、语言、社会、科学、艺术等五个领域描述幼儿学习与发展，分别对 3 至 4 岁、4 至 5 岁、5 至 6 岁三个年龄段末期幼儿应该知道什么，能做什么，大致可以达到什么发展水平提出了合理期望，指明了幼儿学习与发展的具体方向。教育建议部分列举了一些能够有效帮助和促进幼儿学习与发展的教育途径与方法。

有研究者调查分析了《指南》对教育工作的作用，表 1-8 是访谈一些教师对《指南》使用优势的整理内容。

由此看出，《指南》的制定帮助教育工作者明确了科学的观察视角：关注幼儿学习与发展的整体性、尊重幼儿发展的个体差异、理解幼儿的学习方式和特点、重视幼儿的学习品质。依据《指南》进行幼儿行为观察可以为观察者指明清晰的道路，具体体现在整个观察的前、中、后三个过程。

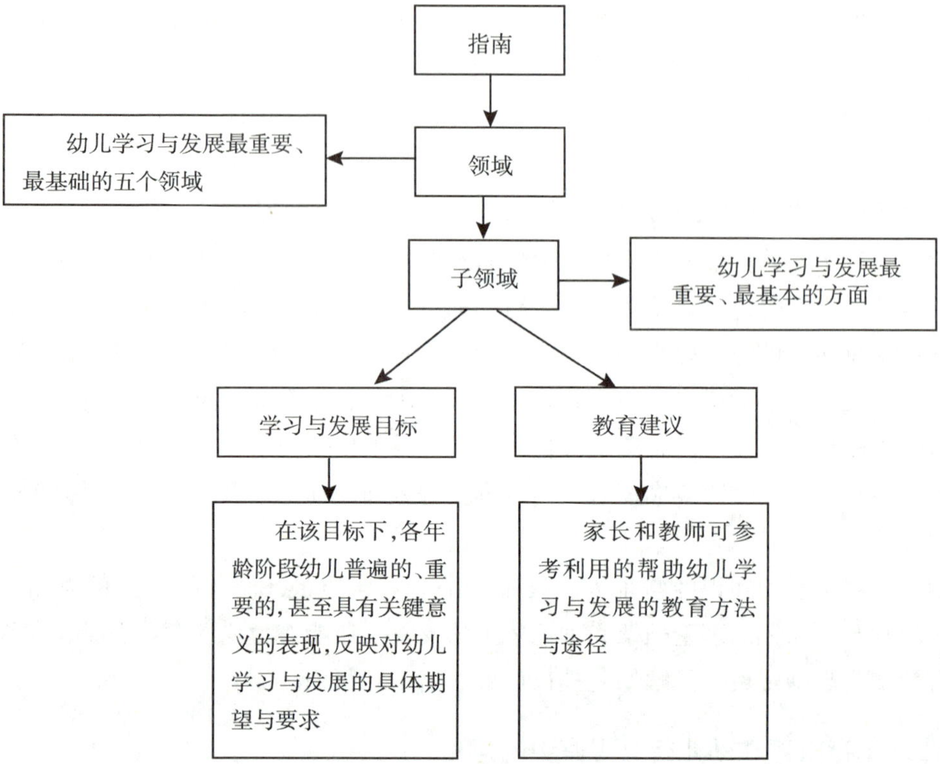

图 1-7 《3—6 岁儿童学习与发展指南》内容框架①

表 1-8 **教师访谈记录②**

原始资料	资料分析	优势概括
《指南》上有目标，让我们的观察更有方向，比如观察小孩的情绪、社会适应能力等，这些观察方向就是让我们知道，在观察过程中需要看哪些方面 《指南》能作为我们观察儿童的参考，不会漫无目的地观察	《指南》为教师“看什么”指引了方向	明确观察目的
有了《指南》以后对于老教师来说不是单纯的凭经验说事，对于新教师来说，能够较快明确观察的方向。没有《指南》的时候年轻老师很多点看不到，有了以后看得更细一些	依据观察目的，能够有效确定观察目标	细化观察目标

① 李晓巍. 幼儿行为观察与案例［M］. 上海：华东师范大学出版社，2017.
② 刘佳丽. 教师运用《指南》观察儿童的策略［D］. 成都：四川师范大学，2012.

续表

原始资料	资料分析	优势概括
《指南》按领域、生活、课堂行为习惯等分类，它指引我们在这些环节当中，去观察每一个幼儿，并不是我们在幼儿园只有上课的时候才观察，他参加任何一个活动，做出的任何一个举动都是观察 一般传统观察法就是直观、谈话，然后做一些实验，包括个案追踪，集体观察。运用了《指南》让我知道可以从活动、游戏和幼儿的生活当中入手，从一日生活当中捕捉到一些能够和《指南》相对应的行为	明确研究方法的观察与教师观察的区别，让教师正确看待观察的时间	指引观察时间
根据《指南》上的内容可以总结出幼儿的年龄阶段特征，根据他们特征的不同，就会采取不同的观察方法。小班学生因为才上幼儿园，重点应该放在生活护理方面，还有学生的情绪照顾，让学生喜欢上幼儿园。中班学生就是一些基本的行为规则和行为习惯的养成。大班学生主要就是在每个活动中进行行为习惯的巩固，而且针对大班学生，老师既要有要求又要有检查，规范学生的行为习惯	让教师更加清晰地了解幼儿的年龄特征，从而针对不同年龄特征的孩子采取不同的观察方法	选择观察方法

1. 依据《指南》确定观察目标

《指南》中5个领域、11个子领域、32个发展目标可直接作为观察目标，研究者可依此结合相关主题制定观察目标。《指南》中的子领域和目标行为是某一年龄阶段的整体行为，虽然具有操作性，但该年龄段不同月龄、不同性别幼儿的发展水平又不一致，因此，在制定观察目标时可依据目标分解。比如在一项调查中幼儿园老师根据《指南》制定了综合观察目标，但幼儿在园的表现并非突然达到某种水平，而是逐渐变化的过程，因此，教师可依据子领域的发展目标制定阶段性的小目标。如表1-9所示，将健康领域的子目标细化，制定周观察目标，这样观察者能在连续的时间段内系统地判断幼儿的发展水平。

同样，当观察者在幼儿的行为中并未发现《指南》中该年龄段的目标行为时，可将典型行为细化、具体化，例如，以下案例中F老师制定的观察目标与《指南》不一致，但却是根据《指南》的典型行为制定的。① 要注意，教师在使用《指南》时不可完全将其当成“说明书”。

① 刘佳丽. 教师运用《指南》观察儿童的策略［D］. 成都：四川师范大学，2012.

表 1-9　　**月观察目标**

月目标	周目标	每日目标	
①能自己穿脱衣服、鞋袜、扣纽扣 ②能整理自己的物品	①学习穿脱衣服，整理物品的方法 ②愿意自己动手，体验到自我服务的乐趣	周一	学习脱衣服的方法
		周二	练习脱衣服的方法
		周三	重点指导：将纽扣的凸起部分对准凹陷部分
		周四	重点指导：学习将相同形状的物品归类的方法，并进行个别化指导
		周五	重点指导：个别幼儿××

下午 2:45，F 老师要准备开始集体教育活动，她让所有小朋友都安静地坐下来，把书本拿出来。这时穿蓝色衣服的小男生叫了一声 F 老师，F 老师走过去和小男生聊了好几分钟，最后摸摸他的头走开了。

在访谈中笔者问道：“今天下午我看见浩浩找你过去聊了好几分钟，发生什么了呢?”

F 老师微笑着说道：“哦，是这样的，他自己都说不清楚自己是带了书还是没带书，他自己都说了很久我才听清楚，他是问我他带书没有，这就说明他其实不太清楚自己有没有带书，因为我们班的孩子是上学期中三班和中四班的孩子，就是要培养他们看书的习惯和爱护书的习惯，知道要保管好自己的书，在《指南》上这是一个针对大班孩子的要求，对他们来说其实是有一定难度的，对于浩浩这样做不到的小朋友，我们就会把它分解为几个小要求来观察。比如第一步，观察他有没有记住要求，我们会在放学的时候要求孩子复述一遍要求，看看哪些小朋友记住了，哪些没记住。第二步，观察他有没有理解要求。我们在教室门口的小黑板上写下了老师布置给学生的小任务供家长阅读，对比孩子回家转述给爸爸妈妈的任务，家长就可以观察出孩子是否理解了老师的要求。第三步才是观察小朋友在幼儿园看书的时候是否爱护书籍，有没有撕毁书籍，有没有乱丢乱放。

2. 依据《指南》明确观察内容

观察者可以根据《指南》中三个年龄段幼儿在五大领域中应该达到的水平和典型行为确定观察内容，设计观察表格。比如，设计行为检核表，来了解幼儿各个领域的发展状况（如表 1-10）。

表 1-10　　**5—6 岁幼儿阅读与书写状况观察表**

幼儿姓名：	性　别：	年　龄：	编号：
观察时间：	观察地点：	观 察 者：	
喜欢听故事，看书	专属地阅读图书	是	否
	喜欢与他人一起谈论图书和故事的有关内容		
	对图书和生活情境中的文字符号感兴趣，知道文字表示一定的意义		
具有初步的阅读理解能力	能说出所阅读的幼儿文学作品的主要内容		
	能根据故事的部分情节或图书画面的线索猜想故事情节的发展，或续编、创编故事		
	对看过的图书、听过的故事能说出自己的看法		
具有书面表达的愿望和初步技能	能初步感受文学语言的美 愿意用图画和符号表现事物或故事		
掌握正确书写的方法	会正确书写自己的名字		
	写画时姿势正确		

除了子领域和发展目标，《指南》中的教育建议等内容均可作为观察幼儿的指导性内容。例如，社会领域的目标 1：愿意与人交往的教育建议为："（1）主动亲近和关心幼儿，经常和他一起游戏或活动，让幼儿感受到与成人交往的快乐，建立亲密的亲子关系和师生关系。（2）创造交往的机会，让幼儿体会交往的乐趣。如：利用走亲戚、到朋友家做客或有客人来访的时机，鼓励幼儿与他人接触和交谈。鼓励幼儿参加小朋友的游戏，邀请小朋友到家里玩，感受有朋友一起玩的快乐。幼儿园应多为幼儿提供自由交往和游戏的机会，鼓励他们自主选择、自由结伴开展活动。"

3. 依据《指南》辨析观察对象

《指南》对三个年龄阶段的儿童学习与发展的指导性框架，不仅帮助我们从横向理解幼儿"点"的发展情况，更能从纵向把握幼儿"面"的发展阶段。在观察过程中，观察者如果能对幼儿的发展有整体水平的把握，就能较好地做出判断。以科学领域中的子领域，即科学探究为例（如表 1-11），我们观察到不同年龄阶段的幼儿正在进行一个群体游戏，那么在对这个现象进行观察的时候，观察者就需要借助《指南》的内容对幼儿的经验进行判断，判断幼儿的哪些行为是超前的，哪些是滞后的，从而更进一步地在教育教学活动中成为幼儿发展的引导者、促进者。

表 1-11　　**《指南》中的科学探究内容**

目标 1：亲近自然，喜欢探究		
3—4	4—5	5—6
1. 喜欢接触大自然，对周围的很多事物和现象感兴趣	1. 喜欢接触新事物，经常问一些与新事物有关的问题	1. 对自己感兴趣的问题总是刨根问底
2. 经常问各种问题，或好奇地摆弄物品	2. 常常动手动脑探索物体和材料，并乐在其中	2. 能经常动手动脑寻找问题的答案 3. 探索中有所发现时感到兴奋和满足

以下案例中的 W 老师能把握不同年龄阶段幼儿的发展特征，相对应地设计教学材料，组织教学活动，促进幼儿动作、情感、认知、社会性等方面的发展。

在访谈中 W 说道：“以前‘串糖葫芦’的材料是颜色、形状不同，孔大小一样的珠子与粗细一样的吸管组成的材料。最初孩子玩得乐此不疲，但是一段时间后，幼儿已经不满足于这些材料的挑战。于是我把动手区发展成探究区，我提供了不同软度、粗细的绳子，包括：粗绒毛线、毛线、渔网线、鞋带等，将串珠换成了两孔、单孔、孔不一样大的串珠，材料的变化提升了幼儿的操作难度，需要有更强的探究能力。再比如语言区，孩子们正是处在从体会作品所表达的情绪情感到能说出自己的看法的过渡阶段，因此，我投放了屏风，让孩子在讲述的时候身临其中，沉浸其中，乐在其中。幼儿被挡在屏风后面俨然是一个解说家，而屏风外面的观察者也被这种表演形式深深吸引，认真地倾听着。”①

4. 依据《指南》进行科学评价和建议

《指南》相关内容可以帮助观察者解读、思考、评判幼儿心理与行为背后的原因，还能根据《指南》的教育建议探索幼儿发展的最近发展区，为幼儿搭建发展支架，指导教师采取相应的教育教学措施，促进幼儿发展。在分析评价中，有些教师仅根据个人经验做出建议和指导，这是不严谨的。如果教师能够灵活运用《指南》及时地修正教育教学行为，那么能够极大地降低错误判断发生的概率。表 1-12 中的 3 个观察现象是教师在两种情况下对幼儿行为做出的教育评价和教育建议。从中可以发现，《指南》为教师的主观判断提供了一个科学的参考和依据，未使用《指南》时，对行为的解读停

① 刘佳丽. 教师运用《指南》观察儿童的策略［D］. 成都：四川师范大学，2012.

留在表面，措施也是治标不治本，而依据各个领域中的目标行为和典型行为，教师能判断幼儿的发展水平，并结合教育建议提出针对本阶段的有效措施。

表 1-12 **两种不同解读的对比表**

观察现象	未运用《指南》的解读	未运用《指南》的措施	运用《指南》的解读	运用《指南》的措施
幼儿对区域中投放的材料产生厌倦情绪	舞蹈区音乐不及时更新，孩子不喜欢玩	及时更换	《指南》科学领域目标1中的典型表现包括：“4—5岁幼儿喜欢接触新事物，常常动手动脑探索物体和材料，并乐在其中。”说明材料不及时更新孩子不喜欢玩	《指南》指出：“教师应该为创设丰富的教育环境，最大限度地支持和满足幼儿通过直接感知、实际操作和亲身体验获取经验的需要以及为幼儿选择一些能操作、多变化、多功能的玩具材料或废旧材料。”
某些孩子喜欢当客人。喜欢尝试各种新事物，同时持久性不长	喜欢当客人的孩子比较活泼，自主性强，喜欢尝试各种新事物，同时持久性不长	尊重幼儿用1—7组轮流来当客人，一段时间后不爱当的孩子又出现了，有些爱当的孩子天天都愿意当客人	喜欢当客人的孩子比较活泼，自主性强，正如《指南》社会领域目标3强调，幼儿应具有自尊、自信、自主的表现。同时《指南》科学领域又指出，幼儿具有强烈好奇心，喜欢接触新事物。	《指南》的社会领域指出：“幼儿的社会性主要是在日常生活和游戏中发展起来的，建议中又提到教师应该知道幼儿学习交往的基本规则和技能。”因此，可以让幼儿学会制定规则轮流游戏
某些孩子把益智区的材料混搭变成桌面建构材料进行操作，有几次把跳棋和围棋混搭得很有创意	也许在下棋时遇到困难，或者对手让他很难教，孩子选择这种放松的方式调节一下情绪，或者提供的材料不够吸引他或者老师的指导不够	在表扬他的情况下引导他正确使用，过了不久，老师不在场时，孩子又继续混搭了	《指南》科学领域内容指出，幼儿应“常常动手动脑探索物体和材料，并乐在其中”	由教育建议部分可知：“教师应该真诚地接纳、多方面支持和鼓励幼儿的探索行为，容忍幼儿因探索而弄脏、弄乱，甚至破坏物品的行为。”

只有反复地将幼儿的一个个具体事件中的真实行为与《指南》中类似行为表现建立起联系，并看到上位发展目标、子领域等，才能真正学会解读幼儿的行为。

妈妈来接小班的阳阳，发现兜里有幼儿园的玩具，让其归还，但阳阳不肯，还大声哭闹着说这是自己的。

结合《指南》分析以上行为得出，小班的阳阳尚未发展到《指南》中社会领域该年龄段的发展水平，即“知道不经允许不能拿别人的东西，借别人的东西要归还”，小班阳阳未形成物品归属权概念，分不清自己与他人、愿望与现实的关系，加上冲动性和占有欲，所以存在着上述现象。在教育建议中，教师和家长应该理解与接纳阳阳的失望情绪。如“这玩具真好玩，阳阳喜欢，是吗?”在理解基础上拉近与幼儿的距离，接着讲道理和提建议，幼儿会乐于接受。或使用拟人化的沟通方式：“玩具玩了一天，也像阳阳一样要回家了，送玩具回家吧，明天再一起玩。好吗?”日常教育中，成人要遵守社会行为规则，为幼儿树立良好的榜样。结合社会生活实际，帮助幼儿了解基本行为规则或其他游戏规则，体会规则的重要性，学习自觉遵守规则。

以《指南》为指导，能让观察者不仅知晓要观察什么，而且更能明晰如何进行下一步的教学指导。以下是某教师在教学活动中结合《指南》明确活动目标和幼儿发展任务的案例。

今天的户外活动是F教小朋友们怎样系绳子，在F演示完毕后她把松散的绳子分发给小朋友，让小朋友练习系绳子。分发给天天的绳子打了很多结，她解了很久也没解开，F看见以后说道：“你的绳子打的结太多了，老师来帮你解开。”于是F把绳子解到只有一个结的时候还给了小女孩，让她自己解开最后一个结。于是天天自己解开了最后一个结。

F：“我帮她是因为我觉得绳子结得太厉害了，在她的能力范围内不可能打开那么大的结，但是我帮她解开一些了，难度降低了，我觉得她可以尝试自己来解开，一般在大班小朋友就会有一个系鞋带的学习，《指南》对5—6岁孩子的要求也是要会自己系鞋带，但是一个结两个结就达到比较好的水平了，今天天天也成功做到了。”

资料来源：刘佳丽. 教师运用《指南》观察儿童的策略[D]. 成都：四川师范大学，2012.

老师首先设置了一个超过大班儿童能力水平的情景，让他们自主尝试，促进发展。

然后，看到天天“解了很久也没解开”，降低她个人的任务难度。F 老师依据《指南》中“5—6 岁儿童会系鞋带，两个左右是较好水平”这一标准设置教学活动和目标，较好地在儿童原有能力基础上，进一步地促进其动作发展。

【学思研训】

一、选择题

1. 运用观察法评价学前儿童就是(　　)。

A. 有目的、有计划地在自然条件下观察儿童的外部行为并分析其心理活动

B. 在有控制的条件下观察儿童的行为并揭示其心理

C. 通过儿童的家长去了解其心理活动

D. 通过和儿童的交谈研究其各种心理活动

2. 以下说法正确的是(　　)。

A. 对学前儿童心理活动的观察记录只需记录行为本身

B. 对儿童活动的观察记录可以采用简略的、成人化的语言

C. 对儿童活动的观察记录不能采用除笔记外的其他任何辅助手段

D. 对儿童活动的观察记录不仅要记录行为本身，还应记录行为的前因后果

3. 为了解幼儿同伴交往特点，研究者深入幼儿所在的班级，详细记录其与同伴交往过程中的语言和动作等。这一研究方法属于(　　)。【2013 年下半年教资真题】

A. 访谈法　　B. 实验法　　C. 观察法　　D. 作品分析法

4. 研究学前儿童心理最基本的方法是(　　)法。

A. 观察　　B. 实验　　C. 测验　　D. 问卷

5. 教师拟定教育活动目标时，以幼儿现有发展水平与可以达到水平之间的距离为依据，这种做法体现的是(　　)。【2016 年上半年教资真题】

A. 维果斯基的最近发展区理论　　B. 班杜拉的观察学习理论

C. 皮亚杰的认知发展阶段论　　D. 布鲁纳的发现教学论

6. 下列针对幼儿个体差异教育观点，哪种不妥(　　)。【2018 年下半年教资真题】

A. 应关注和尊重幼儿不同学习方式和认知风格

B. 应支持幼儿富有个性和创造性学习与探索

C. 应确保每位幼儿在同一时间达成同样目标

D. 应对有特殊需要幼儿给予特别关注

二、简答题

1. 简述教师观察幼儿行为的意义。【2017 年上半年教资真题】

2. 请自选观察主题，拟定一份观察计划。

第三课

怎样开展幼儿行为观察

《标准》明确将评价幼儿作为教师必备的专业能力，指出幼儿园教师应能“客观地、全面地了解和评价幼儿”，并“有效运用评价结果，指导下一步教育活动的开展”。教师通过对幼儿行为的观察，可以归纳总结幼儿表现出的行为特点，并对幼儿的发展水平做出评价，并将分析评价结果应用于下一步的教育指导。因此，教师需要了解和掌握幼儿行为观察实施的程序与内容，进而能够科学、有效地对幼儿行为实施观察。

一、行为观察实施的一般程序

在正式进入解释行为观察实施的一般程序之前，先阅读一个观察记录案例，了解完整的观察记录，便于理解下文步骤中的逻辑顺序和原因。

观察：第 1 次

给一系列观察记录编上号是很重要的，这样做的好处在于可以很快地找到想要的记录而且这样编号的记录材料会清晰地反映出你在观察中的进步。

日期：1994 年 6 月 23 日。记录日期的两个原因：①为了对儿童的能力、表现等作前后的比较，记下的日期就是一个“时间端点”，帮你把握时间。②可以准确地算出被观察儿童的年龄，这样就可以将观察到的结果与理论上对应的发展阶段的特点作比照。

开始时间：上午 10:20。

结束时间：上午 10:30。

记录观察的起止时间，能让你容易地叙述出某儿童花费在一次活动上的时间长度。

成人数目：1。

儿童数目：4。虽然观察样本只有 1 名儿童，但记录小群体中儿童的数目还是有必要的，因为群体中的人数对儿童的行为可能有影响。

儿童姓名：Manju。只要记个姓或代号就可以了，在以后要把观察记录拿出来作各种研究时，该记录仍然尽到了为被观察者保密的责任。

年龄：3 岁 10 个月。为了算出儿童的实足年龄，需要了解儿童的出生日期；将儿童的年龄精确到几岁几个月，是为了将儿童的发展情况与发展阶段之间作公正的比较。

环境：幼儿园中摆放着桌子的创造性区域。儿童可以自由选择材料，附近有一位保育教师，可在儿童需要时提供建议。你不必明确地道出场所的名称(为了保密)，但记下观察的大体背景还是有益的；若是涉及成人，你也要记下来，因为成人的存在可能会影响儿童的行为方式。

目的：观察一个近 4 岁的儿童在建构模型中的表现，以便鉴别他是否具有良好的操作技能和解决问题的能力。观察的目的中应该列出你想探究的发展领域。这个领域是比较宽泛的。

目标：观察和记录 Manju 使用剪刀和涂胶机的能力；观察和记录 Manju 如何设计她的模型并思考怎样将其做出来。目标应该区分出你想观察的具体能力。

观察记录

Manju 系上围裙后，走到桌子旁边。她拿起一个圆形的盒子，在手上颠倒过来，把它底朝上放下。她绕到桌子的对面，选取了一个大一些的麦片袋后回到她原来的位置。她看着老师微笑。

老师问：“你打算做什么么呢?”

Manju 看着墙上展示出来的模型说：“火箭。”她拿起一张银箔纸，小心地把它撕成两半。她像抓握镊子那样，用拇指和食指娴熟地拿起涂胶机在放着许多胶水的罐子里蘸了一下，在 Manju 把蘸满胶水的涂胶机拿到她面前的盒子上的过程中，几滴胶水滴到了桌面上铺好的报纸上。老师把胶水罐挪到 Manju 附近。Manju 倾斜着涂胶机把胶水倒在盒子上，并涂抹胶水，涂了一半多；然后她侧身靠过去再取胶水倒在盒子上，她全神贯注地用涂胶机把胶水涂满盒子的一面。在她用胶水涂出形状的过程中，她一直在微笑。

“你打算把你的银箔纸贴上去吗?”老师问。

Manju 用左手拿起一片银箔纸，倾身用涂胶机蘸取更多的胶水，把银箔纸放在手掌中涂满胶水。

“我觉得你现在涂的胶水已经足够了。”老师说。

Manju 打算将手中的银箔纸固定在盒子上。当她将手中涂满胶水的银箔纸贴到盒子上时，银箔纸没有被贴上，她的手指反而被银箔纸粘住了。她抬起头来寻找老师，后者走过来提供帮助。

“我想你可以把一些没有涂胶水的银箔纸放上去。”

Manju 没有听从意见，而是选取了一个纸质的管子，她把它紧紧压在盒子上，这样压着管子好一会儿。当她把手挪开时，管子掉下来了，她拿起涂胶机在管子底部涂了一些胶水后再次把管子压到盒子上。她一松手，管子又倒了。

老师拿起另一个纸管子说：“怎么固定它，我来做给你看，好吗?”

Manju 点点头，并看着老师在管子一端切了一道约 2 厘米的口子。

“你能在边上切更多这样的口子吗?”

老师把剪刀递给 Manju。Manju 经过努力，正确地拿起了剪刀，把管子拿到面前，剪了一道小口子。她抽出剪刀，打算剪第二刀，但剪刀合拢到某个角度，并不能剪出口子。

Manju 开始显得有点焦躁了。老师从桌子对面走过来，手把手地指导 Manju。她们一起剪了几道口子。老师向 Manju 展示怎样把剪开的条状纸板翻折，以便有更大的面积涂胶水。

“现在你可以把它粘到你的火箭上去了。”

Manju 用涂胶机抹了些胶水在盒子上，然后把管子放上去。她松开手，看到管子仍然直立在那里，笑了。

“你想再添加吗?”老师问。

Manju 看着模型：“不了。”

“我们把你的模型放到安全的地方晾干吧?”

Manju 点点头，然后走开去洗手。

写记录时，应尽可能地在事情发生的时候进行。你应该全神贯注地关注你感兴趣的那些方面，因为你不可能记下儿童所做的一切。

分析

Manju 在开始做模型之前，通过观察创造性区域的展示墙上有什么来决定她想做什么。她能够使用涂胶机，并喜欢把大量的胶水涂到盒子上。她在粘纸时使用了过多的胶水，并花了些时间在构建模型上，但她看起来乐在其中。

Manju 使用剪刀还有困难，但拿剪刀的手势正确。她没能想出来怎样把纸管子固定在盒子上，但在教师的协助下，她成功地做成了她的火箭。

结论应该概括地叙述你观察到了什么，与你期待发现什么(即你的目标)相呼应。

评价

4 岁儿童的发展里程碑包括：他们“经过练习能很好地使用剪刀”，并“开始在动手绘画之前先命名”。Manju 还不满 4 岁，但她已能正确地拿剪刀，并且在给管子这样一种有难度的形状剪口子的任务上取得了部分成功。她在做之前能对自己计划要做的东西进行命名。这些表明，参照相同年龄儿童的发展水平，Manju 发展得不错，处于正常范围内。

评价应该将你的发现与你的目标年龄群体应有的表现相比较。为了作比较，你须采用大家公认的信息来源，比如儿童发展书籍中提到的发展水平。你也可以将观察的某个儿童与班级中同一年龄段的其他儿童作比较。

教育建议

1. 继续为她提供计划自己活动的机会。

2. 鼓励她参加有助于增强手指技能(精细操作技能)的活动。如：指偶，拼装玩具等。

你所作观察的主要用途之一是帮助儿童完善其技能。

资料来源：[英]莎曼，等. 观察儿童实践操作指南(第三版)[M]. 单敏月，王晓平，译. 上海：华东师范大学出版社，2008. 稍作删减。

通过以上案例可以发现，一个完整的观察记录可以分为观察的基本情况、观察过程的描述、对幼儿行为的解释与评价，以及下一步的教育建议这四个部分。按照实施的先后顺序，可以将一份完整的行为观察记录分为观察准备阶段、观察实施与记录阶段、分析评价阶段和发展支持阶段。

(一)观察准备阶段

准备阶段是在进入正式观察情景开始观察之前必须做好的各项组织工作。

1. 明确目标和内容

确定观察目标是准备阶段最重要的环节，因为目标的规划直接决定后期所有步骤的制定。研究者必须要回答“为什么要观察”这一问题，这里要注意区别观察问题和研究问题，观察问题是具体的、明确的，如“小明遇到冲突情景时一般怎么解决”；而研究问题是抽象的，如“从幼儿教育理念看中国社会变迁”。将观察目标清晰、明确地确定下来，这样才有助于观察活动的进行。

一个情景中会展现出行为方方面面的表象，观察者是无法在某一时间或某一研究中囊括所有的。同时，研究者并非要收集发生在情景中的所有方面，而是有选择地挑选，选取和研究整个情景中最重要的要素进行记录。

通常有两类观察目标：一种是通过观察幼儿行为，总结并积累儿童发展经验。如钟老师通过连续 3 次的轶事记录法了解萱萱加入群体游戏的常用方式；另一种是进一步在积累经验的基础上了解行为的原因，改进教学。如露露老师通过观察 5 名幼儿在区域活动的活动轨迹，绘制了图表追踪记录表，并总结发现区域材料的投放位置影响了幼儿参与的积极性，于是马上分析、组织研讨，调整了教室环境布置。

观察内容就是要观察什么，是观察目标的具体化或指标化。具体化或指标化指的是给观察目标选定一个可以评价记录并能够呈现不同程序与水平的指标体系。在这个指标体系中，要较为全面地反映与研究目的紧密相关并具有代表性的特征。比如“学前儿童在园攻击性行为的观察研究”的研究目的是探讨幼儿在园攻击性行为的发展特点，但是攻击性行为分很多类型，那么在内容的选择上可以明确攻击形式分为 3 种类型：言语攻击、身体动作攻击和混合型攻击(言语攻击加身体动作攻击)，这样就对研究什么更加清晰了。以案例 1 和案例 2 为例，案例 1 的观察内容是对观察目标的具体化说明，在观察时是可操作的、有依据的。案例 2 是时间抽样观察法的另一种表现形式，记录了 3 名幼儿在教室 3 个活动区域 4 个时间间隔中的行为表现。这个观察表中详细划分了 8 个行为类别，这种对目标的指标化减轻了观察的维度。

【案例 1】时间取样观察法

观察目标：5—6 岁幼儿学习绘画的坚持性

观察内容：绘画课上每隔 5 分钟对全班 25 个幼儿各观察 10 秒，看幼儿是否从事绘画以外的行为，包括：①观望；②离开座位；③做与绘画无关的事情。

幼儿姓名	时间														
	10:00			10:05			10:10			10:15			总计		
甲															
乙															
丙															

【案例 2】时间取样——三名儿童的互动(假象的例子)①

观察者姓名：埃斯特尔·吉本斯(中心教师)

被观察儿童：卡桑德拉、卡拉和米歇尔

儿童的年龄：4 岁 8 个月、4 岁 9 个月、4 岁 6 个月

儿童的性别：女、女、女

观察情境(家庭、儿童保育中心、幼儿园、学校)：Humpty Dumpty 儿童保育中心

观察日期：2008 年 4 月 24 日

观察开始时间：上午 9:05

观察结束时间：上午 9:55

---

① 资料来源：[美]沃伦·R·本特森. 观察儿童：儿童行为观察记录指南[M]. 于开莲，网银玲，译. 北京：人民教育出版社，2017.

续表

<table>
<tr><td colspan="9">简要描述观察地点的物理特点和社会特点：
今天这几个孩子看起来心情不错，老师和助手也似乎与孩子们分享着他们的好心情。外面在下雨，当孩子们知道自己不能出去玩的时候，他们就把充沛的体力用在活动区，活动区看起来已有些秩序混乱。总体上来看，今天的情绪氛围与昨天形成鲜明对比。</td></tr>
<tr><td rowspan="2">行为类别</td><td colspan="8">时间间隔</td></tr>
<tr><td>1</td><td>2</td><td>3</td><td>4</td><td>5</td><td>6</td><td>7</td><td>8</td></tr>
<tr><td>对区域的一般反应
(1)主动进取区域(相应的场景：大积木区[BBA]，阅读区[RA]，等等)
(2)不太愿意进入区域
(3)拒绝进入区域</td><td>①
(1)
BBA</td><td>②
(1)
BBA</td><td>③
(1)
BBA</td><td>①
(1)
FP</td><td></td><td></td><td></td><td></td></tr>
<tr><td>对环境的一般反应
(4)自由运用设备和材料
(5)有限或偶尔运用设备和材料
(6)没有运用设备和材料</td><td>①
(4)</td><td>②
(4)</td><td>③
(4)</td><td>①
(4)</td><td></td><td></td><td></td><td></td></tr>
<tr><td>对他人的一般反应
(7)试图或与同伴有接触
(8)试图或与成人有接触
(9)回避或中断与同伴接触
(10)回避或中断与成人接触
(11)不太情愿与同伴接触，儿童对接触缺少动机或不专心
(12)不太情愿与成人接触，儿童对接触缺少动机或不专心</td><td>①
(7)</td><td>②
(7)</td><td>③
(7)</td><td>①
(8)</td><td></td><td></td><td></td><td></td></tr>
<tr><td colspan="9">观察对象：①卡桑德拉；②卡拉；③米歇尔。
观察区域：BBA——大积木区；PA——拼图区；FP——涂鸦区。
行为类别：(1)主动进取区域(相应的场景：大积木区[BBA]，阅读区[RA]，等等)；(2)不太愿意进入区域；(3)拒绝进入区域；(4)自由运用设备和材料；(5)有限或偶尔运用设备和材料；(6)没有运用设备和材料；(7)试图或与同伴有接触；(8)试图或与成人有接触；(9)回避或中断与同伴接触；(10)回避或中断与成人接触；(11)不太情愿与同伴接触，儿童对接触缺少动机或不专心；(12)不太情愿与成人接触，儿童对接触缺少动机或不专心。</td></tr>
</table>

对研究目的的具体化，首先要明确研究的变量，其次给变量下操作性定义(operational definition)。操作性定义又称操作定义，是根据可观察、可测量、可操作的特征来界定变量含义的方法，即从具体的行为、特征、指标上对变量的操作进行描述，将抽象的概念转换成可观测、可检验的项目。从本质上说，下操作性定义就是详细描述研究变量的操作程序和测量指标。

【资源链接】

下操作性定义的方法

在实证性研究中，操作性定义尤为重要，它是研究是否有价值的重要前提。在教育研究中，下操作性定义的目的是为了能客观、准确地测量变量；为他人重复验证提供具体的做法；便于别人和同行之间的学术交流；避免不必要的歧义和争论。一般实证性研究都要求下操作性定义。用测量操作方法来界定一个名词或概念的最大优点是具有明确客观的标准。当我们讨论一个问题或交流有关信息时，彼此都在同一个层面使用同一个概念，都清楚所用的概念意味着什么，不会产生误解或歧义。即使对某一个概念产生疑问，也可以通过重复测量操作性定义予以验证。在教育研究中，之所以有许多说不清、道不明的问题，很大一部分是由于对所探讨的概念没有明确客观的操作性定义造成的。大家在不同的层面，从不同的角度，用不同的定义来探讨同一个问题，这样的研讨肯定会产生很多误解和歧义，很难获得一致的结果。

下操作性定义的方法要求研究人员必须通过严格的解释、说明或陈述产生测量那些变量的方式。虽然，现今只有极少数的研究人员坚持用这种严格的操作性定义，然而操作性定义对教育教学研究有着持久的和重要的影响力。它所做的是去设置一个大家都能接受的框架，使大家都在这个框架的基础上达成共识，避免由于不同背景经验造成理解上的歧义。这种方法的特点是要求将测量操作客观地分类，这样也便于其他研究人员，在有条件的基础上能够重复操作别人的研究。因此，我们可以对操作性定义下这样的定义：从具体的行为、特征、指标上对变量的操作进行描述。

【给变量下操作性定义的注意事项】

下操作性定义的基本要求是要提供观察或测量的标准，规定变量的操作程序，使抽象的概念成为可观察、可测量、可检验的项目。通常判断一个操作性定义是否具有较好的操作性，可将这个定义向第三者描述，如果他表示理解这个变量的含义，并知道该如何去操纵、测量，那么这个定义往往是个比较好的、具体可行的操作性定义。

给变量下操作性定义要注意以下几点：

1. 研究课题中重要的变量要下操作性定义。

一般来说，研究假设中涉及的变量，在整个研究中起关键作用的新概念、新名词等要下操作性定义。例如，要研究儿童的创造能力，创造能力就是这项研究中的重要变量，不对这个变量下操作性定义，研究是难以进行下去的，因为创造能力本身不会告诉人们创造能力的具体指标是什么，如何去测量，用什么去测量。

2. 根据研究目的、内容以及变量的性质来下操作性定义。

操作性定义要与变量的原意相符，要与抽象性定义的内涵和外延相符。一般对研究结果的测定可采用指标描述法或行为描述法。一个变量可以从不同角度、不同水平进行定义，但在一项研究中，只能认定其中一个并贯穿始终，以保证研究结果的可靠性。

3. 操作性定义的设计要具体、明确。

操作性定义的设计要具体、明确。所谓具体是指所提示的测量或操作必须具有可行性，要使别人能理解操作内容和过程并能重复验证，要使被解释的事物成为可以看得到、摸得着，可以测量计数的项目。要将操作性定义的指标成分分解到能直接观测为止。所谓明确就是指制定的操作性定义要满足研究目的的需要，要与抽象性定义相吻合，能代表抽象性定义的实际含义。

4. 操作性定义在使用过程中应该是独特的。

操作性定义是研究者为了研究需要而规定的特殊解释，并非对变量的全面的、唯一的解释。如果对变量作全面的解释，能将变量的所有含义囊括，这样的定义必定是抽象性定义。操作性定义比较灵活，研究者可以根据自己研究的需要界定变量，同一个变量可以有不同的操作性定义。例如，我们把儿童的智力定义为：在韦克斯勒儿童智力量表(WISC-CR)上测得的分数。当然我们也知道测得的分数并非是某个儿童智力的全部，仅仅代表该生整个智力的一部分。但在这项研究中，研究者就把这测得的分数看作该生智力的指标，用来代表该生的智力，这就是操作性定义的独特性。要将智力的所有因素都测量出来以确定该生的智力，这是无法做到的。饭总是一口一口地吃，仗总是一仗一仗地打，研究也总是一步一步向终极真理逼近。

由于操作性定义的独特性比较难以理解，我们再举一个例子说明：有人要研究大学生的学习态度，对学习态度可以通过查阅教育词典、百科全书、教科书等获得抽象性定义，或者自己给学习态度下一个抽象性定义。但这样的定义往往无法具体操作、测量，只能作价值判断。研究者试图给学习态度下操作性定义，以便对学习态度进行测量，获取资料。他将学习态度定义为：本学期学生上课的出勤率。然后通过每周上课点名的方式获取出勤率的资料。当然学习态度涉及很多因素，会有很多指标，如上课的参与程度、举手发言频率、作业的正确率等，出勤率仅仅是其中的一个因素，但研究者就以出勤率来代替学习态度，以出勤率解释学习态度，这就是操作性定义的独特性。因为研究者不可能，也没有必要将学习态度涉及的所有因素都研究一番并以此了解学生的学习态度。

5. 操作性定义必须兼顾排他性与普遍性。

定义的排他性越大，解释的范围越小，普遍性也就越小。如“攻击性”的操作性定义可以是：

曾与同学吵嘴或打架：排他性最低，外延最广，包含吵嘴和打架两种行为。

曾与同学打架：排他性略增，缩小范围，排除吵嘴行为。

每周至少与同学打架一次：排他性最高，只含每周至少一次的打架行为。

操作性定义如果普遍性太低，则解释的范围有限，研究结果易流于偏狭；但如果排他性太低，则恐失之笼统，而不易掌握操作测量的本义。因此如何兼顾排他性和普遍性是个两难问题。一个基本的策略是：尽量用多种特征作为操作或测量的标准，以增加取舍的弹性。

操作性定义不仅在教育研究中是必需的，而且在许多测量中也是必需的。在教育研究中，好的操作性定义有以下特征：

1. 操作性定义应该是可观测的、可重复的、可直接操作的。

2. 操作性定义所提示的测量或操作必须可行。

3. 操作性定义的指标成分应分解到能直接观测为止。

4. 操作性定义最好能把变量转化成数据形式，凡是能计数或计量的内容都是可以直接观测的。

5. 用多种方法形成操作性定义，既可以从操作入手，也可以从测量入手。

资料来源：http：//www.a-hospital.com/w/操作性定义.

2. 制订计划

确定研究目标和研究内容之后，进入观察现场之前，研究者必须对以下问题进行核查：

(1)要观察谁？(年龄、性别、人数、正常儿童还是特殊儿童)

(2)在哪里观察？(室内、室外、实验室)

(3)对目标行为预计观察多长时间？(一次观察时长、观察周期)

（4）如何记录观察？（日记描述、轶事记录、时间取样、事件取样、行为检核表等）

（5）观察进行时你扮演什么角色？（参与者、旁观者）

（6）预计对观察行如何解释？（理论取向）

观察计划（observation plan）是指导观察过程所有阶段的计划，决定了观察行为的种类、数量、方法及步骤。行为是一个连续体，幼儿行为观察是有目的、有计划、有控制的科学研究方法，在具体实施之前，研究者必须明确好六个要素：观察对象、观察地点、观察时间、观察方法、观察方式、解释说明。表 1-13 详细解释和介绍了六个要素的内容。

表 1-13　**观察计划项目**

内容	含　义
Who 观察对象	观察对象根据人数的多少可以分为个体观察和群体观察。个体观察是指以单个幼儿作为观察对象，观察并记录其具体活动、语言、神态以及与环境、他人互动的过程。群体观察有两个层面的含义，一是在群体情景中观察个体，记录参加不同群体时行为发生的变化；二是将群体本身视为一个单独的整体或单元，观察和记录其行为 观察对象的选择涉及抽样。应选取具有代表性的幼儿作为观察样本，这样可以得出合理有价值的结论。对行为抽样时，不同的观察记录方法要求抽样的样本大小不同，样本所提供的信息量和信息类型也不同
Where 观察地点	观察地点即在哪里观察、情境怎样。情境（context）包含观察的场景（setting）和情景（situation），指环境的方方面面，时间、地点、情形、其他人物以及物理条件和心理条件。其中，场景指观察的物理环境，包括物理空间、空间中的物体，以及影响人们以某种方式做出行为的机会和资源。情景主要指场景中的社会和心理条件。二者相互关联。幼儿园、亲子园或家是观察的主要场所
When 观察时间	观察时间不仅指单次观察时长，还指整个研究的观察次数。这与观察方法紧密相关。注意区分实际观察时间和停留观察环境时间。比如，可能在教室待了 2 个小时，但实际上观察记录时长为 30~40 分钟。观察时间的选取时机和长短会影响观察的质量
Which 观察方式	观察方式是指观察者在实施过程中扮演什么样的角色。根据参与的程度，分为参与式观察和隐蔽观察。参与式观察（participant observation）：观察者成为所观察群体的一分子，并以适当的方式尽可能多地参与该群体的活动，其目标在于减少对该群体行为观察的影响。隐蔽观察（inconspicuous observation）：这种观察不向观察场景和情景施加或带入任何事物，除非是实现合理目标所需要的影响 选择哪种观察方式取决于观察者的研究目的，参与式观察能较好地减少由外部观察压力造成的影响，并收集到更具体的信息，但有可能会分散幼儿的注意力，并有可能取悦观察者，按照他们期望的方式表现出来。隐蔽观察的效果会受到观察环境的影响，有些学校配备单向玻璃或摄像的观察室，能够做到较好的隐蔽

续表

内容	含　　义
How 观察方法	观察方法是“如何做观察”的问题，是一套程序性的手段或方式，尤其是完成某件事情的一套规范而系统的方式。常用的观察方法有描述观察法(日记描述、轶事记录、实况详录)、取样法(时间取样、事件取样)、评价观察法(行为检核、等级评定)。运用的效果取决于实施者的技能、知识和经验。实施者应依据观察目的、现有条件和个人能力选取最恰当的研究方法
Why 解释说明	解释意味着对客观描述的行为赋予一定意义。这需要对行为或事件背后的原因进行挖掘，明确个体行为的动机，让描述的客观行为更具意义。解释时会体现研究者所持有的有关儿童发展及发展理论的信息和取向 选择的记录方式与解释时机有关，如时间取样可在记录之前就作解释：观察记录的行为是否属于研究内容的界定范围，能否展现幼儿的发展进程，是否是特殊的事件或行为。检核表、等级量表等可在记录过程中解释所观察的行为与所选择的记录工具是否吻合。叙述性观察方法可在记录行为之后作解释，因为幼儿表现出的所有行为都是观察焦点

3. 准备材料

(1)观察表格。

制定好研究计划后，需要准备好观察时使用的记录表格。

(2)观察工具。

纸、笔、记录卡片、计时器、手表、录像机、录音笔等能够如实记录和保留行为发生过程原始数据的工具是必备物资。

(3)观察人员。

实施前，需要对观察者进行专业培训，特别是需要多人完成的观察，培训内容包括：明确研究目的、熟悉观察流程、熟练观察记录工具、掌握一定观察记录原则和注意事项等，减少误差。

4. 实施预观察

正式实施之前要进行预观察，目的在于检查研究计划的可行性，及时发现观察过程中发现的问题，调整和完善观察计划，比如观察内容是否合适、观察表格是否合理、观察方法是否恰当等，为正式观察做好准备。

(二)观察实施与记录阶段

首先，对幼儿实施观察时，需要注意以下几个方面：

(1)真诚地面对幼儿。观察时，幼儿看到陌生人在本子上记录，会好奇地看或者走过来问："你们是谁？在干什么？"比较恰当的一种反应是真诚、简短地告诉幼儿你正在工作，但不必详细告知你正在观察他的一言一行。否则，幼儿可能会感到害羞、紧张或不自在，甚至改变一贯的行为模式。

（2）重视教师和家长的信息。个体观察的行为主体的文化传统、宗教信仰、家庭、心理结构和风格等信息可以从与家长的沟通中收集；群体观察的群体行为准则、群体氛围、群体常规等需要与教师了解信息。在观察中，需要多方了解相关观察对象的资料，更合理科学地做出解释。

其次，在进行观察记录时，研究者要尽量避免犯三种错误：漏记、多记、变序。（Richarz，1980）

（1）漏记（errors of omission）。遗漏了理解幼儿行为有益的或必要的信息。因此，在观察时，要尽可能多地搜集信息，完整地描述行为发生的全貌。

（2）多记（errors of commission）。记录的信息多于实际发生的信息，包括行为、语言、活动或未在场的人等。因此，在观察时要集中注意力，及时记录。

（3）变序（errors of transmission）。按照错误的顺序记录了所观察的行为。事件发生的先后顺序对理解事件有重要的意义，因此，可以简要地记录开始、结束、过程中的时间以及对应的事件要点，这也有助于了解儿童注意力在不同活动上的分配。

（三）分析评价阶段

分析评价阶段是指基于观察记录，依据儿童发展相关理论或工具对幼儿的行为表现进行解释和分析。通过对幼儿行为的解读，能够帮助研究者了解幼儿的发展和需要，发现幼儿的个体差异。如果观察记录中涉及师幼互动、教师保教行为，也可以对教师的教育行为进行相应分析和评价。

（四）发展支持阶段

蒙台梭利说："唯有通过观察和分析，才能真正了解孩子内心的需要和个别差异，以决定如何协调环境并采取应有的态度来配合幼儿成长的需要。"①确实，幼儿行为观察的目的不是传统意义上的评价幼儿，而是为了改进教师的保教工作。因此，在发展支持阶段，主要是提出下一步的教育指导建议，思考儿童的最近发展区是什么，教师做什么能支持幼儿的学习、促进幼儿的发展。

二、幼儿行为观察的原则

科学的研究必须秉持着科学的态度，科学的态度就要遵循伦理准则和学科研究的原

① 资料来源：孙诚．幼儿行为观察与指导（第二版）［M］．长春：东北师范大学出版社，2019.

则。在科学研究中，将人作为研究对象就必须充分尊重他们的人格尊严，个人的权利、安全(生理和心理上的)和隐私等是在研究开始之前每个研究者必须弄清楚的重要问题。特别是幼儿这一需要特别关注的群体，研究者更应严格遵守相应的原则，对自己的研究伦理负最主要的责任。作为专业的幼儿教师，有必要重视并培养科学的行为观察操作，以确保观察和记录是恰当的。本节中提到的原则是幼儿行为观察最基本的原则，包括一切学科的基本伦理准则和观察研究的原则。需要注意的是，研究者还需要结合自身所在的儿童研究机构或院校自己的一套原则进行科学活动，这样可以避免不恰当的研究行为。

(一)客观性原则

客观性原则就是实事求是、尊重客观事实，这对任何研究问题都很重要。在观察研究中，研究者很容易在记录的时候犯主观和武断的错误。虽然行为是可观测的，但记录者是带有主观意志的个体，行为与行为之间是一种复杂的心理现象，因此客观性更加重要。以下是研究者在客观性原则上需要避免的几个方面：

(1)观察容易“各取所需”，观察者避免因本人兴趣、愿望、知识经验和观察技能的影响，有偏向地记录或者选择不契合观察目的的行为。

(2)观察容易“添油加醋”，观察者不能主观地随意增减观察到的事实，不能臆造不存在的事实，更不能过度描述。

(3)注意观察环境、观察者生理或心理因素等干扰对客观事实的记录。

对应地，有学者提出了几种有效的方法：

第一，准确地描述行为和现象，既观察对象说了什么、做了什么、有哪些外部行为表现，而不是表达对观察对象行为的满意度或分析观察对象行为产生的意义。

第二，邀请老师共同参与观察，对双方有差异的部分进行讨论并澄清。

第三，分阶段地对目标行为的表现及其可能原因进行“暂时性诠释”，阐释既有观察与记录资料的内容是否充分，辨别有哪些是在佐证不足的情况下下定论的。

第四，养成定期教学反思的习惯，列出可能的疑问并寻求澄清。

(二)适宜性原则

适宜性原则就是指采取的手段能够实现研究目的或者有助于目的的达成并且是正确的，这是一种目的导向。在幼儿行为观察中主要涉及两个方面，第一是研究方法的适宜，第二是研究对象的适宜。

(1)研究方法的适宜指的是研究方法要服务于研究内容。幼儿的行为很难按照相同的方式重复出现，也会受到各种主观、客观因素的影响，甚至会出现需要研究的现象始终未显现的情况，特别是在自然观察下。因此，在确定研究目的后，要慎重地选择哪种研究方法，这决定了获取什么类型的资料、使用什么工具，要充分论证研究方法是否能适当地搜集充分的目标行为资料。

(2)取样的适宜是行为观察的首要工作。研究对象是个体还是群体，取样行为是否切合目标行为的内涵，取样对象与所在情景有哪些关联性等都是在观察开始之前必须清晰界定的问题。

(三)全面性原则

这里的全面性原则主要指研究内容，即目标行为层面的全面。有哪些行为应该列入观察条目，有哪些属于概念的内涵和外延，非观察内容但出现的行为是否记录，观察到什么程度(广度和深度)、完整程度如何、观察的时机等都是研究者在观察实施之前必须明确的问题，那么在正式实施时，研究者除了观察记录研究对象当下的行为的各个方面，还需记录环境、前后情景等内容。对教师而言，幼儿在园内的表现会随着一日生活和课程有所变化，不是连贯的，但却是教师观察记录的好时机，因为能多角度地看到幼儿不同场景下的真实反应，即具有多元化和跨情境性。

(四)安全原则

安全原则指在研究中保障被试的安全并避免对其生理上和心理上的伤害，这是最重要的伦理准则。只要有任何重大危险存在，观察研究就必须终止，对幼儿的观察还需要考虑是否会给他带来潜在的负面影响。

(五)保密原则

保密原则指获取的有关研究对象的所有信息都要严格保密，特别是对于正在发展中的幼儿。在研究中需要做到以下几点：

第一，采取匿名的方式保护隐私，如使用化名或编号代替名字，编号对应的真实名单妥善保管在安全的、不外泄的地方。

第二，有分寸地进行信息呈现。除了用于学术研究或与同行、具有知情权的有关人员交流儿童信息之外，不可随意与朋友、家人或其他人员在任何场合交谈等。

第三，在必须要呈现观察案例或报告时，对涉及个人身份的信息务必在可控范围内改编。

(六)知情原则

知情原则指研究的参与者有权利知道研究的内容以及参与研究具有的权利。在幼儿行为观察中要充分尊重三个群体的知情同意权。

1. 幼儿的知情权

虽然幼儿不能理解研究目的或内容，也不能自主决定参加或退出，但如果幼儿不愿意被人观察，那么，研究者应尊重他们的权利，不能强制参加。

2. 家长的知情权

当幼儿不能做出判断时，研究者需要征得家长或其他监护人的同意，我们一般要求研究者有幼儿监护人阅读并签字同意的知情同意书，以确保监护人知悉研究目的、研究过程中他们的权利，并确定参加。下面是一类知情同意书的模板，至少包括研究目的、被试角色、研究内容、时长、退出权、潜在益处和风险、结果的知情权和联系方式等相关信息。

知情同意书

尊敬的董海先生和夫人：

您好！我们是心理学院的研究者，现向被试告知本研究的相关信息，征求被试同意，并允诺为保护被试采取的措施。下面的信息将帮助你们决定是否同意董雨参与当下的一个研究，你们有权利在任何时间让他退出这个实验。

我们正致力于研究儿童之间的人际交往，在研究中董雨将被邀请和 3 名孩子在一间有书和玩具的房子里玩游戏，大概会持续 25 分钟。孩子们的行为将会用录像记录下来，获得这些信息对研究很重要，因为它们可以帮助我们开发一些有效的措施，以提高教师对混龄班级的课堂教学。

恳请你们的孩子参与，但这完全出于自愿。我确保你们和你们孩子的名字不会出现在任何与实验结果有关的地方，所有的信息将会通过编码的数字进行确认。

在实验开始前或结束后，如果你们想了解更多的关于这个研究的信息，可以通过电话或电子邮件联系我。非常感谢你们抽空阅读此信，并感谢你们的参与和支持。

研究者：×××

×××大学

12345678@ aaa. edu

(0000)123456

我们同意董雨参加上述研究。

签名：　　　　　　　　　　　　日期：

签名：　　　　　　　　　　　　日期：

资料来源：[美]尼尔 · J，萨尔金德．心理学研究方法(第九版)[M]．北京：中国人民大学出版社，2019. 有修改.

3. 幼儿园、班级管理者的知情权

没有征得园方或者班级管理者的同意，仍然不能开始观察。因为无论是针对个人观察还是群体观察，都会涉及其他幼儿、教师、班级和园方的教学管理等方面，即使你是本班的教师，也需要征得上级的同意，这是对其他幼儿、教师的礼貌和尊重。

国际权威的儿童研究组织——儿童发展研究协会针对儿童作为研究对象制定了一系列的科学研究特殊准则。

1. 无论儿童的年龄有多大，他们的权利都永远高于研究者的权利。

2. 如果已经通过的实验过程的改变会影响研究的伦理行为，那么研究者一定要与同事或专家进行充分探讨。

3. 儿童必须被告知研究的全过程，无论他们遇到什么问题，研究者都要以他们可以理解的方式进行解答。如果儿童太小，那么儿童的代表(家长或监护人)需介入讨论过程。

4. 家长、教师或其他任何在法律上对儿童负有责任的人都必须在知情同意书上签字。

5. 如果说，有除儿童以外的个体(比方说他们的家长)参与了实验，那么研究者也要征求他们的签字。

6. 儿童和研究者的职责必须分清。

7. 当欺骗是必需的时候，应该由一个与研究者能力相匹配的委员会来批准计划的实验方法。

8. 应该以一种便于理解的方式将任何研究的发现告知被试。

9. 研究者应特别小心地将结果报告给儿童并且不应该将其以建议的形式呈现。

10. 如果实验处理是有效的，我们应该对控制组提供相似的机会进行实验处理。

11. 伦理准则应该在练习过程中告诉学生。

12. 发表有关儿童研究报告的期刊编辑应该给予研究者报告伦理准则实施情况的篇幅。如果这些准则研究者没有阐述清楚，编辑可以要求增加相关信息。

资料来源：[美]尼尔·J，萨尔金德．心理学研究方法(第九版)[M]．北京：中国人民大学出版社，2019.

第二单元

幼儿行为观察的“鹰架”

【情境导入】

梁老师常常想观察班上幼儿，了解幼儿的行为发展状况，以便针对不同幼儿的行为发展状况进行有针对性的指导。但当面对班级幼儿时，观察谁、观察什么、怎么观察常困扰着梁老师。观察是教师度量评估幼儿、发现问题、进行自我反思、给出合理的教育建议、调整保教策略、优化教育环境、优化课程和实现家园共育的有效途径。对于幼儿教师个人而言，提高对幼儿行为的观察与分析能力也是促进个人专业成长的有效方法和途径。对幼儿进行行为观察的方法有哪些？幼儿教师应如何选择适合的方式和方法对幼儿的行为进行观察，观察时需要注意什么？如何正确选择观察方式并科学进行观察？通过本单元的学习，你将了解不同情境下如何选择不同行为观察方法，如何正确使用这些行为观察方法。

【学习目标】

1. 理解不同行为观察方法的含义及其各自的优缺点。
2. 掌握不同行为观察方式的使用方法。
3. 能够根据实际情况选用合适的行为观察方法。

【学习准备】

1. 阅读预习

(1)《幼儿园教师专业标准(试行)》

(2)《3—6 岁儿童学习与发展指南》

(3)《幼儿园保育教育质量评估指南》

(4)相关书籍推荐：

李晓巍. 幼儿行为观察与案例[M]. 上海：华东师范大学出版社，2017.

施燕. 学前儿童行为观察[M]. 上海：华东师范大学出版社，2016.

2. 思考求解

(1)观察幼儿行为有哪几类方法？请你举例说明一至两种。

(2)如果想了解班级中幼儿的分享行为，可以采用哪几种方法？

第一课

描述观察法与案例

在儿童行为观察的各种方法之中，描述观察法是一种最基础、运用最广泛的方法，具有简单、灵活、方便的特征。所谓描述观察法，简单地说，是对儿童自然发生的行为和事件的一种复制。观察者记录所观察到的儿童的行为等资料，然后对事实作分类的分析。确切地说，描述的方法并不是一种具体的方法，而是一类方法，主要包括日记描述法、轶事记录法、实况详录法三种。这些方法的共同特点就是将所观察到的事实用描述性的语句记录下来，作为事后分析之用。

一、日记描述法

(一) 日记描述法的含义

日记描述法又称婴儿传记法，这种方式是以日记的形式描述性地记录儿童行为表现的一种方法。使用日记描述法时，需要对观察对象进行长期的跟踪观察，以日记式的记载观察对象成长与发展中的行为表现。日记描述法强调的是记录儿童所表现的新行为，例如第一次出现的牙牙学语、第一次开始注视手、第一次叫妈妈、第一次搭积木等。

日记描述法最早出现在 18 世纪，瑞士的裴斯泰洛奇著的《一个父亲的日记》是日记描述的代表。裴斯泰洛奇对自己的孩子连续观察了 3 年，记录自己孩子的生长、发育的情况等。德国心理学家普莱尔《儿童心理》一书的出版，也离不开他的记录，他从孩子一出生直到 3 岁，每天做系统的观察，有时候也进行实验。他把这些记录整理出来，成就了《儿童心理》这本书。我国著名的教育家陈鹤琴先生也是采用了日记描述的方法，详细记录了自己孩子的身心发展特点及对各种刺激的反应状况，并在此基础上，编写了《儿童心理之研究》一书。

【资源链接】

陈鹤琴《儿童心理之研究》(节选)

第 1 个月

第 1 个星期

第 1 天

(1)这个小伙子是在 1920 年 12 月 26 日凌晨 2 点零 9 分生的。

(2)生后 2 秒钟就大哭，一直哭到 2 点 19 分，连续哭了 10 分钟，以后就是间断地哭了。

(3)生后 45 分钟，就打哈欠。

(4)生后的 2 点 44 分，又打哈欠，之后再打哈欠 6 次。

(5)生后的 12 点钟，生殖器已经能够举起，这大概是膀胱盛满尿液的缘故，随后就小便了。

(6)同时大便是一种灰黑色的流汁。

(7)用手拍他的脸，他的皱眉肌就会皱缩起来。

(8)用指触他的上唇，上唇就动。

(9)打喷嚏 2 次。

(10)眼睛闭着的时候，用灯光照他，他的眼皮皱缩。

(11)两腿向内弯曲如弓形。

(12)头颅很软，皮肤带红色，四肢能动。

(13)这一天除了哭之外，完全是睡眠状态。

……

陈鹤琴在儿子身上进行的观察实验从感觉(包括视觉、听觉、触觉、其他感觉)、动作(包括口的动作、头部与四肢的动作)、情绪入手，她试图向人们描述儿童从脱离母体一刹那开始便“逐渐地向着独立的生活发展”。

资料来源：柯小卫．读陈鹤琴《儿童心理之研究》[J]．生活教育，2015(23)．

(二)日记描述法的分类

根据观察主题可以将日记描述法分为主题日记描述法、综合日记描述法两类。

主题日记描述法，是指观察者事先确定好主题，只选择幼儿特定发展领域表现出的某一种或某几种行为进行观察记录。例如，观察者想要观察和记录儿童动作发展状况，那么就只对该名儿童的动作行为和运动表现进行记录，而对涉及认知、社会性等其他领域表现出的行为不进行记录。

综合日记描述法，是指不事先确定主题，在观察幼儿时，对其各领域进行观察并记录各领域出现的新行为。在此情况下，观察者可以记录下儿童出现的所有新行为。

（三）日记描述法的运用

1. 恰当选择观察对象

根据日记描述法的适用情境，日记描述法的观察对象主要是与观察者长期接触，并且关系较为亲密的幼儿，或者是一些比较特别的幼儿。其中，比较特别的幼儿通常是指某方面发展相对迟缓的幼儿。以案例1“源源如厕行为的发展”为例，源源妈妈运用日记描述法来对源源的如厕行为进行观察和记录，是比较适宜的。家长进行观察记录不仅可以为孩子的成长积累丰富的材料，帮助家长更好地了解孩子的身心发展状况，还对亲子关系有着积极促进作用。除了要考虑观察者与观察对象的关系，还应结合观察的目标来选择目标幼儿。观察者锁定目标幼儿后，要先记录下幼儿的姓名、性别等基本信息，并做好观察记录的编号工作，为连续性观察记录和日后的资料使用提供便利。

2. 客观记录幼儿行为

选择好观察对象后，观察者需要根据观察目标连续对幼儿的新行为进行观察和记录。在观察记录时，需要注意以下三点：

首先，在对新行为进行记录之前，要对幼儿年龄、观察日期、观察次数、观察时间、事件发生的地点、观察者等具体信息进行详细记录，以明确观察背景幼儿从事活动时间的长短。记录观察日期和观察次数有利于后期整理观察，分出先后顺序。

其次，日记描述法强调对幼儿的新行为或者重要事件进行记录。所谓的新行为是指幼儿第一次出现的行为，通常具有里程碑似的意义。例如，陈鹤琴在记录孩子的动作发展时，记录下了孩子在第58个星期“扶着东西（如桌椅等）能站起来”的行为。新行为的发现和记录，要求观察者熟悉观察目标，时刻保持敏感，将幼儿的新行为记录下来。

最后，可以充分利用先进的工具和器材。除了纸笔，观察者可充分利用录音机、摄像机等先进设备，这样有利于更全面、清晰地记录幼儿发展过程中的每一个行为，便于观察者整理观察记录，也能更好地保存观察资料。

以下是运用日记描述法对幼儿的如厕行为进行的观察记录。

【案例1】源源如厕行为的发展（1）

日 记 描 述		
观察目标：观察源源的如厕行为发展情况		
第一次观察		
年　　龄：1岁6个月	观察日期：2019年8月28日	编号：01
开始时间：11:30	结束时间：11:40	
观察地点：卧室	观 察 者：源源妈妈	

续表

观察记录

中午，妈妈在房间工作，源源在玩积木。突然，源源过来拉妈妈衣服，一边喊道：“妈妈，妈妈。”妈妈问：“怎么啦，宝宝?”源源说：“粑……粑……粑……”妈妈一听立马把小马桶从厕所放到卧室地面上，帮源源脱了裤子，他拿着小黄鸭坐了上去。但是，十分钟快过去了，源源并没有拉出粑粑，也没有了继续的兴趣，就起身玩去了。

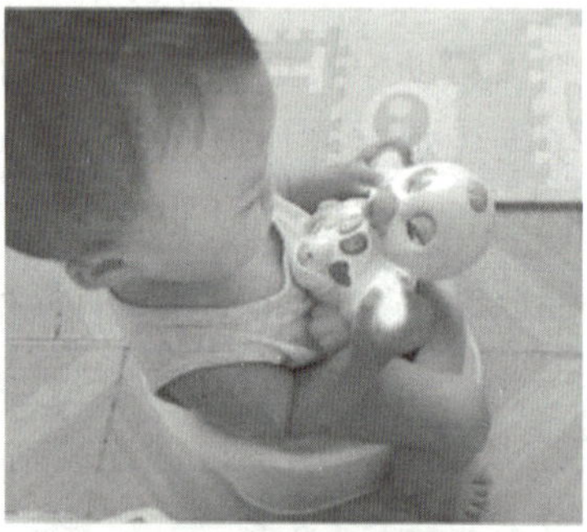

图 2-1　源源坐小马桶

第二次观察

年　　龄：1 岁 6 个月　　观察日期：2019 年 9 月 4 日　　编号：02

开始时间：17:30　　结束时间：17:35

观察地点：卧室　　观 察 者：源源妈妈

观察记录

傍晚的时候，妈妈和源源从外面回来，到家后不一会儿，源源就跟妈妈说：“妈妈，粑粑……”妈妈放置好小马桶，协助他脱了裤子坐上去。源源坐在马桶上不到一分钟，就跑开了。过了一会儿，自己又主动坐上了小马桶，小便后他盯着马桶看了一会儿，大声喊：“妈妈，妈妈，粑粑……粑粑……”妈妈走近一看，马桶内果然有一小摊尿液。正当妈妈要处理，源源却抢先一步把马桶内可活动的盛便器提了起来，在空中一边看，一边晃动，妈妈几乎尖叫起来：“别，别，别，放在那里，妈妈来处理!”源源看了妈妈一眼，又晃了两下，然后将盛便器归位。

第三次观察

年　　龄：1 岁 7 个月　　观察日期：2019 年 9 月 11 日　　编号：03

开始时间：19:10　　结束时间：19:15

观察地点：卧室　　观 察 者：源源妈妈

观察记录

晚饭后，源源在客厅玩乐高。突然，他一溜烟跑到卧室，拽下短裤，端坐在马桶上，嘴里念叨着：“粑，粑，宝宝，粑。”几分钟后，源源站起来，自己往马桶里看了看，里面是他的小便，源源盯着看了几眼，笑了起来。随后，源源把短裤歪歪扭扭地拉扯了上去，跑回客厅继续玩乐高。

3. 科学分析行为表现

在运用日记描述法对幼儿的新行为进行观察记录后，还需要对其行为进行分析和评价。在进行分析评价时，首先，观察者在分析评价时要保持科学、客观的态度，可以结合儿童发展理论或依据《指南》来开展。尤其要注意，尽量避免出现由于与观察对象关系亲密而出现主观评判或过高评价幼儿行为表现的情况。其次，观察者对幼儿进行评价时要具有针对性。例如，观察目标和观察内容是关于幼儿的精细动作发展，那么在分析评价时应重点围绕幼儿的精细动作发展情况进行，旨在了解幼儿当前的精细动作发展水平，为下一步的教育支持提供有效的观察依据。

以下是针对案例1“源源如厕行为的发展”进行的分析评价。

【案例1】源源如厕行为的发展(2)

分析评价

从三次观察记录可以看出源源在如厕行为方面的发展情况。

第一次观察记录中，1岁半的源源已经具有了如厕意识，可以及时表达自己的如厕需求，能够在成人协助下坐马桶如厕。但源源坐在马桶上玩玩具并没有顺利如厕。由此可见，源源似乎更多地把坐马桶当成一个游戏在练习，初步具备了自主如厕意识，但还未掌握如厕技能。

第二次观察中，源源已经能够在妈妈的协助下成功使用马桶，完成如厕行为的源源大喊妈妈，对自己的排泄物表现出较强的兴趣。

第三次观察记录中，源源已经能够在有小便需要时主动跑回卧室如厕，而且是独立完成脱裤子、坐马桶、提裤子的行为，最后不摆弄自己的排泄物。

总的来说，源源如厕行为发展较为顺利，如厕态度积极主动，能够根据需求主动如厕，可以独立完成穿、脱短裤坐马桶小便，相比同年龄幼儿表现出较好的自我服务能力，但是如厕后的卫生习惯(如洗手)尚未形成，语言表达上“粑粑”是大小便的统称，没有进行区分。

4. 合理提出指导建议

在对幼儿行为进行科学分析评价的基础上，观察者需要基于幼儿当前的发展水平来了解幼儿的最近发展区，并为教师或家长提供下一步的教育支持策略。在提出指导建议时，首先，应理解和尊重儿童的发展规律，以积极的视角看待幼儿当前的发展状况。其次，厘清成人的期待和幼儿的发展需要，立足于幼儿的整体发展和长远发展来提建议。例如，教师发现幼儿进餐速度很慢，总是班级中最后一个吃完的。那么教师应关注幼儿进餐速度缓慢的原因，如是进餐技能不足，还是对提供的食物不感兴趣，或者是情绪原因，了解幼儿发展需要后再思考支持策略。最后，指导建议应结合观察目标和观察内容提出，要具有针对性和可操作性，避免泛泛而谈。

以下是针对案例1“源源如厕行为的发展”提出的指导建议。

【案例1】源源如厕行为的发展(3)

指导建议

第一，家长继续鼓励和支持源源的自主如厕，根据情况给予肯定以及必要的协助。例如，冬天穿的裤子较多，家长在幼儿提拉裤子以及大便后擦屁股时可以适当给予帮助等。同时，家长可以在源源每次如厕后，告知源源是“粑粑”还是“尿尿”，引导源源了解二者的区别。

第二，家长应该引导源源养成如便后洗手、冲水或协助清洁马桶等卫生习惯，帮助源源理解如厕的整体流程，形成良好的如厕卫生习惯。

第三，家长可以利用生活中外出的机会，增加源源使用不同如厕工具的经验、适应不同如厕环境，强化源源的如厕行为，帮助源源形成正确如厕的意识和行为习惯，这样可为源源入园后的如厕行为减少不适。

第四，婴幼儿通常会对如厕以及自己的排泄物很感兴趣，家长可为幼儿阅读一些如厕相关的绘本，如《马桶的故事》《便便去哪了》《拉粑粑》《你的便便在哪里》等，这样既可以满足幼儿的好奇心，增进认知，又可以帮助幼儿养成良好的卫生习惯。

注：【案例1】“源源如厕行为的发展”完整的观察记录见本单元末“学习资源”。

此外，对幼儿特定行为或特定场景的长期观察均可以使用日记描述法，如针对幼儿新入园的情况，可对幼儿入园适应阶段的行为表现进行为期较长的详细记录。

【想一想】

问题：除上述案例，你还能想到幼儿园有哪些适用日记描述法的情况？

(四)日记描述法的优缺点

日记描述法强调以日记方式纵向记录观察对象的行为发展变化，在托幼机构较少被运用，但在个案研究时还是会用到。日记描述法具有明显的优缺点。其优点在于：

(1)翔实性。日记描述法能够将幼儿的真实行为表现充分地记录下来。

(2)广度性。日记描述法不仅包含了幼儿当下情形的行为，更包含了后续行为的发展，显示了幼儿某行为或领域能力的发展过程。

(3)永久性。对观察对象行为进行观察记录的内容不仅在当前适用，还能用于今后发展的比较研究。

(4)个别性。日记描述法的观察对象通常是一个或几个，比较适用于个案研究。对个案进行长期的跟踪记录，有利于研究者深入、全面研究其观察对象。

不过，日记描述法也具有其局限性。第一，由于是个别发展情形的记录，观察结果的普遍性和代表性将受到一定程度的限制。第二，这种形式耗时并需要持续的耐力，对于观察者而言是一项沉重的负担。第三，针对个案的观察，特别是当观察者与观察对象之间存在亲密关系时，观察容易存在偏见，对于观察结果也难以进行理性的分析与诠释。因此，在使用日记描述法时，在发挥其优势的同时，应尽量避免其“容易存在偏见”的缺点。

二、轶事记录法

(一)轶事记录法的含义

“轶事”是指独特的事件。轶事记录法是观察者将感兴趣的，并且认为是有价值的、有意义的行为和反应，以及可表现幼儿个性的行为事件，用叙述性的语言随时记录下来，供日后分析用的一种观察方法。

轶事记录可以让教师在实践中兼顾全体幼儿和个体幼儿的观察。教师可以在和全体幼儿、分组幼儿、个别幼儿的互动后，将自己观察到的比较特殊的幼儿行为事件记录下来，也许每天不只针对一个幼儿，每天记录的对象也不一定都一样。那些行为比较特殊的幼儿被记录的机会可能较多，而一般幼儿如出现比较突出的行为时，也可能是轶事记录的主角。轶事记录法与日记描述法的区别在于，轶事记录法关注独特事件、不关注个别儿童，可以说“看事不看人”；而日记描述法则关注个别儿童、不关注独特事件，可以说“看人不看事”。

(二)轶事记录法的分类

根据有无主题，轶事记录法可分成两类。一类是有主题、成系统，称为有主题的轶事记录；一类无主题、不成系统，称为无主题的轶事记录。有主题的轶事记录指观察者对幼儿某一特定的发展领域有兴趣，只记录与这个领域相关的事情；无主题轶事记录是指教师记录某一段时间内发生的事情，没有特定目的，只要觉得某行为有意义或者对某行为感兴趣，就可以进行观察记录。

（三）轶事记录法的运用

1. 恰当选择观察对象

轶事记录法的观察对象主要是发生了能够引发观察者感兴趣的偶发事件或者具有重要意义事件的幼儿，把幼儿的这些行为记录下来，能够为观察者更好地理解幼儿的发展特点提供资料。例如，幼儿有时会表现出一些让教师大为惊讶的行为，会给教师带来很多惊喜，这些惊喜的时刻在学习故事中被称为“哇”时刻，具体见表 2-1，而这些“哇”时刻就很适合作为轶事记录法的观察内容。以案例 2“明明床下取鞋”为例，徐老师发现明明午睡后取出床下鞋子的过程很有意思，认为可以以此了解和分析明明的思维发展或动作发展水平，那么教师就可以把明明当作轶事记录法的观察对象，并对明明取鞋的过程进行详细记录。一旦确定观察对象后，需要准确记录事件发生的时间、地点、观察者，这是后续对幼儿行为进行进一步分析、指导的重要背景依据，同时也可以为其他阅读轶事记录的人（如家长、领导、同事、专家等）提供事件发生的整体背景。

表 2-1　　**儿童的“哇”时刻**

尝试一些新东西
做一些他们以前做不到的事情
展现出让成人大吃一惊的知识和能力
在不同的情境中应用新知识、新理解和新技能
以一种新的方式与他人合作或协作
坚持更长时间或克服挫折
用自己的语言向成人或同伴解释某事
表现出对某一行为或事物的兴趣或迷恋

轶事记录法也可以用来收集丰富而有用的信息，用以评价幼儿多方面的学习结果和发展。概括起来，可以使用轶事记录法进行评价的幼儿发展领域主要有技能、态度、兴趣、自我概念、适应等。具体见表 2-2。

表 2-2 可用于轶事记录法的幼儿发展领域

评价领域	代表性行为
技能	听、说、读、写、实验操作、画画、演奏乐器、跳舞、体育运动、学习技能和社会技能
习惯	计划的有效性，时间运用，仪器操作，资源的利用，表现出动机、创造力、坚持性等特点
态度	尊重他人，有礼貌，关心他人的幸福和感受，尊重他人的所有权，对社会问题的知觉
自我概念	对自我形象的认识，愿意尝试新的问题
兴趣	对各种教育、机械、艺术、科学、社会和娱乐活动等表现出兴趣
适应	和同伴的关系，对表扬和批评的反应，对权威的反应，情绪稳定性，社会适应能力

2. 客观记录幼儿行为

首先，使用轶事记录法进行记录时，教师应注意按照事件的发生顺序进行迅速记录，并确保描述客观、准确和完整。完整的轶事记录应包括事件的开始、进展和结尾，具体来说是指对事件发生的情形进行详细介绍、对事件具体过程进行客观记录、对事件结果进行准确描述。由于事件常发生得猝不及防，观察者在记录时可能难以立即将事件进行完整记录。当观察者难以完整记录时，可以采用关键词、符号、录像等形式辅助记录，并尽快转化为文字，避免因时间过长而遗忘或出现记忆混乱，进而影响记录的客观准确性。

其次，使用轶事记录法进行行为记录时，可将照片作为补充材料。照片的优势在于其视觉信息丰富、真实，也能够帮助观察者事后尽可能完整地补充观察记录。

最后，在进行轶事描述时，使用的文字应尽量细致，关注幼儿的语言、动作、语气、表情、神态等，可以使用直接引语，注意把对事件的描述和对事件的解释区分开。以案例2“明明床下取鞋”为例，在对明明取出鞋子的神情进行描述时，如果使用“拿出鞋子的明明感到非常开心”的类似描述就是带入了观察者的主观判断，这可能引起误读。对于明明这一时刻的神情描述可以采用“拿出鞋子的明明嘴角上扬，露出笑容”的客观描述。

【案例链接】

松松搭桥

幼儿姓名：松松(5 岁 4 个月)

时间：2002 年 10 月 14 日上午 9 点 35 分

地点：结构区

观察记录：松松用纸卷了两个长短不一的桥墩，然后将积塑插成的桥面放到桥墩上，桥塌了。他又试了两次，桥还是塌了。松松停了下来，拿起桥墩看了看，又竖着比了比。他站起身，左右瞧瞧，最后眼光停在了明明搭的桥上。一会儿，松松举手对老师说：“闻老师，我想要纸杯子。”松松将老师给的一次性纸杯子排起来，再把桥面小心地放上去。这一次，桥没有塌。

事件解释：松松发现了桥塌的原因，并能通过观察、借鉴别人的经验、向老师寻求支持的方式来解决问题。

资料来源：夏靖. 轶事记录法在幼儿评价中的应用[J]. 学前教育研究，2003(Z1)：50-52.

【练一练】

晨会中的西西

幼儿姓名：西西　　　　　　　　　　年龄：4 岁 5 个月

观察记录：

今天晨会时西西表现很差，不注意听讲，从头到尾坐不住，还总挑逗旁边的小朋友。我实在没办法，只好让他坐在我腿上。

问题：请指出这份观察记录的问题，并进行相应修改。

资料来源：李季湄，冯晓霞.《3—6 岁儿童学习与发展指南》解读[M]. 北京：人民教育出版社，2013.

在上述“晨会中的西西”这份观察记录中，就出现了典型的解释性、判断性观察记录的问题。例如，观察记录中的不客观描述如“表现很差”，概括性很强的描述如“从头到尾”“总”，描述不清的用词如“挑逗”等。解释性、判断性的观察记录会让看观察记录的人不明白西西的具体行为表现，如“挑逗”是指西西与同伴说话，还是抓人或踢人。在对这份观察记录进行修改时，可以详细描述幼儿的具体动作、表现以及活动持续的时间，避免使用主观性的态度词汇。因此，这份观察记录可以修改为：“西西在晨会时上下跳动，一次只能坐稳大概一分钟，然后就又跳起来、站起来或者走开。坐着时，他拍打旁边的幼儿并与他讲话。我坐到西西旁边，问他是否愿意坐在我腿上，他同意了。他靠着我，边吸吮大拇指边听我讲故事，持续时间大约 5 分钟。”

根据轶事记录法的观察对象选择和观察记录要求，以下是运用轶事记录法对幼儿的取鞋行为进行的观察记录。

【案例2】明明床下取鞋(1)

轶事记录		
幼儿姓名：明明	性　　别：男	编号：09
年　　龄：3岁	观察日期：2020年10月14日	
开始时间：9:10	结束时间：9:15	
观察地点：房间	观 察 者：徐老师	
观察目标：了解幼儿在解决问题过程中的思维水平		
观察记录 明明趴在地上，一只手伸向床底下去拿鞋，另一只手撑在外面，但是没有拿到，他跪趴在地上，头靠着手望向床下的鞋，说："没有。"说完，明明又看了一眼鞋子，接着将身体继续趴在地上，一只手再次伸进床下拿鞋，另一只手撑着地，头朝着床下的方向，靠近床的那只脚敲打着地面，但还是没有成功。随后，明明跪坐在地上，拉开床边的抽屉，拿出了一段绳子。他转到另一面，趴下身子，一只手拿着绳子伸到床下，另一只手撑地，一只脚叠在另一只脚上，头朝着床外的方向，还是没能把鞋取出。他又把绳子拉直，再次将绳子伸进床下试了一次，还是没能取出鞋子。接下来，他把绳子扔到床上，一只手抓住床，一只手撑着地，用脚去够鞋子，依然没有够着鞋子。明明改为双手抓住床，双脚伸到床下，终于，两只脚将一只鞋子夹了出来。明明拿着鞋子，拿出鞋子的明明嘴角上扬，笑着说："够出来了。"用同样的办法，明明又将另一只鞋子拿了出来，拿着两只鞋的明明跪坐在地上，举着鞋子，笑着说："又够出来了。"		

3. 科学分析行为表现

对幼儿的行为进行客观记录后，需要对其行为进行分析和评价，以便对此提出合理的建议。分析是观察者在对记录精读的基础上，依据儿童发展理论来分析和解读幼儿行为背后的含义，从而深入剖析幼儿这次轶事行为的特点。

同时，还应对幼儿的行为进行合理评价。评价时，可以与《指南》中幼儿的发展要求进行对比，也可以与已有实验结果进行对比，或与班级其他幼儿进行比较。对轶事记录进行分析评价时，一要注意依据客观现实进行，不能过度分析评价。二要注意细节，从具体行为出发进行分析评价。

以下是对案例2"明明床下取鞋"的分析评价。

【案例2】明明床下取鞋(2)

分析评价

明明在取鞋时，以自己的手、脚作为工具，变换动作多次尝试，可以看出明明解决问题主要是依靠自己的动作，并且是“边做边思考”，说明明明的思维以直觉行动思维为主。

明明3岁，正处于直觉行动思维向具体形象思维过渡的阶段，取鞋过程中，明明从抽屉拿了一根绳子，并将绳子伸进床底，反映出明明头脑中有关于绳子比手和脚长的经验，因而产生用绳子取鞋的想法。这个尝试尽管没有成功，但反映出明明已经处于具体形象思维的萌芽阶段，初步具备能够运用表象进行思考的能力，其取鞋过程中的行为表现符合其年龄特征的思维特点。

另外，明明取鞋的方法在不断地改进，可以看出明明具有较好的意志水平，以及较好的动作灵敏性。

4. 合理提出指导意见

轶事记录的目的是通过对幼儿的行为进行记录分析评价，进而能够为幼儿下一步教育提出有利的建议或改进措施，为制定更合理的教育教学方案提供支持和依据。因此，轶事记录法的最后一步，是观察者在观察记录和观察分析的基础上提出有理有据、有针对性和有价值的建议或改进措施。值得注意的是，单靠一件轶事记录是不能帮助我们准确认识幼儿的，因为这件事有可能是偶发的，缺乏强烈的说服力和代表性。《幼儿园保育教育质量评估指南》在“师幼互动”这一关键指标中明确指出，教师应“认真观察幼儿在各类活动中的行为表现并做必要记录，根据一段时间的持续观察，对幼儿的发展情况和需要做出客观全面的分析，并提供有针对性地支持。”只有在不同的背景下多次观察某个幼儿，甚至重复观察，并且多方面收集其他资料，才能有效了解其行为的意义，并据此提出适宜该幼儿的教育支持策略。

以下是对案例2“明明床下取鞋”的指导建议。

【案例2】明明床下取鞋(3)

指导建议

第一，幼儿依靠自己的力量解决问题时，成人应及时给予表扬与鼓励。不仅关注幼儿思维的结果，也要关注幼儿思维的过程性表现，给予幼儿具体的鼓励。

第二，成人可以通过与幼儿回顾刚才的问题与解决方法，引导幼儿进一步思考，如：为什么绳子很长却取不出鞋子？我们还能用哪些办法？并鼓励幼儿使用不同的工具或方法来解决取鞋的问题。

第三，丰富幼儿的生活经验，帮助幼儿积累表象，有意识地利用日常生活中的问题引导幼儿积极探索，以促进幼儿的思维向更高水平发展。

注：【案例 2】“明明床下取鞋”完整的观察记录见本单元末“学习资源”。

(四)轶事记录的优缺点

轶事记录法注重从观察者的视角出发，对其感兴趣、有意义的幼儿行为进行记录。轶事记录法是最为常用的一类观察方法，有着明显的优点，具体如下：

(1)应用方便。轶事记录可以方便地应用在任何情境中，不需事先预定记录行为甚至没有严谨的分类界定。

(2)事件描述详细。由于轶事记录可针对特定行为进行详尽描述，有时能有助于针对幼儿发展提出一些重要的假定与疑问，协助前述问题顺利地解决。

当然，轶事记录法也存在一些局限性，具体表现为：

(1)耗时耗力。轶事记录法同样需要观察者长时间、集中精力观察，以等待有价值事件的出现。

(2)要求更高的敏锐度。在重视观察者敏锐度的同时，为维持观察的信度与效度，如客观记录幼儿行为、避免主观判断等，观察者必须付出更多的心力。

(3)幼儿行为代表性不高。由于轶事记录主要是观察者针对某个或某几个幼儿的有意义的行为进行记录，而这些幼儿的行为发展水平可能并不能代表同龄幼儿的行为发展水平。

三、实况详录法

(一)实况详录法的含义

实况详录又可称为连续记录法，是由日记描述法和轶事记录法演变而来的，是指观察者详细、完整地记录儿童在一段时间内(半小时、一小时甚至更长时间)自然状态下发生的所有行为，然后对所收集的原始资料进行分析的方法。

在实况详录的实施过程中，观察的内容包括观察对象、观察对象与他人互动时所做的每一件事和所说的每一句话，以及观察对象所处的背景、环境场所等，犹如绘画中的素描。传统的实况记录在观察现场采用手工的纸笔记录；现代的实况记录还可以利用录音、录像等设备，将观察行为和事件全部摄录下来，再转换成文字进行分析。这种方法的好处是，摄录后的内容可以反复观看，不会因记录速度的问题而遗漏一些信息。然而，由于摄录内容和当时发生的情况还是存在一定差异，要使用摄录的方法还需要经过一定的训练。

【想一想】

问题：实况详录法与日记描述法、轶事记录法的区别是什么？

【练一练】

任务：观看幼儿穿鞋带的视频，请运用轶事记录法撰写一份观察记录。

（扫码看视频：2-1 大班幼儿穿鞋带）

（二）实况详录法的运用

1. 恰当选择观察对象

实况详录法可选择的对象范围较广，观察者既可以从感兴趣的偶发事件或具有重要意义的事件中选择个别幼儿，也可以选择某个场景中的幼儿团体作为观察对象，如沙水池中一起游戏的几名幼儿。从感兴趣的偶发事件或具有重要意义的事件中选取个别幼儿的方式与轶事记录法类似，不同之处在于：轶事记录法是选择幼儿最具有意义的行为进行记录，实况详录法是将幼儿的所有行为进行记录。例如，王老师在对进餐环节进行观察时，发现豆豆含勺子不吃饭的情况，决定选择豆豆作为观察对象，详细记录整个进餐过程中豆豆的进餐行为、与同伴互动行为以及当时的情境。此外，在对幼儿行为进行详细描述前，要对幼儿的基本情况，如幼儿姓名、性别、编号、开始时间、结束时间、观察地点、观察者进行记录。

2. 客观记录幼儿行为

在运用实况详录法记录幼儿行为时要注意以下几点：首先，记录应按事件发生的先后顺序进行详细的记录。既要对观察对象的言行进行记录，也要对观察对象与外界的互动以及做出这些言行时所处的背景和环境进行详细记录。其次，记录要保证客观性和翔实性。客观性即观察者在记录过程中不能加入自己的主观想法和评价，应该是一种完全客观的记录。观察者在记录时可借助一定的工具设备，如摄像机，摄像机可以对观察对象的动作、语言、环境、互动等进行详细的记录，同时也能够减轻人工记录量。最后，记录的时间一般控制在一个小时以内。这是由于观察者在观察时必须保持高度集中的注意力，如果观察时间过长，容易导致观察者产生疲劳感或分神，而影响记录的效果。

根据实况详录法的观察对象选择和观察记录要求，以下是运用实况详录法对幼儿的进餐行为进行的观察记录。

【案例3】豆豆的进餐活动(1)

实况详录		
幼儿姓名：豆豆	性　　别：女	编号：02
年　　龄：4岁2个月	观察日期：2018年11月28日	
开始时间：11:40	结束时间：12:05	
观察地点：班级活动室	观 察 者：王老师	

观察目标： 1. 观察幼儿的进餐行为

2. 观察进餐活动中的教师指导行为

观察记录

午餐时间到了，今天午餐的食物是木耳炒白菜和红烧丸子。王老师打开音乐，分好餐食后，巡回观察幼儿的进餐情况。王老师看到大部分幼儿在安静地独立进餐，转到豆豆那儿时，看到他把小勺一直含在嘴里，并没有舀菜吃。王老师蹲下来问："豆豆，怎么不吃饭呢？要不要吃？"豆豆看着老师说："要吃。"但是并没有做下一步动作。"那不要一直含着勺子了，用勺子舀菜吃吧。"王老师一边说，一边把小勺从豆豆嘴里拿出来，放到他手上，还把饭菜往他身边推了推。

过了一会儿，王老师去看时，发现豆豆只是拿勺子在那儿舀饭吃，并没有吃菜，而且每一勺都只有几粒米。王老师靠近豆豆说："我们吃饭时要一口饭、一口菜，不能光吃饭或菜，这样才能保证营养均衡。"豆豆看了看老师，用小勺在菜碗里翻来翻去，把蔬菜全部拨到一边，小手慢慢地舀起肉丸子往嘴边送，可是丸子刚碰到嘴就掉了下去。豆豆重复两次动作，都失败了，他停下来瘪着嘴望向老师，眼里泛着泪花。王老师说："没关系，豆豆要慢慢学习使用勺子，老师先帮你把丸子弄碎，这样会好舀一点。"王老师帮豆豆把肉丸子弄成几个小块状，豆豆拿起勺子试着舀起来，成功地将小块丸子送进了嘴里。豆豆笑了起来，又舀了一小块丸子吃。

王老师对豆豆说："吃完了丸子，也要吃米饭噢！"豆豆听了，拿起勺子舀米饭，但她速度太快，一勺米饭到嘴边时已经洒落大半。王老师见状，拉了一把凳子坐下来，喂豆豆吃了几勺米饭，并告诉豆豆说："像王老师这样，慢点吃。"豆豆说："好。"继续自己拿勺子吃，这次她的动作放慢了很多，米饭洒落较少。之后，豆豆尽管吃得慢，但把丸子、木耳和米饭都吃完了，只剩几根白菜在盘子里。

3. 科学分析行为表现

观察者在采用实况详录法对幼儿行为进行详细的观察记录后，还需要在观察记录的基础上对幼儿的行为表现和发展状况进行分析。实况详录法记录的资料翔实、丰富，可以从不同角度进行分析，通常应该结合观察者拟定的观察目标来对幼儿的行为进行分析。以案例3“豆豆的进餐活动”为例，观察目标是“幼儿的进餐行为”和“进餐活动中的教师指导行为”，因此既要分析豆豆在进餐活动中表现出的相关行为习惯、情绪、兴趣等，如进餐技能、对食物的兴趣、进食量大小等，又要关注进餐活动中教师对豆豆的指导方式、指导次数以及指导的效果。

以下是对案例3“豆豆的进餐活动”的观察分析。

【案例3】豆豆的进餐活动(2)

分析评价

1. 豆豆进餐行为的分析评价

豆豆在进餐活动中一开始含勺不吃饭，后来教师提醒也只是舀起几粒米饭、不能吃整个丸子，反映出豆豆独立进餐能力较弱，使用勺子的动作技能水平较低。参考《指南》中小班幼儿“能熟练地用勺子吃饭”的发展指标，豆豆的进餐能力水平是偏低的，说明豆豆手的动作灵活协调性较差。另外，豆豆最后也没有吃掉蔬菜，说明豆豆对食物具有较明显的选择性，不爱吃蔬菜，存在偏食、挑食现象。

2. 教师在进餐活动中的指导行为分析

在整个进餐活动中，王老师对豆豆有三次指导。第一次指导是在王老师发现豆豆没有进餐时，通过语言询问和动作提醒的方式，及时给予豆豆指导。第二次王老师提醒豆豆吃饭也要吃菜，并在发现豆豆不能成功舀丸子时，主动提出帮豆豆把丸子弄成几个小块，降低了勺子的使用难度，能够更好地激发豆豆独立进餐的兴趣。第三次指导中，王老师示范给豆豆用勺子吃饭的动作，告诉豆豆使用勺子的注意事项，进一步帮助豆豆做到独立进餐。王老师对豆豆的三次指导循序渐进，通过语言提醒和动作示范等方式较好地帮助豆豆完成了午餐活动，但是王老师没有关注到豆豆吃蔬菜的行为，只是简单说了一句抽象的“保证营养均衡”，并未对此进行详细的说明或有效的引导，没有做到《指南》中提出的“帮助幼儿了解食物的营养价值，引导他们不偏食、不挑食”。

4. 合理提出指导意见

针对幼儿的分析评价，观察者要为幼儿的下一步发展提供支持和帮助。与其他两类描述观察法一样，实况详录法指导建议的提出也要围绕观察目标，契合幼儿的最近发展区，从教师视角或家长视角提出具有针对性、适宜性和可操作性的策略。

以下是对案例3“豆豆的进餐活动”的指导建议。

【案例3】豆豆的进餐活动(3)

指导建议

第一，教师应关注进餐活动中幼儿的进餐行为，通过观察了解幼儿的进餐技能、对食物的兴趣与倾向以及进餐卫生习惯。这样，教师能够及时发现幼儿的进餐问题，并给予及时的进餐指导。例如，案例中针对豆豆进餐技能较差的情况，教师通过“把丸子弄碎”的方式降低进餐的难度。

第二，教师可利用一日生活环节或游戏，提高幼儿手部精细动作的发展水平，进而帮助幼儿更好地掌握使用餐具的技能。例如，教师可以在区域中投放相关材料，鼓励幼儿舀“食物”给“小动物”喂食，发展幼儿的精细动作。

第三，教师在进餐活动中，强化幼儿的独立进餐行为。如果进餐活动中遇到幼儿不吃饭的问题，教师不能盲目地直接喂饭，应先分析幼儿不吃饭的原因，针对性地解决问题。如案例中教师发现豆豆是因餐具使用困难才不吃饭，则可以通过帮助豆豆掌握餐具的使用技巧来引导其用餐。此外，教师还应善用鼓励和表扬，对于豆豆自己进餐的行为给予积极的反馈，增加幼儿的自信，提高其独立进餐的热情。

第四，教师应创设良好的进餐氛围，重视培养幼儿良好的饮食习惯。教师首先要营造良好的进餐环境，进餐中不批评、指责幼儿，给予选择食物或饭量大小的机会，如蔬菜有菠菜和白菜两种选择、米饭有大小碗等。再如，合理安排餐点，让幼儿养成定点、定时、定量进餐的习惯；帮助幼儿了解各种食物的营养价值，引导幼儿做到不偏食、不挑食；进餐过程中提醒幼儿细嚼慢咽，不要边吃边玩等。

第五，教师可以与幼儿家长开展家园合作。幼儿的进餐行为技能和行为习惯的养成离不开家庭，教师应积极与家长沟通，将幼儿在园的进餐情况和家长进行沟通，保证家园双方教育协调一致。

注：【案例3】“豆豆的进餐活动”完整的观察记录见本单元末“学习资源”。

(三)实况详录法的优缺点

实况记录法注重对幼儿行为表现的细节进行详细、完整的描述和刻画，记录内容具有一定广度。具体说来，实况详录法具有以下优点：

(1)开放性和非选择性。在观察幼儿的行为过程中，实况记录能提供观察当时所发生的详尽的行为信息和行为发生的背景信息。通过这些记录信息，可以更为深入地了解幼儿行为发生的原因以及可能产生的后果。

(2)翔实性和持久性。实况详录法可以将幼儿行为表现的任何细节都再现出来，观察者可以此为基础，将幼儿目前的表现与其先前的行为进行比较，从而了解幼儿的发展情况。因此，实况详录法记录的内容不会随着时间的推移而失去价值，反而会因为观察对象年龄的不断增长而更加具有意义。

(3)可用于对幼儿园课程的评价。实况详录法的观察人数不受限制，可以对单一幼儿进行观察记录，也可以选取活动中的多名幼儿进行观察记录。如果教师有计划地运用实况详录法对班级幼儿进行观察记录，可以发现幼儿对某课程内容的兴趣，能够为幼儿园课程实施效果评价提供依据。例如，教师可以观察记录幼儿半小时内在娃娃家的活动情况，进而发现幼儿对娃娃家的兴趣，并了解娃娃家材料的使用情况，这有助于教师调整游戏材料。

除了这些优点之外，实况记录也存在着一些不足，具体来说：

第一，耗费时间和精力。实况详录法需要记录某时间段内幼儿的每一个动作、表情、语言和所处情境信息，这需要教师花大量的时间和精力。而如果教师要获得幼儿具有代表性的行为，实况记录就显得效率比较低。例如，班级教师要了解班级幼儿社会交往中的典型情况，用实况记录就不如制定社会交往行为的行为检核表进行观察来得方便有效。

第二，对观察者的要求较高。如何恰到好处地描述幼儿的行为，使得阅读者有身临其境之感，而又能避免发生歧义或主观偏见的问题，这对教师的观察能力和文字表述能力的要求较高。此外，收集大量资料后，如何科学有效处理也是一大难题。

【练一练】

锡坤扔鞋子

请观看纪录片片段：锡坤扔鞋子。

任务：请运用实况详录法完成“锡坤扔鞋子”这一行为的观察记录。

视频来源：《成长的秘密》第一集第 1 分钟至第 3 分 26 秒

第二课

取样观察法与案例

取样观察法是正式的、结构性的观察，其基本原理与选择被试的抽样原理相似，即按事先确定好的标准抽取部分对象为样本，然后以样本的结果推论总体状况。不同于描述观察法对行为或事件的详细描述和记录，取样观察法是对行为做取样。在运用取样观察时，首先需要对观察的行为或事件等进行分类，通过分类将其转化为可以数量化的材料；其次用具体的、可感知的方式对每种类别进行界定；最后根据类别设计出记录表，以便于记录。本课主要介绍时间取样法、事件取样法。

一、时间取样法

(一)时间取样法的含义

时间取样法，是指以一定的时间间隔为取样标准，观察记录预先确定的行为是否出现以及出现次数和持续时间的一种观察方法。此种方法可用来观察与记录一名幼儿或同时针对多名幼儿进行记录。在时间取样的规划上，可以采取规律性的时间取样或随机性的时间取样等不同方式，针对取样时间内的行为表现进行观察与记录。有别于描述观察法对整段时间过程的描述，它是将观察时间分割成更小的时间间隔，并逐次记录每一间隔时间内所定义的目标行为是否出现。例如，老师想了解幼儿出现某个口头禅的情况，可设 5 分钟为时间间隔，每次记录 30 秒，逐次记录每一间隔时间内幼儿的口头禅出现的情况，并以此判断幼儿说口头禅的频率。需要注意的是，时间取样法的使用情境需要具备两个条件：第一，观察的行为出现频率较高；第二，该行为是较为外显的行为，容易被观察到。如果 15 分钟内，所观察的行为出现的次数少于 1 次，那么就不应该用时间取样法。

(二)时间取样法的运用

1. 恰当选择观察对象

在进行观察之前，需要先确定观察对象。时间取样法的观察对象选择范围较广，既可以用于观察某一特定幼儿的行为表现，也可以观察由多名幼儿组成的幼儿团队，使用时可根据观察目标来确定观察对象的数量。此外，观察者在确定观察对象时，应尽可能地选择能够代表某一目标行为的对象，如想要观察幼儿在游戏中的社会性行为，那么选择中班或大班幼儿则更为适宜，这是因为小班幼儿在游戏中以单独游戏和平行游戏为主，社会性游戏行为表现较少。

2. 客观记录幼儿行为

观察者在确定了观察目标与观察目标行为之后，为了保证观察的有效性和准确性，需要在观察记录前做好以下四点：

(1)区分行为类别。

观察者需要对所要观察的目标行为进行分类，将其划分为具体明确、经由观察可直接判断的行为类别，方便在观察过程中快速记录。例如，计划观察某幼儿在集体教学活动中的行为表现，可以将幼儿在集体教学活动中的行为表现分为安静听讲、回答问题、东张西望、远离座位、与他人聊天、玩手或衣服等。

区分行为类别时，注意三个问题：第一，行为类别划分的数量应适当。不宜过少，分类数量过少就会出现过于笼统的情况；但也不宜过多、过细，增加记录难度。第二，划分行为类别时，建议依据相关理论来进行分类，或者依据观察者的相关经验或思考来进行。例如，观察幼儿在游戏中的社会性行为，就可以依据美国心理学家帕顿所提出的六种儿童社会游戏行为，即无所事事、旁观者游戏、单独游戏、平行游戏、联合游戏、合作游戏。第三，在确定行为类别时，需遵循互斥性原则和详尽性原则。互斥性原则是指同一行为能够并且只能被划分到某一类别，不应出现同一行为既可属于 A 类别，又可归属于 B 类别。详尽性原则是指行为类别划分应当全面，应尽可能包括所有观察到的行为，不要出现某一行为无从归属的情况。例如，如果把幼儿在集体教学活动中的表现分为安静听讲、说话、离开座位、与他人聊天四类，那么就会出现没有遵循互斥性和详尽性原则的情况。这是因为“说话”和“与他人聊天”这两个类别是存在交叉的，观察者在记录幼儿与同伴聊天这一行为时，就会出现两者皆可的记录困境。而如果观察者观察到幼儿玩弄自己衣服这一行为时，又会出现无法记录的问题。

【练一练】

问题：幼儿注意力分散可以划分为哪些行为类别？

(2)界定行为定义。

在对行为类别进行划分之后，还应界定行为定义，即对每一行为类别下操作性定义。所谓操作性定义，指对观察或测查的行为做出清楚、详尽的说明和规定，确定观测指标。清楚、详尽的操作性定义具有三个作用：第一，便于观察者在观察时能够正确、迅速判断行为类别，并做好记录。第二，可以让从事同一个观察计划的不同观察者能够使用同一个行为标准对幼儿的目标行为进行观察，从而提高观察的信度和效度。第三，明确的操作性定义也可以让阅读观察记录的人了解行为标准，提高观察记录的有效利用率。

【资源链接】

儿童社会游戏行为的操作性定义(帕顿，1932)

无所事事：未做任何游戏活动，也没与他人交往，只是随意观望，或走来走去。

旁观者游戏：基本上观看别的儿童游戏，有时凑上来与正在游戏的儿童说话，提问题、出主意但自己不直接参与游戏。

单独游戏：独自一人游戏，只专注于自己的活动，根本不注意别人在干什么。

平行游戏：能在一起玩，但各自玩各自的游戏，既不影响他人，也不受他人影响，互不干涉。

联合游戏：能在一起玩同样的或类似的游戏，互相追随，但没有组织和分工，每人做自己想做的事情。

合作游戏：为某种目的组织在一起游戏，有领导、有组织、有分工，每个儿童承担一定的角色任务，并互相帮助。

(3)设定观察时间。

观察者还需根据观察目标，确定观察时距、间隔时间和观察次数。观察时距是指一次观察时间的长度。设计观察时距是为了在固定时间间隔内观察和记录观察对象的行为，时距长短取决于行为发生的频率、行为持续的时间和行为的性质，建议可以设定为每一个单元行为发生的最短时间。间隔时间是指时距与时距之间间隔的时间。间隔时间的长短与观察时距的长短、观察对象的数量，以及观察记录的内容有关。一般来说，如果观察的时距较长、观察对象较多或观察要记录的内容较多，可以设定较长的间隔时间；反之，间隔时间可以缩短，甚至无须设置。观察次数是指对目标行为的观察和记录次数。观察次数的多少主要取决于观察多久才能获得有代表性的数据，通常15~20次为宜。观察者在观察时需准备计时器或秒表，以便精确地提示观察者每次的时间间隔。

(4)制定观察记录表。

使用时间取样观察法，需要制定系统的观察记录表。在观察记录表中，观察者除了要对观察地点、观察时间和观察对象的基本信息进行记录之外，还需要对行为类别、各时距中目标行为出现的次数或持续的时间等进行记录。为了快速、方便地记录幼儿目标行为出现的次数或持续时间，观察者可以在记录中预先设计好各部分的编码和标识，并对其做简单的说明和记录。通常采用的记录方式有两种，即检核和计数。

【资源链接】

儿童捣乱行为的时间取样记录表

托马斯研究6岁儿童捣乱行为，将捣乱行为分为9类：粗鲁动作、跪、侵犯行为、扰乱别人、说话、叫嚷、噪声、转方向、做其他事，并分别用数字1、2、3、4、5、6、7、8、9代替。实施中，计划观察每个儿童20分钟，每10秒钟确定儿童捣乱行为的类型，在格子相应数字代号上画圈，下表为观察5分钟的捣乱行为的编码记录表。

	0~10s	11~20s	21~30s	31~40s	41~50s	51~60s
第1分钟	1 2 3 4 5 6 7 8 9	1 2 3 4 5 6 7 8 9	1 2 3 4 5 6 7 8 9	1 2 3 4 5 6 7 8 9	1 2 3 4 5 6 7 8 9	1 2 3 4 5 6 7 8 9
第2分钟	1 2 3 4 5 6 7 8 9	1 2 3 4 5 6 7 8 9	1 2 3 4 5 6 7 8 9	1 2 3 4 5 6 7 8 9	1 2 3 4 5 6 7 8 9	1 2 3 4 5 6 7 8 9
第3分钟	1 2 3 4 5 6 7 8 9	1 2 3 4 5 6 7 8 9	1 2 3 4 5 6 7 8 9	1 2 3 4 5 6 7 8 9	1 2 3 4 5 6 7 8 9	1 2 3 4 5 6 7 8 9
第4分钟	1 2 3 4 5 6 7 8 9	1 2 3 4 5 6 7 8 9	1 2 3 4 5 6 7 8 9	1 2 3 4 5 6 7 8 9	1 2 3 4 5 6 7 8 9	1 2 3 4 5 6 7 8 9
第5分钟	1 2 3 4 5 6 7 8 9	1 2 3 4 5 6 7 8 9	1 2 3 4 5 6 7 8 9	1 2 3 4 5 6 7 8 9	1 2 3 4 5 6 7 8 9	1 2 3 4 5 6 7 8 9

资料来源：杨丽珠．取样观察法——观察法(一)[J]．山东教育，1995(5)．

根据时间取样法的观察对象选择和观察记录的要求，以下是运用时间取样法对幼儿在集体教学活动中的行为表现进行的观察记录。

【案例 4】蔓蔓的课堂行为表现(1)

时间取样						
幼儿姓名：蔓蔓　性　别：女　编号：03 年　龄：4 岁半　观察日期：2018 年 12 月 3 日 开始时间：10:17　结束时间：10:27 观察地点：中二班教室　观 察 者：陈老师						
观察目标：观察幼儿在课堂中的行为表现						
幼儿课堂行为表现类别： A. 安静听讲　B. 回答问题　C. 东张西望　D. 远离座位　E. 与他人聊天　F. 玩手、玩衣服						
课堂行为表现的操作性定义： 安静听讲：幼儿在课堂中无干扰他人行为或注意力分散现象，与老师无互动 回答问题：幼儿在课堂中认真听讲，并积极回答教师问题，课堂参与积极性高 东张西望：幼儿在课堂中出现视线偏移，并转动头部 远离座位：幼儿在课堂中站起来或离开椅子随意走动 与他人聊天：幼儿在课堂中与旁边幼儿交谈，且交谈内容与上课无关 玩手、衣服等：幼儿在课堂中玩手、玩衣服，或是摆弄其他东西(自身)						
	安静听讲	回答问题	东张西望	远离座位	与他人聊天	玩手、衣服等
10:17—10:18	1 (50s)	3 (2s,5s,3s)				
10:18—10:19	1 (55s)	1 (5s)				
10:19—10:20	1 (52s)	2 (5s,3s)				
10:20—10:21	1 (50s)	2 (5s,5s)				
10:21—10:22	1 (53s)	3 (2s,3s,2s)				
10:22—10:23	1 (50s)	1 (5s)	1 (5s)			
10:23—10:24	1 (48s)	2 (5s,5s)				1 (2s)
10:24—10:25	1 (58s)	1 (2s)				

续表

	安静听讲	回答问题	东张西望	远离座位	与他人聊天	玩手、衣服等
10:25—10:26	1 (53s)	2 (3s,4s)				
10:26—10:27	1 (55s)					1 (5s)
合计	8min44s	1min4s	5s	0	0	7s
标识： (1)1 表示该时距目标行为出现 1 次。 (2)50s 表示该目标行为持续 50s。						

3. 科学分析行为表现

观察后，观察者应对幼儿的发展情况进行分析评价，可根据幼儿目标行为出现的频率、持续的时间和幼儿行为表现中出现的问题进行分析。以案例 4“蔓蔓的课堂行为表现”为例，在观察幼儿蔓蔓的课堂表现后，先对其安静听课、回答问题、东张西望、玩手和衣服等各行为累积持续的时间进行统计，对各类行为进行比较可知蔓蔓在课堂中表现较好，能够集中注意力听课，分心行为较少。时间取样由于可以提供丰富的量化数据，也可以将其观察到的数据以柱状图、饼形图等方式进行统计，因而能更为直观地显示各类行为类别的组成。以下是案例 4“蔓蔓的课堂行为表现”的分析评价。

【案例 4】蔓蔓的课堂行为表现（2）

分析评价

蔓蔓在课堂中安静听讲的时间最多，共计 8 分 44 秒；其次是回答问题，共计 1 分 4 秒；出现较少的是东张西望和玩手、衣服等行为，分别为 5 秒、7 秒。中班幼儿蔓蔓在课堂中表现较好，能够集中注意力听课，分心行为较少。并且，蔓蔓较为积极地回答了老师的问题，课堂参与的积极性较高。

4. 合理提出指导建议

最后，根据已经进行的分析评价，观察者应围绕观察目标，考虑幼儿身心的全面发展，提出具有可行性的指导建议。以下是案例 4“蔓蔓的课堂行为表现”的指导建议。

【案例 4】蔓蔓的课堂行为表现（3）

指导建议

首先，教师对于蔓蔓认真听讲的表现给予及时表扬，巩固蔓蔓良好的课堂行为。

其次，课堂中蔓蔓回答问题时，教师应该以鼓励为主，耐心倾听蔓蔓的回答，并给予适当引导。

再次，教师应持续关注课堂中蔓蔓的行为表现，重视培养蔓蔓良好的学习习惯和良好的学习品质。

注：【案例 4】“蔓蔓的课堂行为表现”完整的观察记录见本单元末“学习资源”。

（三）时间取样法的优缺点

在实际应用上，时间取样是一种有效率且省时的观察与记录方法，它能提供行为出现的数量信息，所得的记录结果具有统计上的代表性。总的来说，时间取样法的优点有：

（1）节省资料搜集时间。

（2）是有效搜集资料的方法。

（3）可获得具代表性的行为样本。

（4）观察前明确定义行为，提高取得资料的信度。

（5）可以同时观察多个样本。

（6）针对单一幼儿的特定行为可进行多次观察。

时间取样虽有多项优点，但使用时亦有限制或缺点，具体有：

（1）观察准备工作耗费较多的时间和精力。

（2）通过观察所得的记录资料，仅能获得各类行为发生的次数或频率，无法了解行为发生的整个过程。

（3）只能观察到目标幼儿的外显行为，无法了解行为发生的背后原因及因果关系。

（4）不适用于观察发生频率低的行为。

【练一练】

任务：以幼儿亲社会行为为观察主题，设计时间取样观察记录表。

二、事件取样法

（一）事件取样法的含义

事件取样法是指以特定的行为或事件的发生为取样标准，对目标行为进行观察记录的一种方法。事件取样法的核心是“事件”，比较适用于有明确开始和结束时间的行为，如进餐行为、攻击性行为、争执行为等。观察者在每一次事件自然发生时将事件记录下来，可包括行为发生的背景、原因、行为的变化、行为的结果等信息。事件取样只观察事先选定好的特定事件，当事件发生时，观察者可对事件做详细描述，也可以事先设计好观察项目，用代码或符号将事件记录下来。例如，一位对幼儿生活自理能力感兴趣的幼儿教师，会记下每位幼儿表现出生活技能的背景、行为过程和行为结果等。

【想一想】

情境一：某教师平时观察发现，角色游戏区的幼儿经常发生争吵的行为。

情境二：班级中某名幼儿经常表现出攻击行为。

问题：以上两种情境是否适合使用事件取样法进行观察？

（二）事件取样法的分类

根据记录方法的不同，可以将事件取样法分为两类：符号系统记录法和叙事描述记录法。符号系统记录法是指观察者在观察之前预先设计好一系列的符号，代表不同类别的目标行为。观察记录中只关注目标行为，并采用相应的符号对事件或行为进行记录，而目标行为以外的事件或行为则不予以关注，如表 2-3 所示。叙事描述记录法是指观察者采用文字描述的方式，记录观察对象的目标行为，以及时间发生的前因后果。其特点是记录具体、翔实，有利于阅读观察记录的人了解事件发生的原委和背景，也有利于观察者对观察对象的行为进行分析，如表 2-4 所示。考虑到符号系统记录法和叙事描述记录法之间具有互补作用，因此，观察者在采用事件取样法对幼儿进行观察记录时，可以将两种方法结合起来。

表 2-3　　**事件取样观察记录（符号系统记录法）**

幼儿姓名：乐乐	性　　别：男	编号：03
年龄：4 岁 3 个月	观察日期：2018 年 4 月 20 日	
开始时间：8:40	结束时间：9:50	
地点：教室	观 察 者：李老师	
观察目标：观察乐乐注意力分散的表现及其结果		

续表

幼儿注意力分散的表现：

1. 玩手、衣服等　2. 远离座位　3. 东张西望　4. 站起来　5. 转头　6. 与他人聊天　7. 其他

注意力分散的结果：

1. 转为干扰他人　2. 回归课堂　3. 持续注意力分散

情境	时间	有无干扰	注意力分散表现	注意力分散结果
QY	8:49—8:50	N	WS	HG
	8:54—8:55	N	YL	HG
	8:57—8:59	Y	YL	CX
JT	9:19—9:20	N	DZ	HG
	9:23—9:24	N	ZQ+DZ	GT
	9:27—9:29	Y	ZT+LT	HG
	9:49—9:50	N	ZT+LT	GT
	9:50—9:53	Y	ZT+LT	GT

标识：

情境：QY＝区域活动 JT＝集体教学

有无干扰：Y＝有干扰 N＝无干扰

幼儿注意力分散表现：

WS＝玩手、衣服等　YL＝远离座位　DZ＝东张西望　ZQ＝站起来　ZT＝转头　LT＝与他人聊天　QT＝其他

幼儿注意力分散的结果：

GT＝转为干扰他人　HG＝回归课堂　CX＝持续注意力分散

（三）事件取样法的使用步骤

1. 恰当选择观察对象

观察者在运用事件取样法对幼儿进行观察之前，首先要对自己的观察动机和目的有清楚的了解，也就是说首先要确定观察目标。事件取样法既可以选择某一特定幼儿作为观察对象，也可以选取幼儿团体作为观察对象，但都要根据观察目标选取对象。如观察者发现班级中某名幼儿在活动中注意力总是不集中，便选择该幼儿作为观察对象，采用事件取样法了解该幼儿注意力分散时的前因后果和具体表现，以探寻注意分散的缘由，有利于进一步采取针对性的教育策略。

表 2-4 **事件取样观察记录（叙事描述记录法）**

幼儿姓名：晨晨	性　别：女	编号：07
年　龄：3 岁 9 个月	观察日期：2018 年 6 月 20 日	
开始时间：9:00	结束时间：9:30	
地点：图书角	观 察 者：张老师	

观察目标：观察晨晨在区域活动中的同伴互动行为

序号	时间	互动对象	互动过程
1	9:00—9:03	男孩 A	A 进入图书角，主动与晨晨一起看书。A 边看边说书中的内容，晨晨隔个三五句做出一句回应。期间，晨晨伴有咳嗽并一直在流鼻涕。一本书看完后，A 把书放回图书架，之后晨晨与 A 没有语言交流
2	9:04—9:05	男孩 A	晨晨独自拿起一本书来看，A 没有与晨晨一起看书，而是玩起了墙上贴的布偶。晨晨也放下书，像 A 一样玩布偶，但仍然没有和 A 说话
3	9:14	女孩 B、C	女孩 B、C 来到图书角拍了一下晨晨的肩膀，打了一声招呼就立即跑开了。晨晨对着 B、C 的方向小声地叫着她们的名字，B、C 没有听见，晨晨没有继续大声叫，而是返回图书角
4	9:17	女孩 D	女孩 D 站在图书角旁观望，晨晨没有主动和她说话，30 秒后 D 说：“咱俩一起玩可以吗？”晨晨微笑着说：“可以啊，咱们一起看书吧。”D 脱了鞋子进入图书角，拿起一本书来看。晨晨仍是独自一个人玩墙上的布偶，D 放下书和晨晨一起玩布偶
5	9:21	女孩 D、E	女孩 E 进入图书角，她把墙上贴的布偶都撕了下来，D 阻止其说：“你让开，不要撕了。”晨晨把撕下来的布偶重新贴上去，没有与 E 进行语言交流
6	9:22	女孩 D	音乐响起，幼儿纷纷收拾玩具。晨晨开始整理图书角的书。D 帮助晨晨一起整理，并主动问晨晨哪本书该放哪里，晨晨只是默默整理，没有回答 D 的问题

2. 客观记录幼儿行为

观察者在确定了观察目标和观察对象之后，还需做好观察记录前的四项内容。

（1）明确观察行为，进行操作性定义。

观察者需对目标行为进行明确的界定，包括对目标行为进行分类，以及对各行为类别进行操作性定义。与时间取样法相似，观察者在采用事件取样法对目标行为进行分类时，同样要遵循互斥性原则和详尽性原则。观察者在对目标行为进行类别划分时，可以根据行为发生的原因进行分类。例如，观察幼儿的同伴互动时，可以根据幼儿与同伴互动的原因将幼儿同伴互动行为分为寻求帮助、提出建议、表达情感、争夺物品等类别。

【案例链接】

事件取样法在师幼互动研究中的运用

但菲（2014）采用事件取样观察法，对幼儿情绪表达事件中教师的态度与行为进行观察记录。具体做法是选取某市幼儿园两所，每所幼儿园选取一个中班共56名幼儿作为研究对象。采用事件取样观察法，以非参与性自然观察为主，从每周一到周五，连续观察12周，共收集幼儿情绪表达事件298例。结果表明，教师对待幼儿情绪表达事件以中立态度为主；教师对男孩表现出更多的消极态度；幼儿消极情绪表达事件中教师常采用消极态度；教师对待由其自身引发的幼儿情绪表达表现出较多的积极态度。

在事件取样观察法的运用中，但菲（2014）对幼儿情绪类型、教师态度行为进行了类别划分。将幼儿情绪类型划分为高兴、惊奇、愤怒、恐惧、厌恶、悲伤六类，同时将教师态度行为类别划分为积极态度、中立态度、消极态度三类，三类教师态度行为类别的操作性定义如下：

积极态度：指当幼儿发生情绪事件时，教师倾听幼儿，给予幼儿表达的机会，与幼儿一起探索、分享彼此的情感，并能够教育指导和帮助解决等；

中立态度：当发生幼儿情绪事件时，教师没有发现或教师虽然看到但置之不理；

消极态度：拒绝幼儿表达的机会，通过制止或仲裁，以此平息幼儿的情绪。

另外，但菲（2014）采用了自编观察记录表来记录幼儿的情绪表达事件，主要包括幼儿性别、情绪诱因、情绪类型、情绪持续时间、教师态度和事件结果等方面，具体见下表：

姓名	性别	情绪诱因	情绪类型	情绪持续时间	教师态度	事件结果

资料来源：但菲，梁美玉，薛瞧瞧．教师对幼儿情绪表达事件的态度及其意义［J］．学前教育研究，2014（240）．

（2）明确观察情境。

为了保证取样事件的代表性，观察者必须事先了解所要观察的目标行为特点，包括目标行为经常发生的时间、地点和情境等。例如，观察者想要采用事件取样法对幼儿的亲社会行为进行观察和记录，那么观察者需思考在什么活动或时间幼儿更容易发生亲社会行为，通常来说幼儿在自主游戏中与同伴互动较多，那么亲社会行为也就相对表现较多，那么观察者可以重点关注幼儿在自主游戏时间的表现，以便于能够顺利观察到目标行为。

（3）明确目标行为的内容。

观察者需要事先就明确目标行为的内容，以保证观察时记录的完整性。一般来说，事件取样法的观察记录包括五个方面的内容：事件持续时间；事件发生背景；事件发生经过；事件导致的结果；事件产生的影响。除了这五个方面，观察者也可以根据观察目标的需要和自己的研究兴趣，记录和描述事件发生的更多细节，以为后期分析评价提供更丰富的研究资料，表 2-5 是同伴互动的事件取样记录表，表 2-6 是 H. Dawe 研究幼儿争执事件的事件取样记录表。

表 2-5　**同伴互动的事件取样记录表**

姓名	年龄	性别	互动时间	发生背景	互动原因	互动过程	结果	影响

表 2-6　**幼儿争执事件的事件取样记录表**

姓名	年龄	性别	争执持续时间	争执发生背景（起因）	争执什么（玩具、领导权等）	参与者的角色（争吵爆发者、主要侵犯者、反抗、被动接受等）	争执特殊语言、动作	结果（被迫让步、自愿让步、和解、旁观儿童干预解决）	后果（高兴、愤恨、不满）

（4）制定观察记录表。

同时间取样法一样，事件取样法也需要预先制定好观察记录表，以便于观察现场记录。观察记录表的设计尽可能简便，从而使观察者在观察记录的过程中能够一目了然，快速、准确记录。可以运用代码来代表某类行为。

根据事件取样法的观察对象选择和观察记录的要求，以下是运用事件取样法对幼儿的注意分散行为进行的观察记录。

【案例5】豪豪注意力分散的表现（1）

幼儿姓名：豪豪　　性　　别：男　　编号：01

年　　龄：5岁7个月　　观察日期：2020年11月12日

开始时间：10:20　　结束时间：10:35

观察地点：教室　　观 察 者：崖老师

观察目标：观察豪豪注意力分散的表现

幼儿注意力分散的类别：

1. 玩手、玩衣服等　2. 远离座位　3. 站起来　4. 转头

5. 与他人聊天　6. 触碰他人　7. 发呆　8. 其他

幼儿注意力分散的结果：

1. 转为干扰他人　2. 回归课堂　3. 持续注意分散

情境	开始时间	结束时间	有无打扰	注意分散表现	注意分散结果
JT	10:10	10:13	Y	GJ WS	GT
JT	10:13	10:16	N	YL	CX
JT	10:16	10:19	Y	LT	CX
JT	10:19	10:22	N	FD	CX
JT	10:22	10:25	N	ZQ	HC
JT	10:25	10:27	N	FD	HC

标识：

情境：QY=区域活动　JT=集体教学

有无干扰：Y=有干扰　N=无干扰

幼儿注意分散表现：

WS=玩手、衣服等　YL=远离座位　YX=站起来　ZQ=转头　LT=与他人聊天

GJ=攻击他人　FD=发呆　QT=其他

幼儿注意分散结果：

GT=转为干扰他人　HC=回归课堂　CX=持续注意分散

3. 科学分析行为表现

分析时间取样的观察记录时，观察者必须从客观的角度进行分析，要考虑到行为发生的背景，因为幼儿的某些目标行为是在特定的背景下才会发生的，如果脱离背景分析，可能会产生偏差。分析后，观察者需要根据幼儿发展理论或相关专业知识对幼儿的行为表现做出评价。注意评价依然要客观，尽量避免个人主观因素的影响。

以下是案例 5“豪豪注意力分散的表现”的分析评价。

【案例 5】豪豪注意力分散的表现（2）

分析评价

豪豪在 17 分钟的观察时间内，多次出现注意力分散的情况，其注意力分散的表现主要为发呆、干扰他人、攻击他人行为等，可见豪豪的注意力稳定性较差。豪豪注意力分散后，只有 2 次是自己回归课堂，其余时间是持续注意力分散，直到班级教师走到身边拍他或进行言语提醒。

考虑到大班幼儿注意力水平有了进一步发展，其有意注意的稳定时间可达 15—20 分钟，相比之下，豪豪在本次活动中的注意力稳定性较差，可能与其对课堂不感兴趣、自控能力较差有关。

4. 合理提出指导建议

在分析评价的基础上，观察者要提出行之有效的建议。需要注意的是，观察存在偶发性因素，因此教师应在自然情境下持续观察幼儿，收集较为充分的观察资料。以豪豪为例，如果教师仅凭这一次观察就认定豪豪在所有活动中都注意力分散严重是不恰当的。因此，教师在基于本次观察提出指导建议时，也仍然需要对幼儿保持持续的关注。

以下是案例 5“豪豪注意力分散的表现”的指导建议。

【案例 5】豪豪注意力分散的表现（3）

指导建议

第一，教师需要关注豪豪注意力品质的培养。在课堂中，教师可以通过提问、个别辅导等方式，提高豪豪对课堂的参与度。课后，教师可通过与豪豪交谈了解其对课堂内容的看法。

第二，教师应持续关注豪豪在其他活动中的注意力表现。除了课堂活动，在日常活动中也应重视发展豪豪的注意力品质，并利用游戏和日常环节提高豪豪的自我控制能力，如安排一些串珠子、拼图的游戏等，进餐前引导豪豪安静等餐等。

第三，开展家园共育，共同促进幼儿发展。教师可以跟家长沟通豪豪的在园情况，向家长了解豪豪在家游戏或学习时的注意力品质情况，并协同家长一起关注和重视豪豪的注意力品质的发展。

注：【案例 5】“豪豪注意力分散的表现”完整的观察记录见本单元末“学习资源”。

（四）事件取样法的优缺点

通过对事件取样法的分析，可发现事件取样法的优点有：

（1）事件取样法比时间取样法更具有实用性。事件取样法比较实用，可以用来研究各种行为和事件，不像时间取样法严格受限于行为发生的频率。

（2）事件取样法具有省时、高效、完整的特点。在事件取样法中，可以综合运用符号系统记录法和叙事描述记录法进行记录，使得事件取样法兼具符号系统记录法的高效性，又具备叙事描述记录法的完整性和翔实性。

（3）通过事件取样法记录可以获得行为事件发生的全过程资料。事件取样法是在自然情境下观察和记录幼儿的行为，比较完整地记录了幼儿行为发生的前因后果，因而收集的资料较为全面和丰富。

当然，事件取样法也有不足之处。首先，只要行为事件发生便可以用事件取样法进行记录，这些观察到的行为在不同情境下可能具有不同的性质。这也就要求观察者在运用事件取样法时，应特别注意记录与分析事件发生时的情境或背景。其次，事件取样法所获得的资料量化不够直接。相比时间取样法，事件取样法经常存在文字描述性的记录，观察者在分析时，需要将这些描述性文字转化为可分性的量化资料，这在一定程度上增加了分析的难度和工作负担。

【练一练】

任务：以幼儿亲社会行为为观察主题，设计事件取样观察记录表。

第三课

评定观察法与案例

评定观察法是一种量化的观察方法，使用起来简单、方便，主要包括行为检核法和等级评定法两种。观察者使用评定观察法，可以直接将幼儿的行为表现与发展常模进行比较，能够较为直接地反映幼儿的发展水平。

一、行为检核法

（一）行为检核法的含义

行为检核法又称为检核法、清单法，是指观察者根据一定的观察目的，事先拟定所需要观察的项目，并将它们排列成清单式的表格，然后通过观察，根据检核表内容逐一检视幼儿行为出现与否的一种观察与记录方法。行为检核表使用方便，可以了解行为出现的情况，既可用于观察个别幼儿，也可用于观测幼儿群体，因而行为检核法在幼儿行为观察领域被较为普遍地应用。

行为检核表是一种用来记录幼儿某行为出现与否的便利方法，使用相当容易，用途也非常广泛。只要确认观察目标并转化为适当的检核表后，都可以便利地检视，提醒观察者留意所关注的行为是否在特定的情境出现。在幼儿行为观察的应用上，行为检核表通常用来了解幼儿行为在特定情境的出现状况，观察者通常须在观察之初确立观察的目标并形成检核表，然后在实际的观察情境中逐一检视行为出现的情况。

关于检核表的类型，勃兰特（Brandt，1972）提出“静态描述项目”（staticdescriptor）与“活动检核表”（actions or action checklist）两种。所谓静态描述项目，是指能被轻易标注或记录的情境或幼儿的固定特性，这些项目的记录资料有相当高的稳定性，例如：年龄、性别、社会经济地位或物理环境特性等，这些均属此类项目。而活动检核表观察的焦点是孩子的行为，比较典型的活动检核表是记录幼儿在一定时间内的特定行为表现。每名幼儿各有一连串的表现行为，观察者也将标记出幼儿在一定观察时间内的行为表现情况。此种检核表也可用来观察幼儿特定的行为表现是否达到标准。

总而言之，行为检核法是指将一系列行为项目进行排列，标明关于这些项目是否出现的两种选择，供观察者对照幼儿的行为表现，判断后选择其中之一并做记号的方法。通常，行为检核法的记录方法是二选一，即选择“是”或“否”，如表 2-7 所示。

表 2-7　幼儿自尊行为检核表

发展指标	是	否
1. 取得成功后还想做得更好		
2. 主动承担任务，遇到困难能够坚持而不轻易地求助他人		
3. 选择活动时不需要教师帮助		
4. 主动寻求伙伴一起玩，适当发起活动		
5. 知道自己的优点和长处		
6. 能维护自己的权利		
7. 自己的事情自己做，不会的愿意学		

（二）行为检核法的使用步骤

使用行为检核法的关键环节是观察者需要在使用前制定比较周密而详细的计划。而计划的核心则是对所观察的行为进行具体的界定，形成一份可参照的行为检核表。因为观察者使用行为检核表是为了观察目标行为在观察过程中是否出现，所以事先有逻辑、清晰地列出所需观察的行为是十分必要的。

1. 制作行为检核表

（1）确定观察目标，列出目标行为。

行为检核法的第一步就是确定观察目标。观察者要确定自己的观察目标是什么，期望了解幼儿哪方面的行为表现，然后围绕观察目标确定观察维度。例如，王老师想通过行为检核表来了解幼儿大动作的发展情况，根据经验，她确定了观察维度：①手部大动作发展；②腿部大动作发展；③全身大动作发展。确定观察维度后，需要将每一维度逐一分解到可观察的具体行为上。如手部大动作发展对应双手抓球、扔球；腿部大动作发展对应用脚踢球；全身大动作发展对应独自爬楼梯；独自过平衡木；从滑梯上滑下来。

（2）组织整理行为目标，制作行为检核表。

将目标行为进行指标细化后，需要按照一定的逻辑将细化后的行为指标进行组织整理。观察者可以按照自身习惯、观察计划、幼儿活动时的场地顺序、活动开始的时间顺序或者行为的难易程度等多种原则对项目进行排列。表 2-8 是整理好的幼儿大动作发展的行为检核表。

表 2-8 **幼儿大动作发展的行为检核**

行为表现	能	不能
独自爬楼梯	✓	
独自过平衡木		✓
从滑梯上滑下来	✓	
双手抓球、扔球	✓	
用脚踢球	✓	

（3）完善观察记录表。

根据观察目标，还需要进一步完善行为检核表。例如，对于幼儿的基本情况，需要了解哪些内容？又如，是仅记录目标行为是否出现，还是也需要记录幼儿动作发展的状况或是第一次出现/掌握该行为的时间。表 2-9 是关于幼儿大动作发展情况的行为检核表。在使用行为检核法时，观察者也可以参考《指南》或国内外儿童行为发展常模来制定行为指标。

表 2-9 **幼儿大动作发展的行为检核表**

行 为 检 核		
幼儿姓名： 开始时间： 观察地点：	性　别： 结束时间： 观 察 者：	编号：
观察目标：观察幼儿的大动作发展情况		
行为表现	能	不能
独自爬楼梯		
独自过平衡木		
从滑梯上滑下来		
双手抓球、扔球		
用脚踢球		
分析评价		
指导建议		

【练一练】

任务：王老师想要使用行为检核法记录某小班幼儿入园适应情况，请你帮她设计一份幼儿入园适应主题的行为检核表。

2. 客观记录幼儿行为

行为检核表制作完成后，观察者在使用时还需注意以下几个方面的问题：

第一，观察者首先应明确观察目标，并熟悉检核表中的行为项目。如果条件允许，建议尽量在正式观察前进行预观察，以便对行为检核表的项目或其他内容进行调整和完善。

第二，在正式观察前，观察者应选择与观察目标和观察项目相适宜的观察地点和观察情境。比如，要观察幼儿的大动作发展，可以选择在幼儿进行晨间活动或体育游戏时进行。

第三，观察者在进行观察记录时，尽量避免主观偏见，保持客观。

以下是案例 6“幼儿大动作发展的行为检核”的观察记录。

【案例 6】幼儿大动作发展的行为检核（1）

行为检核		
幼儿姓名：多多 年　　龄：3 岁 5 个月 开始时间：9:30 观察地点：幼儿园	性　　别：男 观察日期：2020 年 10 月 11 日 结束时间：12:00 观 察 者：韦老师	编号：04
观察目标：观察多多的大动作发展情况		
行为表现	能	不能
独自爬楼梯	✓	
独自过平衡木		✓
从滑梯上滑下来	✓	
双手抓球、扔球	✓	
用脚踢球	✓	

3. 科学分析行为表现

使用行为检核表对幼儿行为进行观察记录后，观察者需要对记录的数据资料进行分析和评价。对幼儿行为进行分析和评价时，观察者也可通过多次观察，每隔一段时间将数据资料汇总，再进行统计分析。采用这样的方式，可以对比前后记录发现幼儿的行为发展变化，从而使对幼儿的分析和评价变得更为客观和全面。

以下是案例6“幼儿大动作发展的行为检核”的分析评价。

【案例6】幼儿大动作发展的行为检核（2）

分析评价

3岁5个月的多多可以独立完成基本的大动作，如独自爬楼梯、双手扔球、踢球等，表现出一定的动作协调性和灵敏性。但是在走平衡木项目上，多多还存在一些困难。在进行平衡木项目中，多多需要双手扶住旁边的护栏才愿意通过。参考《指南》中提出的3—4岁动作发展目标“幼儿能沿地面直线或在较窄的低矮物体上走一段距离”，多多的平衡能力还需加以引导和练习。

4. 合理提出指导意见

同其他观察方法一样，观察者也应基于行为检核法的观察记录提出下一步的教育建议或幼儿发展的支持策略。以案例6“幼儿大动作发展的行为检核”为例，教师应利用多种活动发展身体的平衡和协调能力。

以下是案例6“幼儿大动作发展的行为检核”的指导建议。

【案例6】幼儿大动作发展的行为检核（3）

指导建议

首先，成人应当关注幼儿的动作能力发展，积极通过各种游戏或活动促进其动作水平的发展。多多平衡能力较弱，那么教师应利用多种活动发展其身体平衡和协调能力，如玩蒙眼走路游戏、踩小高跷等。

其次，在练习过程中，注意劳逸结合，并且要以鼓励为主。同时也关注幼儿在动作练习过程中的情绪和意志品质的培养。

注：【案例6】“幼儿大动作发展的行为检核”完整的观察记录见本单元末“学习资源”。

（三）行为检核法的优缺点

通过对行为检核法进行分析，行为检核法具有以下优点：

第一，使用起来方便、容易。观察者可以随时随地、快速有效地记录行为目标是否出现，并对目标做出评估。此外，行为检核法应用广泛，适用于观察幼儿的认知发展、动作发展和社会性发展等。

第二，行为检核表的观察结果便于观察者进行量化处理。行为检核法所得到的资料量化程度较高，在统计分析时不需进行转化就可以直接计算，一定程度上节省了观察者的精力和时间，也降低了分析难度。

第三，行为检核法可以和其他观察法结合使用。由于行为检核法的使用范围比较大，观察者可以把它作为一个初步观察的方法，从中发现和选取有意义的行为，再使用其他观察方法，如事件取样法，进行深入、细致的进一步观察。

行为检核法同样不可避免地存在一些缺点，主要有以下几点：

（1）不能对幼儿的行为进行详细的记录。它只是对行为是否发生进行记录，缺乏详细的情节和背景资料。在运用这种方法时，需要依据观察目标，谨慎地配合使用其他观察法。

（2）行为检核表的编制容易出现不完善的问题。由于行为检核法需要观察者预先制定行为检核表，但是幼儿的行为难以被全部预测到，所以在观察时容易出现非预测性的行为，从而造成记录的不准确。

（3）行为检核表的使用对观察者自身的要求较高。由于观察者对行为的判定容易带有主观色彩，可能造成记录结果的信度方面的问题。另外在观察群体幼儿时，一个人的精力难以兼顾多个幼儿，可能会出现记录遗漏、不全面等问题。

二、等级评定法

（一）等级评定法的含义

等级评定法是指观察者在对幼儿的行为进行观察后，对其行为表现所达到的水平进行评定，并对其行为质量的高低进行量化判断的一种方法。与行为检核法的不同之处在于，行为检核表只记录行为是否出现，而等级评定法能够进一步帮助观察者了解行为发生的程度、频率等，使观察者能够快速、方便地概括出观察对象的特点。等级评定法一般是在观察者观察之后根据回忆进行的记录，而不是一种直接的观察方法，严格来说，更像一种评估方法。

具体使用时，根据量表的不同设计方式，可以将量表分为 5 种不同类型：

1. 数字等级量表

数字等级量表是使用定义好的序列数字来表示被观察者的某一行为的不同程度或者

类型，观察者根据观察结果选择与幼儿行为最匹配的数字进行记录。数字等级量表常常采用三点（1、2、3）、五点（1、2、3、4、5或0、1、2、3、4）、七点（1、2、3、4、5、6、7）计分的方式。表2-10中的Rutter儿童行为问卷的部分内容就运用了三点计分的方式。

表2-10　**Rutter儿童行为问卷（节选）**

请根据孩子最近一年的行为表现，按0、1、2进行三级评分。其中0表示从来没有，1表示轻微或有时有，2表示严重或经常出现。

幼儿姓名：　性　别：　年　龄：　观察法： 观察日期：　观察时间：　观察地点：	
行为问题	等　级
9. 非常不安，难以长期静坐	0　1　2
10. 动作多，乱动，坐立不安	0　1　2
11. 经常破坏自己或别人的东西	0　1　2
12. 经常与别的儿童打架，或争吵	0　1　2
13. 别的孩子不喜欢他	0　1　2

2. 图形量表

图形量表是用一条横线来表示一个行为的程度，在横线上从左到右，依次表示行为表现由高至低或由低至高的不同程度，与数轴有些类似，具有直观的特点，如图2-2所示。

表2-2　图形量表

3. 标准化量表

标准化量表是观察者根据量表呈现的标准，判断幼儿的行为表现属于哪一种类型。有关幼儿各方面的发展有许多编制完善的标准化量表，表2-11是关于幼儿言语发展水平的标准化量表。

表 2-11　　幼儿言语发展水平评价

项　目	优秀	良好	中等	差
别人说话时能注意听，并做出适宜的回应				
能够大方地与他人交流				
能够运用多种方式表达自己的想法与需要				
说出的话可以被他人理解				
能够主动邀请他人（如，我们一起玩过家家的游戏吧？）				
能够对他人的行为做出简单的评价				

4. 累计点数量表

累计点数量表是观察者先对幼儿的行为进行评分，然后将各项目分数相加得到总分（如果是负向描述则相减），以此来评定幼儿的行为。量表中每个项目的计分可以采用 0、1 的计分方式，也可以采用李克特量表的计分方式。在计算得分时，应先分别核查 A 行行为的得分和 B 行行为的得分，由于 A 行是正向描述，而 B 行是负向描述，所以总分就是 A 行总分减去 B 行总分。

表 2-12　　幼儿行为表现累计点数量表

请根据孩子最近一年的行为表现，按 0、1 进行评分。其中 0 表示偶尔出现或从来没有，1 表示表现经常出现。

A 行	B 行
能与同伴合作	总是要以自己为中心
能主动与同伴交往	总是等待别人和他说话
能和同伴分享玩具	总是独享玩具
与人友善	充满敌意

5. 强迫选择量表

强迫选择量表是不管选项中是否具有完全符合幼儿行为的选项，都需要在一系列描述性短语中选择相对最符合被观察者行为表现的一项描述的一种量表。因此，这种量表的一系列描述应尽可能包括不同程度的情况，如：

请您评定幼儿收拾玩具的行为是（　　）。

A. 拒绝收拾

B. 在教师的要求下收拾

C. 自觉收拾好自己的玩具

D. 不但收拾好自己的玩具，还帮同伴收拾玩具

【练一练】

任务： 以幼儿就餐行为为观察主题，设计一份等级评定表。

注：【案例 7】“幼儿进餐行为的等级评定”完整的观察记录见本单元末“学习资源”。

（二）使用等级评定法的注意事项

根据使用过程可能出现的问题，在使用等级评定法时，观察者应注意以下几点：

（1）多次观察。观察次数过少，则观察的偶然性和片面性可能会影响观察结果。应多次观察，增强观察结果的客观性和可靠性，这有利于做出更准确的等级评定。

（2）多人观察。为了避免观察者的主观偏见所带来的影响，最好有两个或两个以上的观察者一起对幼儿的行为做出评定。如观察结果分歧较大，可以通过重新评定或评定者进行商讨等方式达成一致。这样能够尽可能地减少个人主观偏见对等级评定的影响。

（3）提高观察者的专业性。观察者在对幼儿进行行为评定时，要尽量避免主观偏见，做出客观准确的评定。不要出现评分整体过高或过低，或趋向平均的状况。同时，应当通过回忆幼儿的真实行为表现，而不是根据观察者自身的联想和猜测来进行评定。

（三）等级评定法的优缺点

通过等级评定法的分析，可以概括出它的一些优点：

（1）简单，方便。与行为检核表法相似，等级评定法事先有准备好的对幼儿行为的一系列描述，在观察记录时，只需要做简单的记录。这避免了文字的麻烦，便于填写。另外，由于采用固定的等级进行记录，后续分析时可以直接采取量化的方法，对观察者来说，操作更加方便。

（2）等级评定法的使用范围较为广泛。它适用于对幼儿各个方面的行为表现进行观察记录，在幼儿园一日生活的各个环节以及家庭的日常生活中所体现的幼儿认知、动作、社交等各方面的发展状况，都可以使用这种方法进行评估。

（3）等级评定法可以帮助观察者发现幼儿的个别差异。等级评定法的运用需要观察者在观察之后，对每个幼儿的行为表现进行等级评定。在评定的过程中，观察者可以掌握每一位幼儿的情况。在分析观察结果时，观察者可以发现幼儿的个别差异，从而能够更好地根据每个幼儿不同的身心发展特征开展教育教学活动，做到因材施教。

同时，等级评定法的缺点也是无法忽视的：

（1）观察者的主观评定容易造成评定结果有失偏颇。等级评定法是观察者对幼儿的行为表现进行主观判断的方法，这种主观判断容易带有观察者本人的主观偏见，从而造成评定结果的不准确。除此以外，在使用等级评定法时，由于需要避免出现过于极端的评定结果，观察者还容易出现评定等级趋于集中的倾向，即趋向于选择位于中间的、不好也不坏的等级。此外，由于等级评定多是在观察之后回忆幼儿的行为并做出评定，观察者有时容易把自己的联想和猜测作为评定的依据，导致评定结果出现偏差。

（2）等级划分不明确，只凭主观感受。等级评定表将行为进行了等级上的划分，但是并没有明确界定哪些行为属于这一等级，多数是凭借观察者的主观感受来进行判断。而不同的观察者对于这些等级的理解是不同的，这样也会影响评定的效果。

（3）等级评定法没有记录行为发生的具体内容。与行为检核表法一样，等级评定法也只是在给出的行为描述后面进行标记，并没有把这个行为发生的具体情景、原因、经过和结果等细节描绘出来，这可能导致观察者了解到的信息并不全面，以致于难以进行深入的分析。

在了解和学习三大类观察方法之后，在选择和使用观察方法时，需要注意以下三点：首先，观察方法没有优劣高低之分。其次，应了解每一种观察方法的适用情境以及优缺点。再次，观察者可以基于观察目标，选择适宜的观察方法或综合运用一两种方法。

【练一练】

请为以下观察情境，选择适合的观察方法，将观察方法与观察情境连一连。

A. 行为检核法	1. 希望快速了解班级幼儿的动作发展水平
B. 日记描述法	2. 可可使用剪刀的情况，王老师觉得很有意思，想记录下来
C. 轶事记录法	3. 希望了解幼儿某个行为发生、发展的来龙去脉
D. 等级评定法	4. 半小时内大三班积木区幼儿的活动情况
E. 时间取样法	5. 想在固定时间段，观察幼儿某个行为的出现频率
F. 实况详录法	6. 想快速筛选某领域的某核心经验，了解班级幼儿是否出现
G. 事件取样法	7. 乐乐妈妈希望通过自己的观察，记录乐乐的发展情况

【学思研训】

一、选择题

1. 在运用时间取样观察法时的正确顺序是（　　）。

①预先制定系统的观察记录表

②对所要观察的目标行为进行分类

③对各行为类别下操作性定义

④确定观察时长、间隔时间和观察次数

A. ②③④①　　B. ①②③④　　C. ②④①③　　D. ③②①④

2. 下面哪一项不是日记描述法的优点（　　）。

A. 简单、灵活、方便

B. 记录的内容具有翔实性

C. 观察者的身份一般是幼儿最亲近的人

D. 记录的资料可以永久保存

3. 下面哪项不适合成为轶事记录法的观察对象（　　）。

A. 常常自言自语的小亮

B. 能第一次很好地扮演医生的娟娟

C. 原本外向，却突然不爱搭理小伙伴的小建

D. 中二班的全体小朋友

4. 下面对实况详录法说法不正确的一项是（　　）。

A. 实况详录法只是记录下观察者感兴趣、认为有意义的事件

B. 实况详录法的观察对象选择范围较广

C. 运用实况详录法对目标幼儿进行连续记录的时间一般在一个小时之内

D. 实况详录法可用于对幼儿园课程的评价

5. 下面对班级儿童日志说法不正确的一项是（　　）。

A. 班级儿童日志是对当天班级每个幼儿的在园表现都进行观察和记录

B. 班级儿童日志是要在自然情况下收集信息，所以教师不能对其行为进行引导

C. 仅仅一次记录得到的资料和数据实用性不大

D. 班级儿童日志记录迅速，使用方便

二、简答题

1. 说一说时间取样法的实施步骤。

2. 简述实况详录法的优缺点。

【学习资源】

【案例 1】源源如厕行为的发展

日 记 描 述

观察目标：观察源源的如厕行为发展情况

第一次观察

年　　龄：1 岁 6 个月　　观察日期：2019 年 8 月 28 日　　编号：01

开始时间：11:30　　结束时间：11:40

观察地点：卧室　　观 察 者：源源妈妈

观察记录

中午，妈妈在房间工作，源源在玩积木。突然，源源过来拉妈妈衣服，一边喊道："妈妈，妈妈。"妈妈问："怎么啦，宝宝?"源源说："粑……粑……粑……"妈妈一听立马把小马桶从厕所放到卧室地面上，帮源源脱了裤子，他拿着小黄鸭坐了上去。但是，十分钟快过去了，源源并没有拉出粑粑，也没有了继续的兴趣，就起身玩去了。

图片 2-1　源源坐小马桶

第二次观察

年　　龄：1 岁 6 个月　　观察日期：2019 年 9 月 4 日　　编号：02

开始时间：17:30　　结束时间：17:35

观察地点：卧室　　观 察 者：源源妈妈

观察记录

傍晚的时候，妈妈和源源从外面玩回来，到家后不一会儿，源源就跟妈妈说："妈妈，粑粑……"妈妈放置好小马桶，协助他脱了裤子坐上去。源源坐在马桶上不到一分钟，就跑开了。过了一会儿，自己又主动坐上了小马桶，小便后他盯着马桶看了一会儿，大声喊："妈妈，妈妈，粑粑……粑粑……"妈妈走近一看，马桶内果然有一小摊尿液。正当妈妈要处理，源源却抢先一步把马桶内可活动的盛便器提了起来，在空中一边看，一边晃动，妈妈几乎尖叫起来："别，别，别，放在那里，妈妈来处理!"源源看了妈妈一眼，又晃了两下，然后将盛便器归位。

续表

第三次观察

年　　龄：1岁7个月　　观察日期：2019年9月11日　　编号：03

开始时间：19:10　　结束时间：19:15

观察地点：卧室　　观 察 者：源源妈妈

观察记录

晚饭后，源源在客厅玩乐高。突然，他一溜烟跑到卧室，拽下短裤，端坐在马桶上，嘴里念叨着：“粑，粑，宝宝，粑。”几分钟后，源源站起来，自己往马桶里看了看，里面是他的小便，源源盯着看了几眼，笑了起来。随后，源源把短裤歪歪扭扭地拉扯了上去，跑回客厅继续玩乐高。

分析评价

从三次观察记录可以看出源源在如厕行为方面的发展情况。

第一次观察记录中，1岁半的源源已经具有了如厕意识，可以及时表达自己的如厕需求，能够在成人协助下坐马桶如厕。但源源坐在马桶上玩玩具并没有顺利如厕。由此可见，源源似乎更多把坐马桶当成一个游戏在练习，初步具备了自主如厕意识，但还未掌握如厕技能。

第二次观察中，源源已经能够在妈妈的协助下成功使用马桶，完成如厕行为的源源大喊妈妈，对自己的排泄物表现出较强的兴趣。

第三次观察记录中，源源已经能够在有小便需要时主动跑回卧室如厕，而且是独立完成脱裤子、坐马桶、提裤子的行为，最后不摆弄自己的排泄物。

总的来说，源源如厕行为发展较为顺利，如厕态度积极主动，能够根据需求主动如厕，可以独立完成穿脱短裤坐马桶小便，相比同年龄幼儿表现出较好的自我服务能力，但是如厕后的卫生习惯（如洗手）尚未形成，语言表达上“粑粑”是大小便的统称，没有进行区分。

指导建议

第一，家长继续鼓励和支持源源的自主如厕，根据情况给予肯定以及必要的协助。例如，冬天穿的裤子较多，婴幼儿提拉裤子出现困难时，以及大便后擦屁股等。同时，家长可以在源源每次如厕后，告知源源是“粑粑”还是“尿尿”，引导源源了解二者区别，能够在语言表达上更准确。

第二，家长应该引导源源养成如便后洗手、冲水或协助清洁马桶等卫生习惯，帮助源源理解如厕的整体流程，形成良好的如厕卫生习惯。

第三，家长可以利用生活中外出的时机，增加源源使用不同如厕工具的经验、适应不同如厕环境，强化源源的如厕行为，帮助源源形成正确如厕的意识和行为习惯，也可为源源入园后的如厕行为减少不适。

第四，婴幼儿通常会对如厕以及自己的排泄物很有兴趣，家长可利用一些如厕相关的绘本，如《马桶的故事》《便便去哪了》《拉粑粑》《你的便便在哪里》等，既可以满足源源的好奇心，增进认知，又可以帮助源源养成良好的卫生习惯。

【案例 2】明明床下取鞋

轶事记录		
幼儿姓名：明明	性　　别：男	编号：09
年　　龄：3 岁	观察日期：2020 年 10 月 14 日	
开始时间：9:10	结束时间：9:15	
观察地点：房间	观 察 者：徐老师	

观察目标：了解幼儿在解决问题过程中的思维水平

观察记录

明明趴在地上，一只手伸向床底下去拿鞋，另一只手撑在外面，但是没有拿到，他跪趴在地上，头靠着手望向床下的鞋，说："没有。"说完，明明又看了一眼鞋子，接着将身体继续趴在地上，一只手再次伸进床下拿鞋，另一只手撑着地，头朝着床下的方向，靠近床的那只脚敲打着地面，但还是没有成功。随后，明明跪坐在地上，拉开床边的抽屉，拿出了一段绳子。他转到另一面，趴下身子，一只手拿着绳子伸到床下，另一只手撑地，一只脚叠在另一只脚上，头朝着床外的方向，还是没能把鞋取出。他又把绳子拉直，再次将绳子伸进床下试了一次，还是没能取出鞋子。接下来，他把绳子扔到床上，一只手抓住床，一只手撑着地，用脚去够鞋子，依然没有够着鞋子。明明改为双手抓住床，双脚伸到床下，终于，两只脚将一只鞋子夹了出来。明明拿着鞋子，拿出鞋子的明明嘴角上扬，笑着说："够出来了。"用同样的办法，明明又将另一只鞋子拿了出来，拿着两只鞋的明明跪坐在地上，举着鞋子，笑着说："又够出来了。"

分析评价

明明在取鞋时，以自己的手、脚作为工具，变换动作多次尝试，可以看出明明解决问题主要是依靠自己的动作，并且是"边做边思考"，说明明明的思维以直觉行动思维为主。

明明 3 岁，正处于直觉行动思维向具体形象思维过渡的阶段，取鞋过程中，明明从抽屉拿了一根绳子，并将绳子伸进床底，反映出明明头脑中有关于绳子比手和脚长的经验，因而产生用绳子取鞋的想法。这个尝试尽管没有成功，但反映出明明已经处于具体形象思维的萌芽阶段，初步具备能够运用表象进行思考的能力，其取鞋过程中的行为表现符合其年龄特征的思维特点。

另外，明明取鞋的方法在不断地改进，可以看出明明具有较好的意志水平，以及较好的动作灵敏性。

指导建议

第一，在幼儿依靠自己力量解决问题时，成人应及时给予表扬与鼓励。不仅关注幼儿思维的结果，也关注幼儿思维的过程性表现。

第二，成人可以通过与幼儿回顾刚才的问题与解决方法，引导幼儿进一步思考，如：为什么绳子很长却取不出鞋子？我们还能用哪些办法？并鼓励幼儿使用不同的工具或方法来解决取鞋的问题。

第三，丰富幼儿的生活经验，帮助幼儿积累表象，有意识地利用日常生活中的问题引导幼儿积极探索，以促进幼儿的思维向更高水平发展。

【案例3】豆豆的进餐活动

<table>
<tr><td colspan="3" align="center">实 况 详 录</td></tr>
<tr><td>幼儿姓名：豆豆
年　　龄：4岁2个月
开始时间：11:40
观察地点：班级活动室</td><td>性　　别：女
观察日期：2018年11月28日
结束时间：12:05
观 察 者：王老师</td><td>编号：02</td></tr>
<tr><td colspan="3">观察目标：1. 观察幼儿的进餐行为
2. 观察进餐活动中的教师指导行为</td></tr>
<tr><td colspan="3">观察记录
午餐时间到了，今天午餐的食物是木耳炒白菜和红烧丸子。王老师打开音乐，分好餐食后，巡回观察幼儿的进餐情况。王老师看到大部分幼儿在安静地独立进餐，转到豆豆那儿时，看到他把小勺一直含在嘴里，并没有舀菜吃。王老师蹲下来问：“豆豆，怎么不吃饭呢？要不要吃？”豆豆看着老师说：“要吃。”但是并没有做下一步动作。“那不要一直含着勺子了，用勺子舀菜吃吧。”王老师一边说，一边把小勺从豆豆嘴里拿出来，放到他手上，还把饭菜往他身边推了推。
过了一会儿，王老师去看时，发现豆豆只是拿勺子在那儿舀饭吃，并没有吃菜，而且每一勺都只有几粒米。王老师靠近豆豆说：“我们吃饭时要一口饭、一口菜，不能光吃饭或菜，这样才能保证营养均衡。”豆豆看了看老师，用小勺在菜碗里翻来翻去，把蔬菜全部拨到一边，小手慢慢地舀起肉丸子往嘴边送，可是丸子刚碰到嘴就掉了下去。豆豆重复两次动作，都失败了，他停下来瘪着嘴望向老师，眼里泛着泪花。王老师说：“没关系，豆豆要慢慢学习使用勺子，老师先帮你把丸子弄碎，这样会好舀一点。”王老师帮豆豆把肉丸子弄成几个小块状，豆豆拿起勺子试着舀起来，成功地将小块丸子送进了嘴里。豆豆笑了起来，又舀了一小块丸子吃。
王老师对豆豆说：“吃完了丸子，也要吃米饭噢！”豆豆听了，拿起勺子舀米饭，但她速度太快，一勺米饭到嘴边时已经洒落大半。王老师见状，拉了一把凳子坐下来，喂豆豆吃了几勺米饭，并告诉豆豆说：“像王老师这样，慢点吃。”豆豆说：“好。”继续自己拿勺子吃，这次她的动作放慢了很多，米饭洒落较少。之后，豆豆尽管吃得慢，但把丸子、木耳和米饭都吃完了，只剩几根白菜在盘子里。</td></tr>
<tr><td colspan="3">分析评价
1. 豆豆进餐行为的分析评价
豆豆在进餐活动中一开始含勺不吃饭，后来教师提醒也只是舀起几粒米饭、不能吃整个丸子，反映出豆豆独立进餐能力较弱，使用勺子的动作技能水平较低。参考《指南》中小班幼儿“能熟练地用勺子吃饭”的发展指标，豆豆的进餐能力水平是偏低的，说明豆豆手的动作灵活协调性较差。另外，豆豆最后也没有吃掉蔬菜，说明豆豆对食物具有较明显的选择性，不爱吃蔬菜，存在偏食、挑食现象。
2. 教师在进餐活动中的指导行为分析
在整个进餐活动中，王老师对豆豆有三次指导。第一次指导是在王老师发现豆豆没有进餐时，通过语言询问和动作提醒的方式，及时给予豆豆指导。第二次王老师提醒豆豆吃饭也要吃菜，并在</td></tr>
</table>

续表

实况详录
发现豆豆不能成功舀丸子时，主动提出帮豆豆把丸子弄成几个小块，降低了勺子的使用难度，能够更好地激发豆豆独立进餐的兴趣。第三次指导中，王老师示范给豆豆用勺子吃饭的动作，告诉豆豆使用勺子的注意事项，进一步帮助豆豆做到独立进餐。王老师对豆豆的三次指导循序渐进，通过语言提醒和动作示范等方式较好地帮助豆豆完成了午餐活动，但是王老师没有关注到豆豆吃蔬菜的行为，只是简单说了一句抽象的“保证营养均衡”，并未对此进行详细的说明或有效的引导，没有做到《指南》中提出的“帮助幼儿了解食物的营养价值，引导他们不偏食、不挑食”。
指导建议 第一，教师应关注进餐活动中幼儿的进餐行为，通过观察了解幼儿的进餐技能、对食物的兴趣与倾向以及进餐卫生习惯。这样，教师能够及时发现幼儿的进餐问题，并给予及时的进餐指导。例如，案例中针对豆豆进餐技能较差的情况，教师通过“把丸子弄碎”的方式降低进餐的难度。 第二，教师可利用一日生活环节或游戏，提高幼儿手部精细动作的发展水平，进而帮助幼儿更好地掌握使用餐具的技能。例如，教师可以在区域中投放相关材料，鼓励幼儿舀“食物”给“小动物”喂食，发展幼儿的精细动作。 第三，教师在进餐活动中，强化幼儿的独立进餐行为。如果进餐活动中遇到幼儿不吃饭的问题，教师不能盲目地直接喂饭，应先分析幼儿不吃饭的原因，针对性地解决问题。如案例中教师发现豆豆是因餐具使用困难才不吃饭，则可以通过帮助豆豆掌握餐具的使用技巧来引导其进餐。此外，教师还应善用鼓励和表扬，对于豆豆自己进餐的行为给予积极的反馈，增加幼儿的自信，提高其独立进餐的热情。 第四，教师应创设良好的进餐氛围，重视培养幼儿良好的饮食习惯。教师首先要营造良好的进餐环境，进餐中不批评、指责幼儿，给予幼儿选择食物种类或饭量大小的机会，如蔬菜有菠菜和白菜两种选择、米饭有大小碗等。再如，合理安排餐点，让幼儿养成定点、定时、定量进餐的习惯；帮助幼儿了解各种食物的营养价值，引导幼儿做到不偏食、不挑食；进餐过程中提醒幼儿细嚼慢咽，不要边吃边玩等。 第五，教师可以与幼儿家长开展家园合作。幼儿的进餐行为技能和行为习惯的养成离不开家庭，教师应积极与家长沟通，将幼儿在园的进餐情况和家长进行沟通，保证家园双方教育协调一致。

【案例4】蔓蔓的课堂行为表现

时间取样		
幼儿姓名：蔓蔓	性　　别：女	编号：03
年　　龄：4岁半	观察日期：2018年12月3日	
开始时间：10:17	结束时间：10:27	
观察地点：中二班教室	观 察 者：陈老师	
观察目标： 观察幼儿的课堂行为表现		

续表

时间取样						
幼儿课堂行为表现的分类： A. 安静听讲　B. 回答问题　C. 东张西望　D. 远离座位　E. 与他人聊天　F. 玩手、玩衣服						
课堂行为表现的操作性定义： 安静听讲：幼儿在课堂中无干扰他人行为或注意力分散现象，与老师无互动 回答问题：幼儿在课堂中认真听讲，并积极回答教师问题，课堂参与积极性高 东张西望：幼儿在课堂中出现视线偏移，并转动头部 远离座位：幼儿在课堂中站起来或离开椅子随意走动 与他人聊天：幼儿在课堂中与旁边幼儿交谈，且交谈内容与上课无关 玩手、衣服等：幼儿在课堂中玩手、玩衣服，或是摆弄其他东西（自身）						
	安静听讲	回答问题	东张西望	远离座位	与他人聊天	玩手、衣服等
10:17—10:18	1 (50s)	3 (2s,5s,3s)				
10:18—10:19	1 (55s)	1 (5s)				
10:19—10:20	1 (52s)	2 (5s,3s)				
10:20—10:21	1 (50s)	2 (5s,5s)				
10:21—10:22	1 (53s)	3 (2s,3s,2s)				
10:22—10:23	1 (50s)	1 (5s)	1 (5s)			
10:23—10:24	1 (48s)	2 (5s,5s)				1 (2s)
10:24—10:25	1 (58s)	1 (2s)				
10:25—10:26	1 (53s)	2 (3s,4s)				
10:26—10:27	1 (55s)					1 (5s)
合计	8min44s	1min4s	5s	0	0	7s
标识： (1) 1表示该时距目标行为出现1次。 (2) 50s表示该目标行为持续50s。						

续表

时间取样
分析评价 蔓蔓在课堂中安静听讲的时间最多，共计 8 分 44 秒；其次是回答问题，共计 1 分 4 秒；出现较少的是东张西望和玩手、衣服等行为，分别为 5 秒、7 秒。可以看出，中班幼儿蔓蔓在课堂中表现较好，能够集中注意力听课，分心行为较少。并且，蔓蔓较为积极地回答了老师的问题，课堂参与的积极性较高。
指导建议 首先，教师对于蔓蔓认真听讲的表现给予及时表扬，巩固蔓蔓良好的课堂行为。 其次，课堂中蔓蔓回答问题时，教师应该以鼓励为主，耐心倾听蔓蔓的回答，并给予适当引导。 再次，教师应持续关注课堂中蔓蔓的行为表现，重视培养蔓蔓良好的学习习惯和良好的学习品质。

【案例 5】豪豪注意力分散的表现

事件取样					
幼儿姓名：豪豪 年　　龄：5 岁 7 个月 开始时间：10:10 观察地点：教室		性　　别：男 观察日期：2020 年 11 月 12 日 结束时间：10:27 观 察 者：崖老师		编号：01	
观察目标：观察豪豪注意力分散的表现					
幼儿注意力分散的类别： 1. 玩手、玩衣服等　2. 远离座位　3. 站起来　4. 转头 5. 与他人聊天　6. 触碰他人　7. 发呆　8. 其他 幼儿注意力分散的结果： 1. 转为干扰他人　2. 回归课堂　3. 持续注意分散					
情境	开始时间	结束时间	有无打扰	注意分散表现	注意分散结果
JT	10:10	10:13	Y	GJ WS	GT
JT	10:13	10:16	N	YL	CX
JT	10:16	10:19	Y	LT	CX
JT	10:19	10:22	N	FD	CX
JT	10:22	10:25	N	ZQ	HC
JT	10:25	10:27	N	FD	HC

续表

事件取样
标识： 情境：QY＝区域活动　JT＝集体教学 有无干扰：Y＝有干扰　N＝无干扰 幼儿注意分散表现： WS＝玩手、衣服等　YL＝远离座位　YX＝站起来　ZQ＝转头　LT＝与他人聊天 GJ＝攻击他人　FD＝发呆　QT＝其他 幼儿注意分散结果： GT＝转为干扰他人　HC＝回归课堂　CX＝持续注意分散
分析评价 豪豪在17分钟的观察时间内，多次出现注意力分散的情况，其注意力分散的表现主要为发呆、干扰他人、攻击他人行为等，可见豪豪的注意力稳定性较差。豪豪注意力分散后，只有2次是自己回归课堂，其余时间是持续注意力分散，直到班级教师走到身边拍他或进行言语提醒。 考虑到大班幼儿注意力水平有了进一步发展，其有意注意的稳定时间可达15—20分钟，相比之下，豪豪在本次活动中的注意力稳定性较差，可能与其对课堂不感兴趣、自控能力较差有关。
指导建议 第一，教师需要关注豪豪注意力品质的培养。在课堂中，教师可以通过提问、个别辅导等方式，提高豪豪对课堂的参与度。课后，教师可通过与豪豪交谈了解其对课堂内容的看法。 第二，教师应持续关注豪豪在其他活动中的注意力表现。除了课堂活动，在日常活动中也应重视发展豪豪的注意力品质，并利用游戏和日常环节提高豪豪的自我控制能力，如安排一些串珠子、拼图的游戏等，进餐前引导豪豪安静等餐等。 第三，开展家园共育，共同促进幼儿发展。教师可以跟家长沟通豪豪的在园情况，向家长了解豪豪在家游戏或学习时的注意力品质情况，并协同家长一起关注和重视豪豪的注意力品质的发展。

【案例6】幼儿大动作发展的行为检核

行为检核		
幼儿姓名：多多	性别：男	编号：04
年　　龄：3岁5个月	观察日期：2020年10月11日	
开始时间：9:30	结束时间：12:00	
观察地点：幼儿园	观　察　者：韦老师	

续表

行为检核		
观察目标：观察幼儿的大动作发展情况		
行为表现	能	不能
独自爬楼梯	✓	
独自过平衡木		✓
从滑梯上滑下来	✓	
双手抓球、扔球	✓	
用脚踢球	✓	
分析评价 3 岁 5 个月的多多可以独立完成基本的大动作，如独自爬楼梯、双手扔球、踢球等，表现出一定的动作协调性和灵敏性。但是在走平衡木项目上，多多还存在一些困难。在进行平衡木项目中，多多需要双手扶住旁边的护栏才愿意通过。参考《指南》中提出的 3—4 岁动作发展目标“幼儿能沿地面直线或在较窄的低矮物体上走一段距离”，多多的平衡能力还需加以引导和练习。		
指导建议 首先，成人应当关注幼儿的动作能力发展，积极通过各种游戏或活动促进其动作水平的发展。多多平衡能力较弱，那么教师应利用多种活动发展其身体平衡和协调能力，如玩蒙眼走路游戏、踩小高跷等。 其次，在练习过程中，注意劳逸结合，并且要以鼓励为主。同时也关注幼儿在动作练习过程中的情绪和意志品质的培养。		

【案例 7】幼儿进餐活动的等级评定

幼儿进餐活动的等级评定					
幼儿姓名：浩琳 年　　龄：4 岁半 开始时间：11:40 观察地点：中二班教室	性　　别：女 观察日期：2018 年 11 月 19 日 结束时间：12:05 观 察 者：陈老师	编号：02			
内容	项目	经常	偶尔	很少	从不
进餐前	认真洗手	✓			
	安静等待吃饭		✓		
	自主取食	✓			

续表

幼儿进餐活动的等级评定					
内容	项目	经常	偶尔	很少	从不
进餐中	正确使用餐具			✓	
	掌握正确的就餐姿势		✓		
	是否自己独立进餐	✓			
	不挑食，不偏食		✓		
	进餐不说话，不吵闹			✓	
	自觉快速地吃完餐食	✓			
	不乱扔残渣	✓			
	吃饭时东张西望	✓			
进餐后	将饭桌收拾干净	✓			
	自觉把餐盘放到指定位置	✓			
	自觉漱口和擦嘴	✓			

分析评价

浩琳小朋友在进餐前能自主认真洗手、自己取餐，但在等候时会讲话，并带有小动作。进餐的时候，浩琳未能正确使用勺子吃饭，还是手心握拳状来握勺子，说明其还未能掌握正确使用该餐具的方法。进餐中，浩琳会打扰他人，与他人说话，有时会东张西望。此外，浩琳进餐中能够不挑食、自觉快速地吃完饭、无乱扔残渣的行为。进餐后，浩琳能自觉将餐桌收拾干净，自觉把餐盘放到指定位置、自觉漱口和擦嘴。

指导建议

在进餐过程中，如果幼儿未能正确掌握使用餐具的方法，对此，教师可以通过开展一些主题教学活动来帮助幼儿培养正确的就餐姿势、正确使用餐具。就餐中，如果幼儿注意力分散，没有专心吃饭，教师应适当提醒幼儿。

第三单元

幼儿行为观察之“生活篇”

【情境导入】

小班幼儿力力，每天在幼儿园里都会哭闹好几回，尤其不愿意在幼儿园上厕所，一天会尿湿裤子好几回。小班李老师通过观察发现力力在进餐和如厕的时候哭闹次数较多，而其原因是力力生活自理能力较差，不会熟练使用餐具，吃饭慢而且洒落较多，力力受挫就会哭起来。如厕时需要穿脱裤子对于力力也是不小的挑战，力力不敢让老师帮忙，憋不住就尿湿裤子了。于是，李老师会在午餐和如厕环节特别关注力力，引导力力正确拿勺，协助力力穿脱裤子等，帮助力力顺利完成生活环节。几天下来，力力进餐技能有了一定提高，能够较为熟练地拿勺子，也能够在有如厕需要时主动请求老师帮助。作为一名幼儿教师，你怎么通过观察幼儿的行为，了解幼儿的心理需求，并帮助幼儿适应并喜欢上幼儿园的生活呢？在学习完本单元之后，你将会对幼儿生活活动中的观察与指导有一定了解。

【学习目标】

1. 理解生活活动中幼儿行为观察的意义。

2. 掌握生活活动中幼儿的进餐行为、如厕行为、穿脱衣服行为、睡眠行为观察的内容要点。

3. 能对生活活动中幼儿的进餐行为、如厕行为、穿脱衣服行为、睡眠行为进行观察、分析和指导。

4. 对幼儿行为有观察兴趣，初步形成科学的评价观。

【学习准备】

1. 阅读预习

(1)《幼儿园教师专业标准（试行）》

(2)《3—6 岁儿童学习与发展指南》

(3)《幼儿园保育教育质量评估指南》

（4）相关书籍推荐：

李志宇，原燕等. 3—6 岁儿童发展评估指导［M］. 北京：北京大学出版社，2022.
罗秋英. 儿童行为观察与指导［M］. 上海：复旦大学出版社，2018.

2. 思考求解

（1）为什么要观察幼儿的生活活动?

（2）生活活动中重点观察哪些内容?

（3）可以从哪些方面去支持幼儿的生活活动?

第一课

幼儿生活活动的观察指导

幼儿园生活活动包括入园、离园、进餐、午睡、如厕、盥洗、整理等。幼儿生活活动的观察指导，是指对幼儿在幼儿园的生活活动中，如进餐、如厕、穿脱衣服、午睡等活动中表现出来的生活自理能力进行相应的观察分析与指导。所谓生活自理能力，是指幼儿日常照料自己生活的自我服务能力，这是幼儿必须具备的最基本的生活技能。

一、幼儿生活活动的观察意义

（一）促进幼儿的生长发育

幼儿身体各器官的生理机能尚未发育成熟，对各种自然环境和社会环境的适应能力差，对疾病的抵抗能力和对压力的承受能力较弱。幼儿园生活活动保证了幼儿有充足的睡眠、合理的营养，满足了幼儿上厕所、饮水等生活的需要，为其生长发育提供了保障。

（二）培养幼儿良好的生活卫生习惯

幼儿时期也是孩子养成良好生活习惯的关键时期，如孔子所说“少成若天性，习惯成自然”，幼儿时期养成的良好习惯，就犹如自然生长的一样，会伴随人的一生。因为从出生开始，人就与生活密不可分，每一个生活环节的内容在幼儿的生命中都有着独特的教育功能，其中也蕴含着丰富的教育契机，可以说生活与学习紧密联系。幼儿园生活活动是幼儿园一日生活的重要组成部分，占据大部分的时间，它所体现的保教意义不仅仅只是照料幼儿这么简单，更重要的是，幼儿园生活活动环节能提高幼儿的生活能力、培养幼儿良好的生活卫生习惯、帮助幼儿形成健康积极的品性。

（三）培养幼儿生活自理能力和劳动观念

生活自理能力和劳动观念也可以在幼儿园生活活动中初步养成。当前我国家庭对孩子在生活方面包办代替得太多，以致幼儿生活自理能力水平低下，劳动观念缺乏。而今天的幼儿是未来的建设者、劳动者，他们必须是全面发展的人，有开拓创新和顽强劳动精神的人。从小培养幼儿生活自理能力以及热爱劳动的观念具有重要意义。在幼儿园生活活动中，幼儿可通过独立吃饭、如厕、穿脱衣服、午睡、卫生整理等来提高自己的生活自理能力。

（四）养成幼儿良好的心理素质

幼儿园合理有序的生活活动不仅能够保证对幼儿身体的照顾，还有利于幼儿健康心理素质的养成。教师精心照顾幼儿，能为幼儿创造良好的心理氛围，帮助幼儿保持愉快的情绪；幼儿积极地参加各项活动，可以增加他们与同伴之间的交往与合作，并营造一个安全愉快的成长环境。

【想一想】

指导幼儿穿袜子

生活活动中，幼儿韦韦午睡起床穿袜子时，看到老师经过他身边，对老师说：“老师，我不会穿袜子，你来帮帮我。”老师鼓励他让他自己穿，他就边摇头边说：“可是我就是不会穿，老师你来帮帮我。”老师并没有去帮他穿袜子，他就一直拿着袜子坐在椅子上，看着别的幼儿穿袜子换鞋，并时不时地与他们打闹，其他幼儿都换好鞋进去教室吃午点了，韦韦也没有自己穿袜子换好鞋进去，一直坐在椅子上，皱着眉头，眼睛里已经有了泪花。

老师看见了，就蹲在韦韦面前拍了拍他，老师指着袜子上的小恐龙说：“我们快点穿好袜子，穿好鞋，让小恐龙回家吧！”韦韦拿起了袜子，但是他没有注意到袜子是反的。老师拿起袜子，告诉他袜子反了，并教他辨认正反。韦韦按照老师的提示把袜子翻了过来，然后对老师说：“老师，我还是不会穿，请你帮帮我。”老师没有直接帮韦韦穿袜子，而是告诉了他穿袜子的步骤，但是韦韦没有行动，一直在发呆。于是，老师将袜子套在韦韦的脚尖上，抓起他的小手引导他将袜子往脚上拉，韦韦开始慢慢地往上拉袜子，老师在一旁鼓励他。韦韦很快穿好了一只袜子，只是穿得还有点不太整齐，老师帮他整理好了。接着，韦韦自己拿起了另外一只袜子，边穿边说：“老师，你看我会自己穿袜子了。”果然，韦韦顺利地将第二只袜子穿好了，韦韦看着老师笑了起来。

问题：如果你是老师，你会如何指导韦韦穿袜子呢？

【案例链接】

轶事记录		
幼儿姓名：涵涵	性　　别：男	编号：01
年　　龄：4岁	观察日期：2020年11月9日	
开始时间：14:50	结束时间：14:55	
观察地点：睡房	观　察　者：黎老师	

观察目标：观察幼儿穿衣服行为的发展水平

观察记录

涵涵在穿幼儿园的园服，他拿起衣服，套了头进去，接着双手也伸进了衣服里，左手伸进了衣服左边的袖子里，右手和头一起穿进了衣服的中间。涵涵在整理着自己里面的衣服时说道："衣服怎么变小了？"他扭头低下来看了一眼，发现是右手和头一起穿进了衣服的中间，涵涵继续拉扯整理几次，没有成功。涵涵说："我的手怎么放不进这个袖子呀？"然后继续用左手拉起右边的袖子继续拉扯整理。涵涵说："我穿不了，我不会，老师你可以帮帮我吗？你帮我穿衣服嘛。"

老师告诉涵涵："老师可以帮你，可是涵涵已经是中班的大哥哥了，已经学会了穿衣服的本领了，先把衣服脱下来再试试吧。"涵涵用双手抓住衣服，拉扯着把衣服脱了下来，放在床上整理好后，再次拿起衣服，先将双手伸进两只袖子里，接着把头伸进了衣领里面，成功将衣服穿好了。

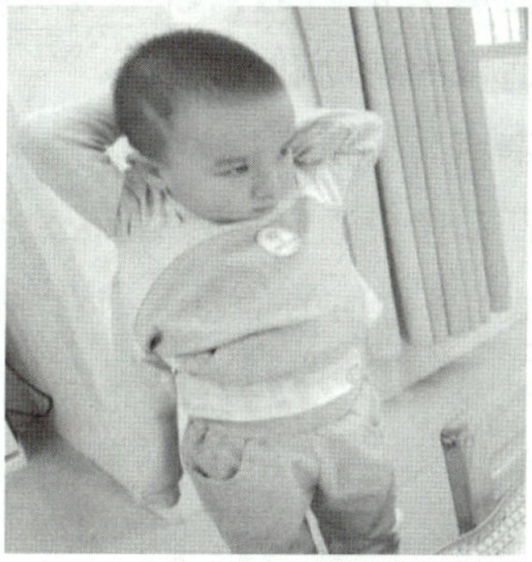

图3-1　涵涵穿衣服

分析评价

由于涵涵手部力量较弱和身体协调性较差的原因，他没能在衣服穿错之后纠正过来。经过老师的鼓励，涵涵能够自己把衣服脱下来，区分清楚衣服前后，成功穿好衣服，说明他已经掌握了穿脱衣服的基本方法和技巧，能够做到独立穿脱套头衫。

涵涵在第一次穿园服没成功时，主动寻求老师的帮助，希望老师帮他穿衣服，反映出涵涵对老师有一点依赖性。在老师的鼓励和帮助下，涵涵愿意自己再次尝试，说明老师的回应成功激发了幼儿的自主性，也表现出幼儿较好的意志品质。

续表

轶事记录
指导建议 第一，教师应该对涵涵自主穿衣服的行为进行肯定和鼓励。教师的言语肯定对幼儿行为具有强化作用，让涵涵体验到自主穿衣服的成就感，提高涵涵的自主性和自我服务的热情。 第二，教师可以通过创设适宜环境、设计相关游戏活动等方式，来支持和引导涵涵穿脱衣服能力的进一步发展和提高。例如，开展“每日穿衣小能手”和“比比谁的衣服穿得好”的小活动。在游戏中引导幼儿学习和掌握穿脱衣服的技能、技巧，促进幼儿生活自理能力的提高。 第三，教师和家长沟通，开展家园合作。鼓励幼儿回家后自主脱衣穿衣，同时指导幼儿父母对幼儿进行言语和行为上的鼓励和帮助，让幼儿更愿意照顾自己。

二、幼儿生活活动的观察与分析要点

生活活动是最自然、最真实、最能突出学前教育特点的活动，包括入园、盥洗、进餐、如厕、饮水、散步、午睡、离园等环节，蕴含着丰富的教育内容和教育契机。鉴于观察只是了解幼儿的方法，不是教育的目的，教师应从观察中分析出幼儿的需要或困惑，从而给幼儿提供及时的、适合的帮助和指导。

从生活活动的观察要点、解释与分析、指导策略三个方面来阐述教师在生活活动中的观察与指导。在琐碎的生活活动中，教师应该看什么、关注什么？观察要点的确定能帮助教师“跳出琐碎”，及时捕捉有价值的信息。结合生活活动的特点，将观察要点归纳为四个方面，方便教师观察。

（一）幼儿的安全

1. 安全隐患

在幼儿生活活动中，我们要注意以下安全隐患，如：活动过程中是否存在会导致学前儿童过敏的过敏原？尤其是进餐时的食入性过敏原。活动过程中的环境是否安全？工作对接环节是否有疏忽？活动间的过渡环节是否有序？是否存在追逐打闹等情况？……

2. 安全意识

教师在生活活动中要注意培养幼儿的安全意识，如幼儿能否了解身边不安全的事物？幼儿是否具备简单的安全常识？幼儿是否认识常见的安全标识？幼儿是否掌握简单的自救和求救的方法？……

（二）幼儿的能力

1. 生活自理能力

幼儿的生活自理能力包括：幼儿是否有学习基本生活技能的意愿？幼儿是否掌握生活自理的基本方法？……

2. 集体生活的适应

幼儿的集体生活适应能力主要体现在以下几个方面，如：幼儿是否具备人际交往能力？幼儿能否遵守集体规则？幼儿能否体验共同生活的乐趣？……

（三）幼儿的习惯

幼儿的习惯包括很多方面，如：幼儿是否养成良好的作息习惯？幼儿是否养成良好的饮食习惯？幼儿是否养成良好的个人卫生习惯？幼儿是否养成锻炼身体的习惯？幼儿是否形成正确的姿势？幼儿是否具备相应人际交往技能？……

（四）幼儿的情绪

情绪是一个人发展的重要方面，在生活活动中，教师要特别重视幼儿的情绪变化，及时了解幼儿的情绪变化情况，如：幼儿是否保持积极的情绪状态？幼儿消极情绪持续的时间有多长？幼儿是否合理表达或宣泄不良情绪？……

【资源链接】

幼儿教师分析幼儿生活活动的影响因素

1. 教师个人因素

首先，教师的教育理念。理念是行为的先导，教师所持有的教育观是解释、分析幼儿行为的方向标。如热爱教育事业、关爱幼儿、相信幼儿、尊重幼儿的教师，当幼儿入睡困难时，会耐心倾听并询问幼儿：“身体不舒服吗？”“遇到什么不开心的事情了？”这样的教师会从多方面寻找原因，站在幼儿的立场来分析问题。缺乏爱心和耐心的教师，常常以成人的视角看待幼儿的行为，在面对幼儿入睡困难时，会用“不听话”“找麻烦”来解释。其次，教师的生活习惯。教师的生活习惯无形中会影响他们对幼儿生活活动的解释、分析。对与自己有相同生活习惯的幼儿，教师更能够理解，会采取相对温和的态度。如挑食的教师更能够理解幼儿的挑食行为，而吃饭快的教师很难理解幼儿吃饭慢、咽不下去的行为。

2. 幼儿因素

首先，幼儿的个人特征。与教学活动相比，生活活动较随意、不严谨，教师对幼儿在生活活动中的行为分析更容易受幼儿的外貌、性格、语言表达能力、人际交往能力等个人特征影响。其次，幼儿家庭的影响。家庭教养方式、家庭结构、家庭经济水平等因素也影响着教师对幼儿行为的理解。如留守幼儿出现不良生活习惯时，个别教师会因为难以与家长协作而选择“视而不见”。

资料来源：张成平．幼儿活动中教师的观察、分析与指导［J］．家长，2019（29）．

三、幼儿生活活动的指导策略

（一）关注生活活动的个体差异性

开展生活教育应考虑到幼儿的身体素质、生活背景等情况。由于幼儿发展的差异，参与同样的活动，幼儿的行为表现可能是完全不同的，因此生活活动要关注个体的差异，采用不同的方法实施生活教育。在生活活动指导中，教师应加强对身体有健康问题、具有不同民族文化、新入园或有特殊问题的儿童的关注。教师在关注幼儿个体差异的同时，也应兼顾关注幼儿的集体需求，以免造成教育公平的缺失。

幼儿的内心世界敏感而丰富，受到言语、思维等发展的限制，常常难以清晰地表达自己的需求。想要对他们在生活活动中的行为做出解释和分析，还需要考虑一些特殊原因：

（1）身体不适。生理上的疼痛等会影响幼儿在生活活动中的言行举止，像咳嗽这类比较外显的症状教师容易观察到，而头晕、口腔溃疡等不易觉察的症状则需要教师细心观察。

（2）不理解规则。有时候幼儿表现出来的不听话，可能并不是他“不听话”，而是“听不懂话”。如教师要求幼儿“有序排队”“按照墙上贴的步骤图洗手”等，很有可能幼儿不理解“有序”的含义，看不懂步骤图。

（3）想要获取教师的关注。幼儿常常需要寻求教师的注意。在生活活动中，多数幼儿通过遵守规则来获取教师的表扬，但也有少数幼儿通过破坏规则、哭闹等消极行为来吸引教师的注意。

（4）想要获取交换条件。有些幼儿会故意在生活活动中表现出某种问题，以便教师在向他提要求时提出自己的条件。如教师让吵闹的幼儿安静睡觉，幼儿说：“如果下午让我玩滑梯，我就睡觉。”

（5）生活自理能力不足。一些幼儿乐意参与生活活动，却常因生活自理能力不足而受到限制。如幼儿有食欲、不挑食，却由于不能很好地使用筷子，导致进餐费时费力；有些幼儿因为不会穿衣、叠被子而害怕午睡。

（二）注重生活活动的整合性

1. 各种生活经验的整合

不同生活活动积累的重点生活经验是不一样的，如小班幼儿独立进餐环节，重点是引导幼儿学会做自己的事情，积累自理生活的经验，但是不能由此忽略了其他经验的积累。

2. 不同活动方式的整合

生活、游戏、运动、集体教学等活动一起构成了幼儿园的课程，教师应充分发挥不同活动方式的综合教育作用。

3. 多种教育资源的整合

幼儿园、家庭、社区等都蕴含丰富的生活教育资源，教师应充分地加以运用，使它们真正协调一致地对幼儿的成长产生积极的影响。家庭、社区的教育资源不仅包括隐性的环境和榜样作用，还包括幼儿园主动创建的活动，如医生妈妈来园讲解卫生常识、消防员叔叔进园指导消防演习等。

（三）考虑环境和活动安排对幼儿的影响

1. 环境是否适合幼儿

物理环境既包括光线、湿度、温度、空间等，也包括教师投放的物质材料。如午睡室的光线直接影响幼儿入睡速度，光线过强时，幼儿普遍入睡较慢；盥洗室水龙头过高或过低、水流大小不好控制会增加幼儿洗手的难度，而洗手照片、洗手液的合理投放则会激发幼儿洗手的兴趣。环境的创设不是一劳永逸的，教师需要在实践中不断观察和反思。除了物理环境外，教师还要注意心理环境。新入园的幼儿常表现出更多的不适应，而当感受到周围环境的安全、温暖后，他们会逐渐适应幼儿园生活，开始学习生活自理。学会吃饭、如厕、穿衣这些看似简单的事情，这些实则是幼儿走向独立的标志。安全、温馨的心理环境能帮助幼儿走好独立之路，而紧张、冷漠的氛围不仅会阻碍幼儿生活自理能力的发展，还会影响幼儿的身心健康。

2. 活动安排是否合理

幼儿在生活活动中的不良行为也有可能是由于教师的言语不当、时间安排不合理、忽视幼儿的发展程度、要求过高等因素造成的。比如，进餐时批评幼儿使其情绪低落，心情不好自然食不知味，从而导致幼儿进餐速度变慢或食量减少。生活活动贯穿于一日活动的整个过程，不是孤立存在的，其他活动的安排也会影响幼儿在生活活动中的表现。比如，在区域活动中，积木区是男孩最喜欢的区域，经常爆满。某幼儿好不容易才轮到到积木区玩要的机会，为了能继续玩下去，他宁愿憋着大便也舍不得放弃玩要机会，结果把大便拉在了裤子里。究其根本原因，不是因为幼儿没有如厕的能力，而是区域活动安排不合理导致的。

【练一练】

材料：进入中班下学期，孩子们就开始学习用筷子吃饭了。今天，在餐前准备时，刘老师再次向孩子们说明了用筷子吃饭的注意事项，请孩子们拿起筷子吃饭。许多孩子用筷子吃了起来，只见周子惠小朋友把筷子一把抓，用力往嘴里扒饭，动作很别扭，不协调。显然她还不会使用筷子吃饭，但是看见别的小朋友都用筷子，也想学着使用筷子，结果搞得一团糟。于是，刘老师给子惠配了一把勺子。可是同班的张老师却不同意，因为《指南》中动作发展部分提出了4—5岁幼儿“能用筷子吃饭”。张老师觉得如果提供了勺子，幼儿就更不会用筷子了，所以应当训练子惠才对。

问题：你比较认同哪位教师的做法？说一说理由。

第二课

幼儿进餐活动的观察案例与评析

一、幼儿进餐活动的观察记录

《纲要》指出："幼儿园健康教育应树立正确的健康观念。"在重视幼儿身体健康的同时，也要重视幼儿的心理健康，因此加强幼儿进餐环节的组织和指导，对促进心理健康发展具有重要的作用。对于幼儿进餐环节进行观察记录的重要性不言而喻。幼儿进餐行为的观察记录，可以运用轶事记录法、实况详录法、行为检核法及等级评定法等方法来开展。在实际观察中，应该结合观察目标和观察情境来选择适宜的观察方法，开展观察记录与分析评估工作。

以下是运用实况详录法对幼儿的进餐行为进行的观察记录。

【案例1】小小的进餐行为（1）

<table>
<tr><th colspan="3">实 况 详 录</th></tr>
<tr><td>儿童姓名：小小</td><td>性　　别：女</td><td>编号：06</td></tr>
<tr><td>年　　龄：3岁4个月</td><td>观察日期：2019年10月31日</td><td></td></tr>
<tr><td>开始时间：8:30</td><td>结束时间：9:00</td><td></td></tr>
<tr><td>观察地点：活动室</td><td>观 察 者：张老师</td><td></td></tr>
<tr><td colspan="3">观察目标：观察小小进餐中的行为表现</td></tr>
<tr><td colspan="3">观察记录
早餐开始前，小小坐在餐椅上，没有说话，眼睛望向保育老师，手脚挥舞不停。保育老师将早餐端上来之后，小小就大口大口地吃了起来。
今天的早餐是红薯粥和鹌鹑蛋，小小用左手抓着勺子，勺子拿得并不平稳，每次将红薯粥送进嘴巴后，勺子都会落在肩膀上，勺子中剩余的食物会掉到她的背上或椅子上。红薯粥吃完后，小小拿了一个鹌鹑蛋，小小不会剥壳，她把鹌鹑蛋握在手心用力捏，几乎把整个鹌鹑蛋捏成一团。保育老师看见了，走过来帮她剥了一个鹌鹑蛋，小小拿起剥好壳的鹌鹑蛋，整个塞到嘴里，匆忙地嚼了几下就吞下了。小小吃东西很快，保育老师给她添了一碗粥，也很快吃完了。
吃完早餐后，小小从餐椅上下来，拿着自己的勺子和碗，放到了餐具指定回收处。然后，拿起旁边的小餐巾，擦了擦嘴巴和小手。</td></tr>
</table>

二、幼儿进餐活动的观察分析

进餐活动是生活活动的重要组成部分，在进餐活动中，养成良好的进餐习惯，摄取丰富的营养是幼儿健康成长的保证，还能促进幼儿的心理健康，良好的进餐习惯的养成是一个坚持不懈的过程。对幼儿进餐行为进行观察记录与分析评估时，可以参考以下几个方面来进行：

（一）幼儿进餐环节的观察

1. 进餐前

（1）儿童的情绪是否愉悦、稳定？

（2）儿童能否主动、正确洗手？

（3）儿童能否安静等待进餐？

2. 进餐中

（1）儿童用餐姿势是否正确？如坐姿正确，左手扶碗，右手拿勺。

（2）儿童能否正确使用餐具？

（3）儿童是否养成良好的进餐习惯？（如细嚼慢咽，不发出较大声音，保持桌面、地面和衣服的清洁，不挑食，不偏食，不嬉笑打闹等。）

（4）儿童进餐速度是否适中？

3. 进餐后

（1）餐后能否主动收拾残渣、送餐具？

（2）餐后能否正确漱口、擦嘴？

（3）餐后能否安静活动，不打扰同伴？

（二）幼儿各项行为内容的观察

进餐环节的观察与分析要点除了参考上述餐前、餐中、餐后来进行，也可以按照幼儿的各项行为内容来开展观察。可参考以下四个方面来进行：

1. 幼儿进餐的环境

（1）在哪里进餐（客厅/活动室/专用餐厅/没有固定场所）？

（2）进餐环境是安静、轻松，还是嘈杂、忙乱？

（3）教师的态度（鼓励/和蔼/严厉/呵斥）如何？

（4）餐具是否适宜？食物的品种及搭配是否合适？

（5）是否有权利决定想要或不想要某种食物？

2. 幼儿进餐的情绪状态

（1）进餐前对食物是期盼、无所谓，还是抵触？

（2）进餐中幼儿情绪是放松还是焦虑？

（3）进餐情绪是否受到成人或同伴的影响？

3. 幼儿进餐的方式与习惯

（1）是独立进餐，还是成人喂食？

（2）是否正确使用了餐具？

（3）是专心进餐还是边进餐边玩？

（4）进餐是否顺利，有无洒落饭菜或剩余饭菜？

（5）是否挑食、偏食（对食物的喜好、厌恶程度）？

（6）饭量及进餐速度如何？

4. 进餐的卫生习惯

（1）进餐前是否主动洗手？

（2）进餐中是否有意识地保持桌面的清洁？

（3）进餐后是否养成漱口、清洁脸蛋及小手的卫生习惯？

结合上述要点，小小的进餐行为分析如下：

【案例 1】小小的进餐行为（2）

分析评估

3 岁 4 个月的小小进餐前对进餐活动充满了期待，能够安静等待；进餐过程中很专注，会使用勺子，能够做到独立进餐，胃口好，饭量较大。进餐结束后，小小可以主动回收餐具，完成擦嘴、擦手的餐后清洁工作。这些表现反映出小小对进餐活动热情较高，能够遵守进餐的规则，掌握了一定的餐桌礼仪，进餐卫生习惯较好。

小小在进餐中能用小勺舀粥但不熟练，不会剥蛋，相比较《指南》中提出的“3—4 岁幼儿能熟练地用勺子吃饭”，小小的进餐技能还需要继续提高。此外，小小进餐速度较快，食物咀嚼不够，这种情况还需改善。

三、幼儿进餐活动的观察指导

（一）营造良好的进餐环境

1. 创设宽松的就餐环境

教师可以开展餐前食谱播报活动，促进幼儿食欲，帮助幼儿调节情绪，让幼儿在良好和愉悦的情绪下进餐。大班幼儿具有一定的独立性，可以每天由值日生提前一天在家中和家长一起收集当天食谱的相关营养知识，在每餐前当小小信息播报员，向全体同伴播报当天的食谱及其营养价值，以帮助幼儿调节情绪，让幼儿在良好和愉悦的情绪下进餐。中小班幼儿自主性不够，对于饮食的营养价值认识不清。老师就事先了解当天的菜谱，利用网络搜索菜肴营养价值的图文，在餐前给幼儿看。色彩艳丽的图片，加上老师生动的描述，不仅让幼儿了解每种菜对自己身体生长的好处，还营造了幼儿想吃、乐吃、爱吃的心理氛围。当保育员把饭端到班上时，用饭菜的香味再次调动幼儿的食欲。

2. 关注幼儿的进餐心理健康

在幼儿园进食中，常常听到这样善意的提醒：“好好吃，别说话。”“不要把米粒洒在桌上。”……原本愉快的进食氛围顿时变得严肃起来。我们普遍认为吃饭不说话是一种美德，有利于健康。所以幼儿必须遵守这种传统美德，时刻提醒自己按要求吃饭，从生理特点来看，当人的情绪低落时，消化腺受到抑制，就没有食欲。

老师对吃得慢的幼儿的催促，以及对规则不时的提醒，使幼儿的神经处于紧张状态，影响了食欲，引起幼儿情绪上的反感、紧张，造成厌食、畏食。芝加哥大学心理学家齐克森·默海的研究证实了这一点，他认为在饮食中交谈，会使人们心情愉快、思维活跃、富于创造性联想。老师们通过观察，发现小班的孩子说话不多，而中、大班的孩子往往在吃饭时悄悄说话。

在进餐活动中，幼儿愿意相互交流或自言自语，如果没有影响其他小朋友或破坏进食活动，个性行为就不应受到纪律的束缚。在日常生活中，如果有些小孩喜欢干扰别的幼儿吃饭，这时老师就需要维持纪律，让幼儿了解纪律的重要性，这样幼儿才能自觉遵守，并逐步学会自控，从而让身心和谐发展。

（二）良好就餐习惯的养成

1. 故事引导、榜样示范法

利用幼儿喜欢听故事、爱表扬的特点，创造集体氛围来感染他们，为他们树立榜样。请吃饭干净整洁、动手能力强的幼儿示范吃饭的样子给大家看，让幼儿明白自己动手吃饭是件很容易的事情，从而让依赖性强的幼儿开始自己动手吃饭。

2. 座位调整、小组比赛法

有的老师为了便于管理，把吃得特别慢的幼儿集中在两张桌子上进行督促，但效果不是很理想。后来，老师试着把幼儿混搭在一起，这样，幼儿看到自己周围的朋友吃得这么香，受到感染和鼓舞，渐渐也吃得快，吃得香了。另外利用幼儿不服输的个性，平时吃饭时哪组表现得更好就可以得到更多奖励，依靠集体的力量帮助他们养成良好的进餐习惯。通过比赛，幼儿懂得合作的重要性，增加了自律性。

【想一想】

小班教师发现本班幼儿在进餐活动中存在不少问题：有的幼儿吃肉时在嘴里咀嚼了很久最终还是吐出了渣；有的幼儿吃饭手不扶碗，饭菜洒得到处都是；有的拿勺子像拿铲子一样；还有些会自己吃饭的，却找借口也要老师喂。

问题：可以采取哪些方法来进行指导？

【练一练】

以下是某幼儿园中班进餐过程中的观察记录：

情景1：童童不喜欢吃胡萝卜。有一次，他把碗端起来，用勺子大口扒菜吃。咽下去以后，他突然把碗放下，很仔细地用手把碗里的胡萝卜拣出来，即使很小块的胡萝卜，他也挑出来。

情景2：乐乐在吃饭的时候对老师大声说："我喜欢吃肉。"老师说："不能光吃肉，蔬菜也要吃。"他低下头，用小勺在碗里挑了很多瘦肉吃，不吃蔬菜。老师过来舀了一勺蔬菜想要喂他吃，童童赶紧把头扭到一边，皱起眉头。

情景3：午饭时，小奥捏着小勺最上端，在面前的饭碗里乱挖乱捣，皱着眉头撇着嘴说："这是什么饭呀，一点都不好吃，我一点都不想吃，我想回家吃薯片和果冻。"

情景4：睿睿把碗里的菜先吃完了，米饭一口没吃。老师催他把饭也吃光，他对老师说："老师，我渴了。"老师要给他盛汤，他马上用手护着碗，小声嘀咕着："我不喝汤，我不爱喝，我爱喝可乐。"

以下是对班级部分家长关于幼儿在家吃饭问题的访谈记录：

家长1："我家孩子只要看到饭菜里面有他不喜欢吃的菜，或者是调料不合胃口，他就全部吐出来，一点都不吃。如果非让他吃，他就会哭。"

家长2："他很爱吃荤菜，喜欢吃鸡、鸭、猪肉，让他吃蔬菜他就不高兴。"

家长3："孩子从小就喜欢啃骨头，特别爱吃排骨，他自己能吃一大盘，爱吃鱼，爱吃肉类，而且太肥和太瘦的他都不喜欢，只吃五花肉。"

家长4："他爱吃软一点的食物，硬的食物他根本碰都不碰。稍微硬点的食物，我们喂给他吃，他根本不嚼就全吐出来。他不爱吃芹菜，比较喜欢吃土豆、西红柿，因为比较好嚼。"

问题：阅读以上材料，分析幼儿的进餐过程中容易出现哪些问题？你又如何指导？

（三）公平对待每一位幼儿

家长对幼儿的饮食往往特别关注，因此老师和保育员在分饭时，一定要做到统筹全局，公平对待。这里的公平不是说所有的幼儿吃的一样多，而是要根据每位幼儿的饭量添加适量饭菜，保证每个幼儿都能吃好。特别是胃口差的幼儿，盛的饭不能太多，否则会使他养成剩饭的习惯。反之则使幼儿从自己独立吃饭的活动中体会到成功的喜悦，养成良好的就餐习惯。眼观六路、耳听八方是每位幼儿教师所必需的基本功。幼儿进餐时，老师应注意每个幼儿的进餐情况，包括速度和食量等。不能催促幼儿，但要提醒他们时间，不能让幼儿养成偏食的习惯，不爱吃的可以少吃，但不能不吃，而且要注意，与个别幼儿的谈话不能影响其他幼儿。

参考以上的指导要点，小小的独立进餐需要的行为指导建议为：

【案例 1】小小的进餐行为（3）

指导建议

首先，对于小小的独立进餐行为、餐后收拾餐具和餐后擦手的习惯等表示鼓励和表扬，强化小小对于自己吃饭这件事的愉悦感和成就感，鼓励其继续保持良好的进餐礼仪习惯。成人还可以鼓励小小参与协助分餐、摆放餐具等活动。

其次，小小进餐速度过快，食物咀嚼不够，教师应该和家长进行沟通，共同关注小小的进餐速度过快的问题。可以通过绘本、游戏的方式让小小了解吃饭太快的坏处；在进餐中为小小示范如何充分咀嚼食物，让小小模仿；在小小进餐速度过快时，适当地温和提醒；安排小小和进餐速度适宜的小朋友一起就餐，通过同伴效应加以引导。

最后，设计相关游戏活动促进小小手部精细动作的发展，提高小小的进餐技能水平，如搭建积木、进行涂鸦活动等，也可以让小小从尝试剥鸡蛋开始。

注：完整的【案例 1】“小小的进餐行为”观察记录见本单元末“学习资源”。

第三课

幼儿午睡活动的观察案例与评析

一、幼儿午睡活动的观察记录

幼儿园午睡活动是对幼儿夜间睡眠的必要补充。幼儿在园长达 8 个小时，因参与各种教育和游戏活动，身体处于疲惫状态，尤其需要午睡来恢复体力和精神。合理有效的午睡活动，不仅能有效地消除幼儿在上午的教学和游戏活动中产生的疲劳和困倦，还能使幼儿较快地恢复体力和精力，便于幼儿园下午教学活动的正常开展，特别是幼儿独立午睡以及衣物的整理促进了其手眼协调和精细动作的发展，更锻炼了幼儿的生活自理能力和学习能力，对幼儿未来的生活也很有帮助，所以养成良好的午睡习惯对于幼儿的身心发展十分重要。

教师组织幼儿进行午睡活动在现实中受到多种因素的影响，既包括幼儿园环境、社会环境和家庭环境等客观环境因素，又包括幼儿自身内在因素。对于幼儿睡眠行为的观察，可以运用轶事记录法、实况详录法、行为检核表及等级评定法等方法来开展。在实际观察中，应该结合观察目标和观察情境来选择适宜的观察方法，开展观察记录与分析评估工作。

以下是运用实况详录法对幼儿的睡眠行为进行的观察记录。

【案例 2】小宇午睡（1）

实况详录		
幼儿姓名：小宇	性　　别：男	编号：04
年　　龄：3 岁 2 个月	观察日期：2019 年 10 月 12 日	
开始时间：12:40	结束时间：14:30	
观察地点：睡觉房	观 察 者：岑老师	
观察目标：观察小宇的午睡行为表现		

续表

实况详录
观察记录 到了睡午觉时间，别的小朋友都躺在了小床上，只有小宇还在磨磨蹭蹭地脱鞋子。十分钟后，小宇在老师的多次提醒下躺下了。他翻来翻去睡不着，趁老师不注意就去抓左侧床宁宁的手，宁宁把手缩了一下，没有理他。小宇继续伸手去抓宁宁的衣服，宁宁叫了起来：“不要抓我！”老师听到声音走了过来，提醒小宇要好好睡觉，不能打扰其他人。但过了一会，小宇又开始拽右侧床小朋友的毯子。老师看见了，走过来要把小宇的小床搬离，挪到了靠墙的位置。小宇咧着嘴，没有说话。老师挪床之后，小宇的床左右都没了同伴，他盯着天花板发呆，一声不响地躺在床上。不一会儿，其他小朋友都安静地睡着了，小宇还是睁着眼，辗转反侧，后来把右手食指放进嘴里，吸吮了一会儿手指，直到午睡快结束时才睡着。

二、幼儿睡眠活动的观察分析

幼儿午睡活动的观察与分析要点可以从午睡前、午睡中、午睡结束三个方面来进行，参考要点如下：

（一）午睡前

1. 午睡的原因

（1）主动睡觉。（2）模仿他人。（3）教师提醒或要求。

2. 对午睡的反应

（1）接受（平静/高兴）。（2）拒绝（磨蹭/频繁起身活动/哭闹）。（3）与同伴交谈、嬉戏打闹。（4）跑出午睡房。

3. 午睡自理能力

（1）自己穿脱鞋子和衣服。（2）老师协助下穿脱鞋子和衣服。（3）老师帮助穿脱鞋子和衣服。

（二）午睡中

1. 入睡前的状态

（1）独立入睡。（2）需要老师轻拍/陪伴。（3）依赖安抚物（如毛巾、玩偶、奶嘴等）。

2. 入睡速度

（1）入睡快。（2）入睡慢。（3）没睡着。

3. 入睡后的表现

（1）睡姿（仰卧/侧卧/趴着睡/蒙头睡）。（2）踢被子。（3）说梦话（噩梦）。（4）需要提醒如厕。

4. 入睡中的特殊行为

（1）吸吮/咬手指。（2）咬被角。（3）玩弄生殖器。

（三）午睡结束

1. 午睡醒来的方式

（1）自然睡醒。（2）被同伴吵醒。（3）教师叫醒。（4）如厕需求醒来。

2. 醒来后的行为

（1）安静地继续躺着。（2）在床上自己玩。（3）与同伴交谈、嬉戏。（4）自主穿衣服。（5）主动如厕。（6）找老师。（7）没睡醒、哭闹。

【案例链接】

幼儿午睡活动中时常出现的问题

1. 情绪不稳定

本次主要是对笔者所在幼儿园的幼儿进行观察，发现有一部分幼儿具有良好的睡眠习惯，情绪良好。但还有一部分幼儿睡前情绪不是很高，偶尔会吵闹，但很快会安静下来。还有小部分幼儿不能独立安静入睡，睡前情绪十分不稳定。这一点可能与幼儿自身情况有关。有些幼儿认为午睡是一个较为痛苦的过程。也有一部分幼儿认为睡觉时没有安全感，只有教师在身旁时才能安稳入睡。有的幼儿是由于自身睡觉会做噩梦、尿床等而不习惯入睡。幼儿在成长的过程中都会有独特的成长行为问题，而教师应当做的就是如何解决和改善这些问题。

2. 入睡时间慢

正常来讲，幼儿从脱衣服开始，到最终进入睡眠，半个小时的时间为最佳。而我园的幼儿有几名能在闭眼后几分钟进入睡眠，在半小时内进入睡眠状态的儿童仅有四分之一，一小时入睡的幼儿达到了四分之二。其余儿童有的是在一小时后入睡，有的根本无法入睡。

3. 睡姿不科学

睡姿对于儿童来讲十分重要，正确的睡姿能保证呼吸的畅通性，能更好地促进幼儿的身体发育。保证儿童正确的睡觉姿势十分重要。我园的诸多幼儿更喜欢蒙睡、侧卧等，对于这类问题，教师应对其施加引导。

资料来源：陈雁玲．浅析幼儿午睡活动中的常见问题及解决对策［J］．当代家庭教育，2020（29）：57-58.

结合以上观察与分析要点，对案例2“小宇午睡”的分析评价如下：

【案例2】小宇午睡（2）

分析评价

小宇在老师多次提醒下才躺到床上，说明小宇对于午睡是比较抵触的。小宇睡不着的时候去拉扯旁边小朋友的衣服和毯子，出现了捣乱行为。被老师挪开小床后，小宇发呆、辗转反侧，直到午睡快结束时才睡着，这反映了小宇入睡有些困难。入睡过程中，小宇把手指放在嘴里吸吮，这是他自我抚慰的表现，教师应该对此特别关注。

三、幼儿午睡活动的观察指导

人生当中有三分之一的时间是在睡眠当中度过的。对于幼儿来讲，睡眠在他们的生长过程中尤为重要。只有拥有充足的睡眠，才能保证幼儿的健康成长。睡眠时人的身体可以分泌大量生长激素，而这一点也是幼儿生长发育的关键性因素。如果幼儿缺乏睡眠会让大脑反应变得迟钝，这对幼儿的学习也会造成影响。教师应培养幼儿的生活自理能力，锻炼幼儿与同伴合作的能力，帮助幼儿养成独立自主的意识。在午睡环节中，幼儿在午睡前对衣物进行整理，这不仅满足了幼儿手眼协调、精细动作的发展需要，更为其生活自理能力提供了良好的锻炼机会，帮助他们形成自我服务意识，增强独立性。幼儿在午睡活动后与同伴合作对床铺和被褥进行整理，可以培养幼儿的交流合作能力。同时在穿衣服、叠被子的环节中，还蕴藏着多方面的涉及生活领域、科学领域的教育价值。

（一）做好午睡前的准备工作

午睡前的准备工作细微繁琐，有些涉及午睡室的环境创设，更多的是教师每日的常规工作。睡前准备是保障幼儿午睡的基础，也是帮助幼儿营造良好午睡环境的开始，所以把幼儿午睡前的准备概括成六个步骤：

1. 散步环节

餐后散步环节可以帮助幼儿消化刚吃完的食物，愉悦、放松幼儿的情绪，让幼儿能够顺利地进入梦乡。在散步环节，教师可以留意哪些幼儿嘴巴里还有食物，以减少午睡环节的安全隐患。此外，散步环节中也存在教育契机，如幼儿可以边散步边慢下来欣赏幼儿园的花花草草，可以边散步边唱唱刚学会的儿歌，这不仅增加了散步的游戏性，而且也是对上午活动内容的简单复习。

2. 寝室环节准备

午睡之前，要对幼儿的床铺进行整理，把寝室窗帘拉好，房间温度调整适宜，为幼儿的午睡营造良好的物质条件。教师可以带领幼儿一起完成这些工作。这样不仅可以锻炼幼儿的体能，同时也可以让幼儿养成为自我服务、为他人服务的意识。

3. 如厕盥洗环节

如厕盥洗环节是午睡前必不可少的环节，教师要提醒幼儿如厕盥洗，这样不仅可以保证幼儿能够安稳入睡，同时也能保证幼儿的手部卫生。因为有的幼儿在睡前没有如厕，在午睡过程中，他可能就不容易入睡。或者有的幼儿因为在午睡过程中喜欢玩手指，而自己的手因为餐后没有清洗，存在油腻、不卫生的情况，所以睡前的如厕盥洗环节非常重要。

4. 脱衣脱鞋环节

脱衣脱鞋环节是幼儿互相学习的环节，幼儿之间可以互相帮助。比如小班幼儿可以自己尝试脱鞋，在老师的帮助下，把自己的衣服放到指定位置；中班幼儿可以通过选取小组长来调动幼儿的积极性，让小组长帮组里其他幼儿共同完成脱衣脱鞋环节；大班幼儿在做好自己事情的同时能够帮助同伴整理鞋子、脱下衣服。在这一环节中，幼儿在集体中获得的生活技能在这里得到了延续。每一个幼儿都可以学习如何脱衣脱鞋、如何叠衣服等。

5. 被褥整理环节

被褥整理等系列生活教育内容都可以在午睡环节中完成。教师可以关注各年龄段的幼儿发展到什么水平，比如小班幼儿直接躺在被子上，中班幼儿直接钻进被子里，大班幼儿知道把被子摊开后再钻进被子里。

6. 睡前故事环节

幼儿躺在床上后，可以通过组织幼儿听睡前小故事，让他们听着舒缓的音乐，带着暖暖的爱意进入甜蜜的梦乡。也可以安排值日生，负责提供当日的故事内容，让父母录好音，在当日的午休前与班级幼儿共享。

【练一练】

幼儿穿脱衣服的指导

观察记录：午睡起床后，陈志鹏在穿一件墨绿色格子衬衫，他把两只袖子都套上了之后，感觉右手袖子有些别扭，他扭头看了一眼，发现是右边的衣襟跑到肩上了，他尝试拉扯整理几次，没有成功。陈志鹏神情沮丧，抖动胳膊将衬衫脱下来，右手的袖子还没完全脱下来，他就将衣服甩到床上，并拍打着床面，嘴里小声嘟囔着：“不穿……烦人……”

过了一会儿，陈志鹏开始脱下穿好的白色秋衣，这是一件套头衫。陈志鹏先把手从袖子里脱出来，然后用双手抓着秋衣拉出脖子。白色秋衣脱下之后，陈志鹏又开始穿墨绿色格子衬衫。这次他先将衬衫整理好，然后穿上右边袖子，又用左手把衣服拉到身体左边，找到了袖子，顺利穿上后，开始从下面往上面扣扣子（按扣）。为了扣上最上面的扣子，他把衣领往前提了提，歪了歪脖子，咬着牙，双手持续用力，终于成功扣上了。

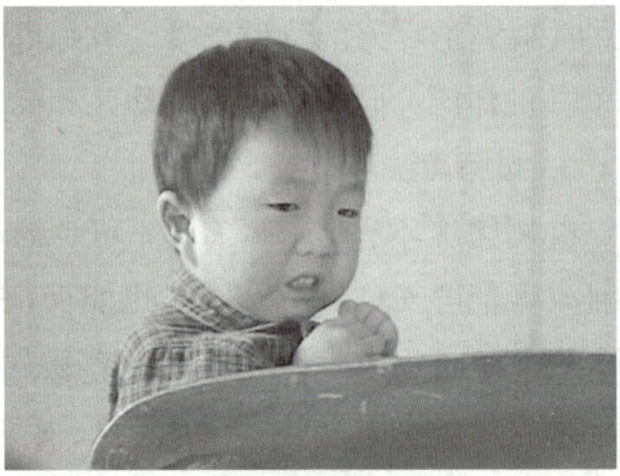

图 3-2 幼儿穿衣服

任务：请根据以上观察记录，分析陈志鹏穿脱衣服的行为，并提出你的指导建议。

（二）注重午睡时的巡视指导

首先，教师应从思想上重视午睡时的巡视工作，提高责任意识。一些教师认为儿童睡觉时是他们最轻松的时刻，殊不知幼儿园午睡安全事故大多是在儿童午睡中发生的。教师是午睡活动的组织者和管理者，理应为儿童的睡眠“保驾护航”。

其次，教师应做好午睡时的巡视工作。具体来说，有以下四个方面的工作：①防止幼儿进行危险的小动作。如将小皮筋儿、线头绕到手指上，将小珠子、小扣子塞进鼻子里或吸进呼吸道等。②加强对患病幼儿的巡视。预防突发疾病，如高热惊厥、癫痫等。③不午睡幼儿的安全问题。有的幼儿不肯午睡，在班级里自己玩耍，对于这一部分幼儿，一定要专人去陪护，防止安全事故的发生。④午睡困难幼儿的处理。对于在巡视中发现午睡困难的儿童，教师应有针对性地采取指导策略。总之，在午睡环节中要做到四巡视：①巡视睡在上铺的幼儿；②巡视不午睡、在床上有小动作的幼儿；③对患病幼儿的巡视；④对于不进入寝室、在班级里玩耍的幼儿的巡视。班级教师要分工明确，按照场地、时间，合理地安排幼儿的午睡看护工作。

（三）多种途径实施午睡指导

单一地由教师在午睡活动中实施指导策略，效果并不理想。对幼儿的午睡教育与指导要充分利用家庭这一教育资源。游戏、集体教学等活动中都可以渗透午睡的指导内容。在幼儿起床后，增加“苏醒操”环节，这一环节的目的就是让幼儿在柔和的音乐声里，慢慢地舒展身体，用自然的方式调整睡醒后的状态。“苏醒操”可以让幼儿迅速融入音乐，展开肢体。刚刚睡醒或被叫醒的幼儿，显然不可能一下子自如地伸展开手脚，但是通过“苏醒操”可以帮助幼儿从睡梦中醒来，更加自然、轻松地融入音乐，渐渐恢复精力。“苏醒操”通过音乐和律动的形式帮助幼儿舒展肢体，放松身心，同时也让幼儿产生了一定的运动量，有助于后续的餐点环节。

起床环节中还蕴藏着丰富的教育价值。起床环节可以分为穿衣服和整理床铺两个环节。大班幼儿要知道穿衣服的步骤，并能够迅速地穿好自己的衣服。如先套毛衣，再穿袜子、套毛裤，然后坐在床沿上套上外裤，下床穿好鞋，最后穿上外套；穿裤子要分清前后，先套左腿，再套右腿，然后往上提等。这一系列的穿衣步骤，不仅可以培养幼儿良好的自理习惯，还能给幼儿建立空间概念上的认知。中班幼儿可以自己尝试完成穿衣环节，如果遇到困难，可以寻求老师和同伴的帮助。小班幼儿起床后要能够主动去寻求老师的帮助，迅速地穿上衣服，形成自我保护意识。

在床铺整理中，大班幼儿可以独立整理自己的床铺、叠放被子。中班幼儿可以两个小朋友一起完成。在培养自理习惯时，幼儿可以通过合作、互帮互助的方式来进行自理能力的培养。比如大班幼儿在叠被子的环节，可以两个幼儿拉着两个被角，再进行对折，这时幼儿可以直接感知到数学活动中图形的对称关系。在这些活动中如果有些幼儿积极性不高，教师可以组织幼儿进行比赛，以提高幼儿的积极性和自理能力。

总而言之，午睡环节在幼儿的一日生活中起着桥梁作用，它既是上午活动的总结，也是下午活动的开始。科学合理地组织幼儿的午睡活动，培养幼儿良好的午睡习惯，不仅可以让幼儿有充足的精力进行一日活动，还可以让教师有机会挖掘午睡环节中蕴藏的教育价值，促进幼儿的全面发展。

【资源链接】

让午睡成为一种期待

1. 温馨的睡眠环境，舒适度助幼儿甜蜜入眠。环境是幼儿教师不可忽视的教育资源，在良好午睡习惯的培养中，更是起着“开天辟地”的作用。温馨环境的创设是提高幼儿睡眠质量的保障，也是让幼儿接纳并喜爱幼儿园寝室和午睡活动的有效手段。需要注意的是，除了寝室环境的创造，我们还应当关注幼儿心理环境，使他们的身心都处于温馨氛围中，感受幼儿园午睡的甜蜜。

2. 有趣的睡前环节，期待值引幼儿轻松入眠。小班初期让幼儿安静入睡成为了教师较为艰难的任务。我们根据小班幼儿特征采取了转移注意力让幼儿安静下来的方式，把睡前环节趣味化，并形成能够让幼儿产生期待的系列活动。刚开始午睡时，幼儿总是不能静下来，于是教师在寝室墙上贴上各种彩色的小星星，并对孩子们说：“大家注意了，今天小星星要来跟大家一起午睡。”幼儿好奇地问：“在哪里呢?”教师指着星星说：“你们看，小星星还带来了很好听的故事，小朋友们闭上眼睛听。”每天教师都会以小星星讲故事的形式，给幼儿带来以他们喜欢的花草、动物为主题的小故事。坚持了一段时间后，每当到了午睡时间，幼儿都会好奇地猜：“今天会讲什么故事呢?”伴随着好听的故事，在午睡前幼儿逐渐愿意并乐意主动上床、安静入眠。

3. 灵活的起床环节，个性化使幼儿安心入眠。幼儿的发展具有个体差异性，而午睡活动同样各有特点，特别是小班幼儿的入睡速度、身体状况等都会影响睡眠时间。他们有些醒得早、有些醒得晚、有些中途醒来。此时教师不能死板地要求他们再睡一会儿或催促他们快点起床，而是要根据具体情况灵活应对。由于很多时候，在讲完睡前故事后，一些幼儿还没有进入睡眠状态，教师会在讲故事时播放轻音乐，故事讲完后音乐声音渐渐变小。这样幼儿不会因为故事讲完，而进入“没事干”的状态，而是伴随着音乐渐渐进入睡眠状态。当幼儿偶尔中途醒来实在无法继续睡着时，教师会允许其在不影响其他幼儿休息的情况下，到寝室角落里的宝宝家安静看书。同样，醒得早的幼儿，教师不要求其一定要等到起床时间才能起来。而到了起床时间，仍然没有醒来的幼儿，教师没有去催促，而是让美妙的音乐唤醒他们。

4. 悉心的自理引导，成就感让幼儿快乐入眠。受到动作发展和认知水平的限制，小班幼儿自理能力较差，这也是造成他们午睡质量不佳的原因之一。教师可采取在合作、游戏和鼓励中提高幼儿自理能力的策略，循序渐进地让幼儿感受到自己的成长，获得积极的情绪体验。辰辰是个比较内向的幼儿，每次穿脱衣服遇到问题时都不会主动寻求老师的帮助，这也使得他对午睡产生了抗拒心理。一次辰辰旁边的乐乐由于穿了扣子在后背的衣服而向老师求助。这正是培养两个小朋友相互帮助的好机会，于是老师问辰辰："辰辰，你能不能帮助一下乐乐呢？"他犹豫了一会儿，在老师的鼓励下顺利帮乐乐解开了衣服，这时老师鼓励道："辰辰真棒，能帮助小朋友解扣子。以后你们可以相互帮助哦！"辰辰高兴地点头，迈出了这一步的辰辰，不再害怕午睡。在伙伴的帮助下以及一系列教学活动的引导下，幼儿逐渐学会了穿脱衣服。

资料来源：葛妍宁．让午睡称为一种期待——打造甜蜜入眠氛围，让良好午睡习惯伴幼儿成长［J］．知音励志，2017（6）：83.

【案例链接】

轶事记录

幼儿姓名：水水	性　　别：男	编号：07
年　　龄：3岁	观察日期：2020年11月18日	
开始时间：15:00	结束时间：15:25	
观察地点：教室外	观 察 者：何老师	

观察目标：观察幼儿穿袜行为的发展水平

观察记录

水水从鞋子里取出一只灰色袜子，直接往脚上穿。他试着穿了一小会儿，就没有继续穿袜子的迹象了。他开始四处张望，看其他小朋友。他的同学（琳琳）告诉他："你的袜子穿反了，不是这样穿的。"水水看了一眼自己脚上的袜子，没有说话，继续穿着反着的袜子。

过了一会儿，他暂停了手上穿袜子的动作，把反着的袜子脱下来，弄好后，开始继续穿袜子。他四处张望，不过手里穿袜子的动作没有停止。他看了一眼袜子，把袜子往上扯了扯，但是袜子的位置没有改变。他用手钻到袜子里面，扯了扯袜子，突然停下来，抓了抓脖子，然后继续四处张望，这次他没有暂停手上穿袜子的动作。看到自己的同学后，他说了句："小汤圆。"然后他开始第四次张望，又过了一会儿，他开始捶自己的小腿并说道："小汤圆，小汤圆。"这时袜子也从脚上开始慢慢脱落下来。直到观察结束，水水也没能将一只袜子穿好。

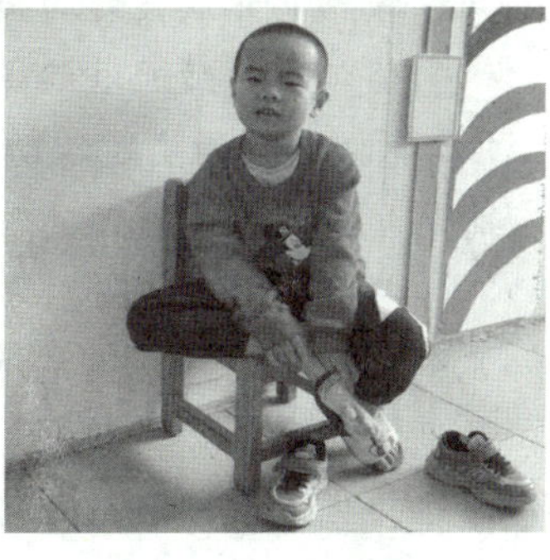

图3-3　幼儿穿袜子

续表

轶事记录

分析评价

相比同班幼儿来说，水水穿袜子的能力水平是较弱的。在观察的 25 分钟里，水水没有把一只袜子穿好，而其他同龄幼儿已经吃完午点。在整个穿袜子的过程中，水水一边尝试自己穿袜子，一边四处张望，这说明他想自己穿袜子，但不知道如何穿，希望能得到同伴的帮助。造成这样的原因有：幼儿尚未掌握穿袜子的技巧；缺乏相应练习。

指导建议

第一，教师可以正面引导幼儿穿袜子，运用游戏形式或儿歌形式让幼儿学会分清袜子的正反面并掌握穿袜子的技巧。例如教幼儿唱《穿袜子》的儿歌：“缩起小脖子（拿住袜筒两侧），钻进小洞子（穿进袜尖），拉起小鼻子（拉袜筒），穿好小袜子。”

第二，教师可以向家长推荐一些相关的主题绘本，请家长通过亲子阅读方式，激发孩子自主穿袜子的兴趣和意识，进一步巩固孩子独立穿袜子的技巧。

第三，教师就幼儿穿袜子的行为与家长进行沟通。请家长在家时尝试让孩子独立穿袜子，有耐心地给予适时的鼓励和帮助。家长不要取笑幼儿穿袜子时的动作，因为这样很有可能会打击幼儿自主穿袜子的积极性，也不要给孩子灌输“你不会，我帮你就好了”的思想，这样会造成幼儿自我服务意识变差，不想自己穿袜子，懒得穿袜子的现象。

根据以上对幼儿午睡活动的指导要点，案例 2“小宇午睡”的观察指导如下：

【案例 2】小宇午睡（3）

指导建议

第一，教师和小宇家长进行沟通，了解小宇在家的午睡情况，分析小宇午睡困难的原因，合理调整安排小宇的睡眠时间，家园协调一致，保证小宇充足的睡眠时间，帮助其养成良好的睡眠习惯。

第二，教师通过绘本、故事等活动，引导小宇了解午睡的好处。在班里开展“我爱睡觉”的主题活动，幼儿通过主题活动认识到睡眠的重要性，并知道在睡觉时打扰别人是不礼貌的行为。

第三，教师应做好午睡前的准备工作，如午睡前阅读、听柔和音乐等，并为幼儿创设温馨、轻松的午睡环境，避免不良情绪对幼儿入睡的负面影响。如小宇出现捣乱行为被老师强制“隔离”时，小宇情绪比较低落，反而更容易对午睡活动产生排斥，也会影响入睡质量。

第四，教师需要特别关注小宇在午睡中出现的吸吮手指的行为，可以在小宇睡不着的时候适当提供一些帮助。例如，小宇翻来覆去睡不着的时候，教师可以坐在旁边轻拍和陪伴。

第五，考虑幼儿睡眠需要的个体差异，弹性化地安排午睡时间。如果小宇不睡午觉或者睡午觉时间短，但其精力旺盛并未影响下午的正常活动，教师可以考虑适当减少小宇的午睡时间，如推迟午睡，并为小宇安排一些安静的游戏或活动。

注：完整的【案例2】“小宇午睡”观察记录见本单元末“学习资源”。

第四课

幼儿盥洗活动的观察案例与评析

一、幼儿盥洗活动的观察记录

盥洗属于幼儿园生活活动中的一个环节，它在一日活动中发生的频率很高，幼儿在一日生活中会多次在餐前便后进行盥洗，教师在盥洗活动中的观察与评析，可以运用轶事描述法、实况详录法、行为检核法及等级评定法等方法来开展。在实际观察中，应结合观察目标和观察情境来选择适宜的观察方法，开展观察记录与分析评估工作。教师应建立“一日活动皆课程”的教育理念，引导幼儿建立良好的盥洗常规，帮助幼儿逐步养成健康的生活习惯。

【资料连接】

小班幼儿盥洗活动目标

根据《指南》在小班健康领域的目标与建议、小班幼儿的年龄特点和现行小班幼儿盥洗活动的现状，游戏化体验中小班幼儿盥洗活动的目标如下。

1. 技能目标

能独立进行如厕、洗手、喝水、漱口等活动，掌握各个活动的基本要领。

如厕→能独立大小便，学着整理前面的衣裤，并在老师的帮助下整理衣裤。

洗手→会拉袖子，能用正确的方法（五步洗手法）洗手，并用毛巾擦干。

喝水→能找到自己的杯子独立接水喝，并把杯子放回原处。

漱口→会用水杯独立“含水—吐水”来漱口。

2. 行为习惯目标

能有序排队进行盥洗活动，并学会等待与轮流。

如厕→能有序排队如厕，不相互推挤，学会等待与轮流。

洗手→能有序排队洗手，不相互推挤，擦肥皂和洗手后及时关上水龙头。

喝水→能有序排队接水，并在适宜的位置喝水。

漱口→能有序接水漱口，并把水吐到水槽里。

3. 健康目标

愿意饮用白开水，饭前便后能洗手，不憋尿，知道喝水、洗手、不憋尿有益身体健康。

如厕→能主动如厕，不憋尿，知道憋尿有害身体健康。

洗手→在提醒下，饭前便后能洗手，养成良好的卫生习惯。

喝水→愿意饮用白开水，知道喝水有益身体健康。

漱口→餐后漱口，保护牙齿健康。

资料来源：陈程，在游戏中学会盥洗［J］教学月刊小学版（综合），2013（6）：53-55.

以下是运用轶事记录法对幼儿的盥洗行为进行的观察记录。

【案例3】中班幼儿的盥洗行为（1）

轶事记录	
幼儿姓名：中班幼儿	编号：04
观察日期：2019年10月12日	
开始时间：10:40	结束时间：10:50
观察地点：盥洗房	观 察 者：岑老师
观察目标：观察中班幼儿的盥洗行为	
观察记录 集体活动后，教师组织孩子们上厕所和洗手。柄柄对水非常感兴趣，每次洗手都要在老师的提醒和监督下才依依不舍地离开水龙头。今天，柄柄趁老师不注意，把两只手放在水龙头出口，想堵住水龙头上的水。水龙头里的水一下子冒出来，溅到了墙上、地面上，他嘿嘿地笑了起来。紧接着，盥洗室里传来了争执的声音："老师，这是我第一个拿到的！""你不准推，不准挤。""老师，他推我！""不行，我就要第一个！"我进去一看，小原用手拍了帅帅一巴掌，帅帅"哇！"的一声大哭起来。	

二、幼儿盥洗活动的观察分析

盥洗活动是幼儿园生活活动中的重要一环，关系到幼儿的身体健康。教师要让幼儿通过盥洗活动认识到讲卫生的好处以及主要的影响作用，从而使幼儿可以更加有条理地进行盥洗，帮助幼儿养成良好的生活习惯。具体来说，幼儿盥洗活动的观察与分析要点如下：

（一）盥洗情绪状态

关注幼儿在盥洗过程中的情绪状况，如：幼儿是否愿意盥洗？幼儿情绪是否低落？幼儿在盥洗过程中是否轻松愉快？……

（二）盥洗意识

关注幼儿是否具有盥洗意识，如幼儿是在成人的提醒下完成还是主动并独立完成？幼儿是否在餐前便后自觉坚持盥洗？幼儿是否节约用水，有没有玩水的现象？……

（三）盥洗能力

关注幼儿是否具备盥洗能力，如幼儿是否能够在洗手前挽袖子？是独立完成还是需要成人的帮忙？幼儿在使用水龙头时能否控制好水龙头的流量？幼儿在洗手洗脸时能否按照正确的步骤完成？幼儿能否正确使用小毛巾并及时归放原处？……

【想一想】

盥洗活动中的教师反思

1. 环境创设是否适合

环境创设对幼儿行为习惯的养成具有潜移默化的作用。在进行环境创设时，教师应多思考。如幼儿园贴了很多脚印贴，幼儿在使用“小脚印”时出现了问题，教师就要思索，是脚印贴的位置不对吗？要如何调整？还有其他方法吗？

2. 是否符合年龄特征

不同年龄段的儿童，表现出来的盥洗问题也不同。托班、小班幼儿面对低矮的盥洗设施，充满好奇和兴趣，喜欢打开水龙头洗手。但由于手部精细动作尚未充分发展，力气也不够，他们多数不会挽袖子，不会控制水流大小，洗手经常弄湿衣袖、地面。中、大班幼儿的生活自理能力有所提高，初步具备个人清洁卫生的能力，能够自己洗手。但是随着年龄的增长，幼儿对洗手的兴趣早已经被其他活动所取代，洗手对他们来说只是例行公事，显得乏味、重复又缺乏挑战性。幼儿在洗手活动中容易出现倦怠情绪，洗手时马虎、不专心。

3. 教师是否起到了榜样作用

除了环境创设与年龄特征外，教师自身的行为也会影响儿童的盥洗活动。班杜拉曾经说过，儿童总是“张着眼睛和耳朵”观察和模仿周围人们的那些有意的和无意的反应。幼儿时期，教师在孩子的心目中是最具权威的人，是孩子最爱模仿的对象，教师的盥洗习惯影响着幼儿良好盥洗习惯的形成。

结合上述要点，中班幼儿的盥洗行为分析如下：

【案例3】中班幼儿的盥洗行为（2）

分析评价

中班幼儿随着年龄的增长，求知欲和探索欲也明显增加。幼儿在生活中对水比较熟悉，但是幼儿对水的探索活动并不是很多。案例中柄柄的玩水行为是对水的一种探究行为，是幼儿好奇心的表现，也是幼儿的一种学习需要。

班上大多数幼儿是独生子女，父母对其非常宠爱，因此幼儿的独占心理比较明显。在他们的意识中缺少等待、谦让意识，常常认为“我抢到的就是我的”。同时由于幼儿年龄小，语言发展不完善，以及交往经验的缺乏和解决问题策略不足，在交往中常采用“武力”来解决与同伴之间的纠纷，所以在与同伴的交往中常常发生冲突。

三、幼儿盥洗活动的观察指导

（一）树立正确的观念

教师应树立正确的观念，重视一日活动中的盥洗环节。首先，教师应破除单纯的保育观，充分认识盥洗等生活活动对促进幼儿身心全面发展的作用。例如，盥洗环节能为幼儿提供一个释放心理能量的空间，有助于幼儿自主自律能力和健康人格的形成。对教师来说，盥洗活动有助于教师进行现场思考和调整，教师在盥洗环节精心地照顾幼儿，及时满足他们正常的生理、心理需要，使其身体健康、精神愉悦，这对于促进幼儿智力及其他方面的发展，乃至幼儿一生的发展，有着重要的意义。其次，教师应破除狭隘的管理观，充分认识盥洗环节中“养成教育”的价值，通过建立科学合理的盥洗制度及培养良好的盥洗常规来管理、教育幼儿，但其根本目的不是“管住幼儿”，而是从小培养幼儿良好的品德和行为习惯。最后，教师还要破除陈旧的主宰观或勿略观，充分认识发挥幼儿主体作用的重要意义。老师要不断研究幼儿在盥洗时会做什么、为什么这样做，他们自己能够做的，教师绝不插手，出现问题时他们能够自己解决的，尽量让他们自己解决。这对他们成长为社会所需要的既有主体意识又有主体能力的人极为有益。

【想一想】

水龙头游戏

材料：有一阵子，我发现班上不少幼儿总喜欢往盥洗室跑，就连平时也会总嚷嚷着：“老师，我有小便。”就连平时怕水的幼儿，也突然间对盥洗室产生了莫大的兴趣，而且总喜欢三三两两地一块儿走进去。幼儿们的异常举动引起了我的注意，我悄悄地跟了进去，发现他们正一个个你帮我，我帮你地在卷袖子，眼前的一番情景让我感到一阵欣慰。一学期下来，幼儿们确实长大了不少，能主动地互相帮助，再也不是那个等待着老师卷袖子的小朋友了。我开心地走出了盥洗室。可没等我走出几步，就听见里面传来了哗啦啦的水声，声音很响，以为是水管爆裂的我立刻扭头冲进了盥洗室。然而当我气喘吁吁地跑进去时，看到的是三个水龙头齐刷刷地被开到了最大。看着幼儿们满身的水花以及正不断地被浪费的白花花的水，一股无名之火蹿上脑门：“住手！”我的话音未落，兜兜兴奋地拉着我的衣角说：“老师，你看！好大的瀑布啊！这是我们做成的。”平常在这种时候，总会有人跑到我面前告状：“老师，是某某干的。”而此时，兜兜的话出乎我的意料。让我觉得又可气又好笑，我努力压抑住心中的怒火，决定对他们进行一番行动规范教育。幼儿们回到活动室后，我生气地问道：“为什么把水龙头都打开了？”“老师，水龙头流出来的水像瀑布一样，很大很大，还很好听。”兜兜激动地站起来抢着说。“老师，它很好玩。”棒棒兴奋地从座位上跳了起来。“水很凉很凉，还很痛……水能把手都变红了……”幼儿们没等我问下去就七嘴八舌地说开来。此番议论让我为幼儿们丰富的想象力所折服，最平常可见的水在幼儿们的眼里是这么的富有“生命力”。

问题：如果你是老师，遇到这种情况你怎么处理？请说说你的做法与理由。

（二）科学创设适宜的环境

《纲要》指出，环境是重要的教育资源，应通过环境的创设和利用，有效地促进幼儿的发展。提供适宜的盥洗环境，满足幼儿生活活动的合理需求。法国作家巴尔扎克说过：“生活是我们在自己喜欢的环境中所遵循的一种习惯。”① 环境对幼儿教育的重要性不言而喻。众所周知，盥洗间的面积一般都不大，要在有限的空间里尽可能地满足幼儿盥洗活动的需要，就需要我们基于幼儿的特点，带着服务幼儿需求的认识，创设方便幼

① 资料来源：江彩萍．幼儿园盥洗活动的有效组织与开展——基于幼儿一日活动之盥洗环节的混乱现象引发的思考［J］．新课程（综合版），2019（3）．

儿活动的盥洗环境，充分发挥盥洗间的教育作用。如何根据与幼儿盥洗活动相关的需求来设计环境，是盥洗环境创设的重点。例如需要考虑洗手盆的设计要合理，包括高度、宽度、水龙头的间隔距离；洗手液应摆放在幼儿最好取放的位置等。

此外，教师还应要创设适宜的盥洗“软”环境。例如，水龙头的出水量不好控制，幼儿轻轻一拧就容易溅水花，可以考虑在下面装一个过滤花洒，减小流量；幼儿控制不好挤洗手液，把握不好量，可以在洗手液的按压头下缠一圈皮筋，减少可按压的高度。对于幼儿一些不正确的盥洗方式，如洗手时只是把手放在水龙头下面冲，教师应分析究竟是幼儿“不会盥洗”还是“不愿主动盥洗”，然后区别对待。如果幼儿没有学会正确的盥洗方法，可以充分发挥环境的作用，在盥洗间张贴示意图，直接指导、引导幼儿学习开关水龙头、控制水流大小、学习洗手的正确步骤，如图 3-4 所示。如果是幼儿不愿主动盥洗或不愿正确盥洗，可以利用幼儿好模仿的心理，通过教师或同伴发挥带领和示范作用。教师还可以在盥洗间摆上一些绿色植物和可爱小摆件，让盥洗间看起来温馨明洁，幼儿置身于优雅环境之中，自然也舍不得弄得一地都是水渍或污渍了。

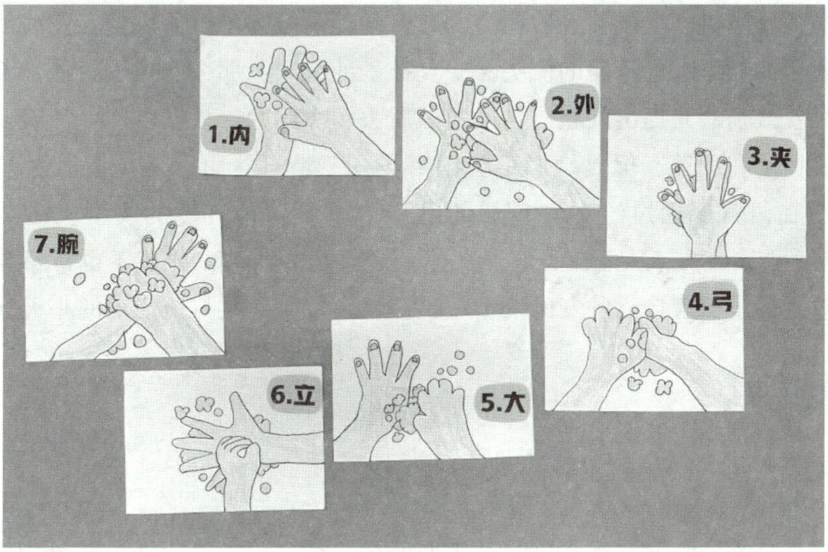

图 3-4　七步洗手法①

（三）充分发挥榜样的力量

教师是儿童模仿的重要对象，其日常行为随时都对幼儿发展产生潜移默化的影响。

① 资料来源：本图片由广西民族幼儿园提供。

因此，教师平时既要善于利用机会，为儿童做好行为示范，也要及时反思可能发生的无心之举，积极引导，用自己良好的盥洗习惯去影响儿童。

同伴也是儿童观摩学习的重要榜样，对于在盥洗活动中表现好的儿童，教师可采取当众表扬的方式，树立良好的典型让其他儿童学习，鼓励儿童相互观摩，取长补短，以此激发他们去模仿和学习好的盥洗行为。

（四）合理开展教育活动

针对不同年龄段的儿童，教师应依据他们的学习与发展特点，合理开展教育活动。例如，在洗手活动中，特别是对于托、小班幼儿，教师不应一次提出过多的要求，可以采用“各个击破”的方式，将完整的洗手环节分解成有趣的一系列程序性活动，如挽袖口、开关水龙头、打肥皂、冲泡泡等。教师可以把系列活动的常规要求编成幼儿能够理解的儿歌，和幼儿一起念唱，边唱边做。一开始教师要做好动作示范，慢慢地教师只需要提示幼儿忘记的部分，让幼儿在不知不觉中学会洗手，托班、小班幼儿教师应多为幼儿提供生动有趣、直观形象的教育活动。

首先，抓住契机，生成并开展相应的教育活动。教师可以通过观察发现幼儿比较感兴趣的现象，如：午睡起床后的梳头深受女孩子的喜欢，那么女孩子想梳什么发型？需要什么工具？鼓励幼儿提出问题、自己尝试着去解决问题。根据以往生活经验，幼儿知道梳头需要梳子和皮筋，但是她们不会编辫子，于是自然而然地在生活区开展“编辫子”活动、在语言区通过绘本《糟糕的发型》了解各种有趣的发型、在美术区开展“我设计的发型”活动。从此梳头成了女孩子最喜欢的活动，男孩子也常常参与到梳头活动中，对着镜子梳着自己帅气的发型——盥洗室成为幼儿打扮活动的小天地。

【资源链接】

趣味盥洗

问题：每餐前的盥洗是必不可少的程序，以往总是老师维护好幼儿的秩序，以组为单位进行盥洗，一位老师在教室看护好教室里的幼儿，另一位老师则要注意幼儿上厕所的安全和幼儿洗手的情况。从第一个孩子洗完手到最后一个孩子洗完手中间有一段时间差，从洗完手到吃饭又有一段时间差，这是幼儿消极等待比较多的环节，如老师组织不当，先前孩子洗干净的手又会弄脏。

解决方案：为了减少多数幼儿的无谓等待，中间有目的地穿插需要复习巩固的律动。当一组幼儿进行盥洗活动时，其余的幼儿正在专心地做律动操，盥洗回来的幼儿随时跟进，这样既考虑了幼儿间盥洗时间长短的差异，又照顾到了全体幼儿，没有了所谓的等待时间，孩子洗干净的手也不会被再次弄脏。中间穿插的音乐律动会定时更换，有的班以手指游戏为穿插，以调动幼儿的积极性。

其次，巧妙组织盥洗，促进良好行为习惯的养成。在一日活动中，幼儿们往往需要教师提醒后才去喝水，怎样才能让幼儿们主动去喝水，喜欢上喝水呢？小班可以创设有趣的游戏情境融入喝水环节，如教师对幼儿说："小汽车要加足了油才能开得更远，小汽车每过一段时间就要去加油哦！"于是幼儿们把自己当成小汽车主动排队去喝水，一边喝一边说："我在加油。"通过兴趣引导，小班幼儿能主动地去喝水了。对于大班的幼儿，可以通过形象的图片让幼儿们认识到不喝水对身体的危害，并通过"我的生活我做主"活动，让幼儿打卡每天喝了几杯水，对于坚持喝水打卡的幼儿进行奖励。

再次，灵活机动，具体问题区分对待。在日常活动中，我们要做一名会观察、能正确解读儿童的教师。教师可以将盥洗时幼儿们的一些"特殊"表现，如玩洗手液、在盥洗室里探究身体奥秘等融入日常谈话、小故事、小游戏中，以贴近幼儿的心灵。幼儿在吃点心前、用餐前、户外游戏后都需要洗手，为了避免幼儿在盥洗过程中的消极等待，我们改变过去细化作息时间的做法，而采用了错时分批盥洗的方式，每个时间段由幼儿自己安排盥洗的顺序、时间，避免了统一行动所带来的拥挤、等待现象，让幼儿有更多的活动时间。

【资源链接】

盥洗环节游戏：洗手歌

一、游戏目标

1. 学习正确使用七步洗手法洗手。

2. 养成良好的洗手习惯，知道饭前、便后、手脏主动去洗手。

3. 自觉节约用水，根据需要调节水的流量。

二、适用对象：小班、中班幼儿

三、游戏准备：音响、新冠肺炎病毒头饰

四、游戏过程

1. 在儿歌中学习使用七步洗手法的洗手步骤。

2. 通过音乐游戏加深幼儿记忆，播放音乐《开始和停止》，幼儿随意走动。当音乐停下来，教师用指铃发出"叮叮"的声音，幼儿要做七步洗手法的动作，动作正确则为胜利。

3. 创设情境，增加洗手的趣味性。教师或幼儿扮演新冠肺炎病毒，幼儿在草坪上自由游戏，当“新冠肺炎病毒”出现时，会随之出现“叮叮”的声音。这时，幼儿要做出七步洗手法的动作来洗手，否则会被“新冠肺炎病毒”抓到，被抓到的幼儿暂停一轮游戏。

4. 当幼儿掌握了洗手的方法，可以变化不同的洗手儿歌，边洗手边念儿歌，帮助幼儿在洗手时自觉排队等候，知道怎么洗手才不会弄湿衣服，养成良好的洗手习惯。

五、指导要点

1. 游戏口吻：在游戏中，教师扮演“新冠肺炎病毒”，作为“病毒”来抓幼儿，充分调动幼儿的兴趣，同时也向幼儿科普洗手知识，如“嘿嘿，有的小朋友没有洗手腕哦，病毒要贴在你的手腕上啦！”

2. 情境创设：利用音乐、语言、角色来创设游戏情境，让幼儿在游戏情境中完成相应指令，巩固洗手步骤。

3. 环境准备：张贴七步洗手法的步骤图，提醒幼儿保持地面干爽，物品标识应清晰易懂，摆放整齐有序。

4. 尊重幼儿的个体差异，及时发现幼儿的需要并给予帮助。

附：洗手歌《七步洗手法》

两个好朋友，手碰手。
你背背我，我背背你。
来了一只小螃蟹、小螃蟹。
举起两只大钳子、大钳子。
我跟螃蟹点点头、点点头。
螃蟹跟我握握手、握握手。

本游戏方案由广西壮族自治区卫生健康委员会幼儿园邹晨露老师提供

【资源链接】

幼儿园盥洗活动的有效组织策略

1. 提出具体的盥洗目标，激发幼儿的内在动机和需求。幼儿园的盥洗活动主要包括洗手、洗脸、漱口。要幼儿从小建立良好的盥洗习惯，教师必须首先让幼儿明白盥洗环节的内容有哪些、各个环节中幼儿应达到的目标是什么。《广东省幼儿园一日活动指引》中明确了幼儿的盥洗目标和要求："懂得饭前、便后、手脏时自觉洗手，饭后漱口；使用正确的方法盥洗，有节约用水的意识；遵守盥洗秩序，知道人多时要排队，轮流盥洗，不玩水，不打闹。"为了调动幼儿的自主性，我们还可以让幼儿讨论制定详细的盥洗规则，引发他们产生主动盥洗并保持环境干净整洁的内在动机。明确了具体的目标内容后，我们可以引导幼儿了解为什么要洗手，然后再亲自示范正确的洗手方法，最后再让幼儿轮流到盥洗间进行练习。在平日的盥洗过程中，老师还要严格地进行监督，发现幼儿没完成其中任何一个步骤就得重新洗，洗手时不断问幼儿："洗手的步骤有哪些啊？你都完成了吗？"如此不停地问他，不停地看他，幼儿慢慢就习惯了。幼儿在学校要按这样的要求做，在家中亦是如此，家长也要用同样的要求在家中对幼儿进行监督。在培养这个洗手习惯的过程中，当发现幼儿有进步时，老师和家长还要给予极大的赞许和表扬，并慢慢减少督促和提醒，到最后就不用提醒了，使之形成稳定的自动化的行为。

2. 评估幼儿的盥洗行为，在区别强化中纠正不良盥洗习惯在培养好习惯的同时必然要矫正不良习惯。看待幼儿的一种盥洗行为是好是坏，首先要进行评估，通过评估我们发现盥洗习惯不好的幼儿往往是盥洗方法没有掌握，或是盥洗态度不端正。乌申斯基说过："神经体不仅可以有天赋的反射，而且在活动的影响下也有掌握新的反射的能力。"也就是说，经过教育培养，人是可以形成新的习惯、新的反射的，我们完全可以通过训练来矫正幼儿的不良盥洗习惯。我们可以尝试用连结主义心理学家的强化动机理论，给幼儿建立动力定型，即一到盥洗情境中就会自动执行某个盥洗程序，实现这种动力定型主要依靠在盥洗情境中反复给予强化。

3. 进行持续的行为训练，使盥洗行为由被动到主动再到自动。美国心理学家根据研究发现，初步养成一个习惯需要21天，而形成一个稳定的习惯需要90天，要让幼儿形成自觉的盥洗习惯，必须要长期的坚持，不管是在幼儿园还是在家，教师、家长和其他成人都要督促幼儿洗手。在幼儿园，教师可组织全班的小朋友一起观看正确洗手的科教片，让幼儿了解洗手的必要性，从理论上教幼儿掌握洗手的"七步法"，然后再亲自示范正确洗手的方法，最后再让幼儿轮流到盥洗间进行练习。

资料来源：江彩萍，幼儿园盥洗活动的有效组织与开展——基于幼儿一日活动之盥洗环节的混乱现象引发的思考［J］. 新课程（综合版），2019（3）.

参考以上的指导要点，中班幼儿的盥洗行为指导建议为：

【案例 3】中班幼儿的盥洗行为（3）

指导建议

1. 尊重和理解幼儿的玩水需要。游戏是孩子的天性，是幼儿学习的基本方式，也是幼儿最喜欢的活动方式。因此教师要为幼儿创设开放、宽松的活动环境，提供各种玩水的材料，根据孩子的兴趣开展相应的玩水游戏活动。教师通过游戏与孩子们一起商讨怎样玩水，如何玩水，怎样不浪费水等相关的问题，让幼儿在宽松自由的环境中尽情地玩水，在玩的过程中，他们会发现更多有趣的现象，尝试更多的玩法，以满足和宣泄他们内心想玩水、爱玩水的需求，以此减少在盥洗过程中孩子玩水的现象。

2. 利用环境组织幼儿有序盥洗。环境是重要的教育资源，为了减少孩子洗手时的拥挤及消极等待，组织幼儿洗手的时候采用分组的方式进行，让孩子分批次地进行盥洗。

3. 利用榜样强化幼儿的盥洗行为。榜样是幼儿重要的老师，教师通过故事里的主人翁在幼儿心目中树立一个榜样，并把故事的内容贴在盥洗室，幼儿在等待盥洗的过程中可以复述故事内容以减少等待的乏味。树立的榜样也可以潜移默化地影响幼儿的行为。教师还要善于发现表现优秀的幼儿，并给予其及时的表杨和肯定，以此激励幼儿形成良好的常规习惯。此外，教师在生活中要以身作则，严格要求自己，在潜移默化中激励幼儿，帮助他们形成良好的生活习惯。

注：完整的【案例 3】“中班幼儿的盥洗行为”观察记录见本单元末“学习资源”。

【学思研训】

一、选择题

1. 下列哪些做法是不妥当的（　　）。

A. 幼儿园午餐时给幼儿提供花生米　　B. 幼儿进餐时恐吓或逗乐幼儿

C. 幼儿能吸入的物体不要给幼儿当玩具玩　　D. 教育幼儿不要把小物件塞在鼻孔里

2. 一般混合性食物在胃里的排空时间是（　　）个小时。

A. 1—2　　B. 2—3　　C. 3—4　　D. 4—5

3. 一看、二摸、三问、四查是以下哪项工作的方法（　　）。

A. 晨检　　B. 早操　　C. 盥洗　　D. 进餐

4. 教师通过给幼儿讲《我要拉粑粑》的故事，组织幼儿讨论故事中的人物角色，并进而培养幼儿良好的如厕习惯，属于以下哪种教学方法：(　　)。

A. 游戏练习法　　　B. 榜样示范法

C. 图示观察法　　　D. 渗透教育法

5. 幼儿进餐活动中，教师向幼儿介绍食物的营养，要注重均衡饮食，体现的是(　　)的原则。

A. 保育和教育相结合　　　B. 注重幼儿个体差异

C. 具体而规范　　　D. 照顾全体幼儿

二、问答题

1. 请以幼儿的进餐行为为观察主题，拟定一份观察计划和设计一份幼儿进餐行为检核表。

2. 陈老师发现冬天到了，幼儿洗手热情骤减，还有部分幼儿洗手容易打湿袖子，对于这些情况，你有什么好方法？

【学习资源】

【案例 1】小小的进餐行为

<table>
<tr><th colspan="3">实 况 详 录</th></tr>
<tr><td>儿童姓名：小小</td><td>性　　别：女</td><td>编号：06</td></tr>
<tr><td>年　　龄：3 岁 4 个月</td><td>观察日期：2019 年 10 月 31 日</td><td></td></tr>
<tr><td>开始时间：8:30</td><td>结束时间：9:00</td><td></td></tr>
<tr><td>观察地点：活动室</td><td>观 察 者：张老师</td><td></td></tr>
<tr><td colspan="3">观察目标：观察小小进餐中的行为表现</td></tr>
<tr><td colspan="3">观察记录
早餐开始前，小小坐在餐椅上，没有说话，眼睛望向厨房的方向，手脚挥舞不停。保育老师将早餐端上来之后，小小就大口大口地吃了起来。
今天的早餐是红薯粥和鹌鹑蛋，小小用左手抓着勺子，勺子拿得并不平稳，每次将红薯粥送进嘴巴后，勺子都会落在肩膀上，勺子中剩余的食物会掉到她的背上或椅子上。红薯粥吃完后，小小拿了一个鹌鹑蛋，小小不会剥壳，她把鹌鹑蛋握在手心用力捏，几乎把整个鹌鹑蛋捏成一团。保育老师看见了，走过来帮她剥了一个鹌鹑蛋，小小拿起剥好壳的鹌鹑蛋，整个塞到嘴里，匆忙地嚼了几下就吞下了。小小吃东西很快，保育老师给她添了一碗粥，也很快吃完了。
吃完早餐后，小小从餐椅上下来，拿着自己的勺子和碗，放到了餐具指定回收处。然后，拿起旁边的小餐巾，擦了擦嘴巴和小手。</td></tr>
</table>

续表

<table>
<tr><td>实 况 详 录</td></tr>
<tr><td>分析评价
3 岁 4 个月的小小进餐前对进餐活动充满了期待，能够安静等待；进餐过程中很专注，会使用勺子，能够做到独立进餐，胃口好，饭量较大。进餐结束后，小小可以主动回收餐具，完成擦嘴、擦手的餐后清洁工作。这些表现反映出小小对进餐活动热情较高，能够遵守进餐的规则，掌握了一定的餐桌礼仪，进餐卫生习惯较好。
小小在进餐中能用小勺舀粥但不熟练，不会剥蛋，相比较《指南》中提出的“3—4 岁幼儿能熟练地用勺子吃饭”，小小的进餐技能还需要继续提高。此外，小小进餐速度较快，食物咀嚼不够。这种情况需要改善。</td></tr>
<tr><td>指导建议
首先，对于小小的独立进餐行为、餐后收拾餐具和餐后擦手的习惯等表示鼓励和表扬，强化小小对于自己吃饭这件事的愉悦感和成就感，鼓励其继续保持良好的进餐礼仪习惯。成人还可以鼓励小小参与协助分餐、摆放餐具等活动。
其次，小小进餐速度过快，食物咀嚼不够，教师应该和家长进行沟通，共同关注小小的进餐速度过快的问题。可以通过绘本、游戏的方式让小小了解吃饭太快的坏处；在进餐中为小小示范如何充分咀嚼食物，让小小模仿；在小小进餐速度过快时，适当地温和提醒；安排小小和进餐速度适宜的小朋友一起就餐，通过同伴效应加以引导。
最后，设计相关游戏活动促进小小手部精细动作的发展，提高小小的进餐技能水平，如搭建积木、进行涂鸦活动等，也可以让小小从尝试剥鸡蛋开始。</td></tr>
</table>

【案例 2】小宇午睡

<table>
<tr><td colspan="3">实 况 详 录</td></tr>
<tr><td>幼儿姓名：小宇</td><td>性　　别：男</td><td>编号：04</td></tr>
<tr><td>年　　龄：3 岁 2 个月</td><td>观察日期：2019 年 10 月 12 日</td><td></td></tr>
<tr><td>开始时间：12:40</td><td>结束时间：14:30</td><td></td></tr>
<tr><td>观察地点：睡觉房</td><td>观 察 者：岑老师</td><td></td></tr>
<tr><td colspan="3">观察目标：观察小宇的午睡行为表现</td></tr>
<tr><td colspan="3">观察记录
到了睡午觉时间，别的小朋友都躺在了小床上，只有小宇还在磨磨蹭蹭地脱鞋子。十分钟后，小宇在老师的多次提醒下躺下了。他翻来翻去睡不着，趁老师不注意就去抓左侧床宁宁的手，宁宁把手缩了一下，没有理他。小宇继续伸手去抓宁宁的衣服，宁宁叫了起来：“不要抓我！”老师听</td></tr>
</table>

续表

实况详录
到声音走了过来，提醒小宇要好好睡觉，不能打扰其他人。但过了一会，小宇又开始拽右侧床小朋友的毯子。老师看见了，走过来要把小宇的小床搬离，挪到了靠墙的位置。小宇咧着嘴，没有说话。老师挪床之后，小宇的床左右都没了同伴，他盯着天花板发呆，一声不响地躺在床上。不一会儿，其他小朋友都安静地睡着了，小宇还是睁着眼，辗转反侧，后来把右手食指放进嘴里，吸吮了一会儿手指，直到午睡快结束时才睡着。
分析评价 小宇在老师多次提醒下才躺到床上，说明小宇对于午睡是比较抵触的。小宇睡不着的时候去拉扯旁边小朋友的衣服和毯子，出现了捣乱行为。被老师挪开小床后，小宇发呆、辗转反侧，直到午睡快结束时才睡着，这反映了小宇入睡有些困难。入睡过程中，小宇把手指放在嘴里吸吮，这是他自我抚慰的表现，教师应该对此特别关注。
指导建议 第一，教师和小宇家长进行沟通，了解小宇在家的睡眠情况，分析小宇午睡困难的原因，合理调整安排小宇的睡眠时间，家园协调一致，保证小宇充足的睡眠时间，帮助其养成良好的睡眠习惯。 第二，教师通过绘本、故事等活动，引导小宇了解午睡的好处。在班里开展“我爱睡觉”的主题活动，孩子通过主题活动认识到睡眠的重要性，并知道在睡觉时打扰别人是不礼貌的行为。 第三，教师应做好午睡前的准备工作，如午睡前阅读、听柔和音乐等，并为幼儿创设温馨、轻松的午睡环境，避免不良情绪对幼儿入睡的负面影响。如小宇出现捣乱行为被老师强制“隔离”时，小宇情绪比较低落，反而更容易对午睡活动产生排斥，也会影响入睡质量。 第四，教师需要特别关注小宇在午睡中出现的吸吮手指的行为，可以在小宇睡不着的时候适当提供一些帮助。例如，小宇翻来覆去睡不着的时候，教师可以坐在旁边轻拍和陪伴。 第五，考虑幼儿睡眠需要的个体差异，弹性化地安排午睡时间。如果小宇不睡午觉或者睡午觉时间短，但其精力旺盛，并未影响下午的正常活动，教师可以考虑适当减少小宇的午睡时间，如推迟午睡，并为小宇安排一些安静的游戏或活动。

【案例3】中班幼儿的盥洗行为

轶事记录		
幼儿姓名：中班幼儿		编号：04
观察日期：2019年10月12日		
开始时间：10:40	结束时间：10:50	
观察地点：盥洗房	观 察 者：岑老师	

续表

轶 事 记 录
观察目标：观察中班幼儿的盥洗行为
观察记录 集体活动后，教师组织孩子们上厕所和洗手。柄柄对水非常感兴趣，每次洗手都要在老师的提醒和监督下才依依不舍地离开水龙头。今天，柄柄趁老师不注意，把两只手放在水龙头出口，想堵住水龙头上的水。水龙头里的水一下子冒出来，溅到了墙上、地面上，他嘿嘿地笑了起来。紧接着，盥洗室里传来了争执的声音：“老师，这是我第一个拿到的！”“你不准推，不准挤。”“老师，他推我！”“不行，我就要第一个！”我进去一看，小原用手拍了帅帅一巴掌，帅帅“哇！”的一声大哭起来。
分析评价 中班幼儿随着年龄的增长，求知欲和探索欲也明显增加。幼儿在生活中对水比较熟悉，但是幼儿对水的探索活动并不是很多。案例中柄柄的玩水行为是对水的一种探究行为，是幼儿好奇心的表现，也是幼儿的一种学习需要。 班上大多数幼儿是独生子女，父母对其非常宠爱，因此幼儿的独占心理比较明显。在他们的意识中缺少等待、谦让意识，常常认为“我抢到的就是我的”。同时由于孩子年龄小，语言发展不完善，以及交往经验的缺乏和解决问题策略不足，在交往中常采用“武力”来解决与同伴之间的纠纷，所以在与同伴的交往中常常发生冲突。
指导建议 1. 尊重和理解幼儿的玩水需要。游戏是孩子的天性，是幼儿学习的基本方式，也是幼儿最喜欢的活动方式。因此教师要为幼儿创设开放、宽松的活动环境，提供各种玩水的材料，根据孩子的兴趣开展相应的玩水游戏活动。教师通过游戏与孩子们一起商讨怎样玩水、如何玩水、怎样不浪费水等相关的问题，让幼儿在宽松自由的环境中尽情地玩水。在玩的过程中，他们会发现更多有趣的现象，尝试更多的玩法，以满足和宣泄他们内心想玩水、爱玩水的需求，以此减少在盥洗过程中孩子玩水的现象。 2. 利用环境组织幼儿有序盥洗。环境是重要的教育资源，为了减少孩子洗手时的拥挤及消极等待，组织幼儿洗手的时候采用分组的方式进行，让孩子分批次地进行盥洗。 3. 利用榜样强化幼儿的盥洗行为。榜样是幼儿重要的老师，教师通过故事里的主人翁在幼儿心目中树立一个榜样，并把故事的内容贴在盥洗室，幼儿在等待盥洗的过程中可以复述故事内容以减少等待的乏味，同时树立的榜样也可以潜移默化地影响幼儿的行为。教师还要善于发现表现优秀的幼儿，并给予其及时的表杨和肯定，以此激励幼儿形成良好的常规习惯。此外，教师在生活中要以身作则，严格要求自己，在潜移默化中激励幼儿，帮助他们形成良好的生活习惯。

第四单元

幼儿行为观察之“游戏篇”

【情境导入】

王老师非常认同“游戏是幼儿的基本活动，是幼儿最重要的学习方式”的观点，她不但为班级幼儿提供了丰富的游戏材料，还每天拿着笔记本详细记录幼儿的游戏行为，观察过程中还会时不时地针对游戏中幼儿的行为提出自己的建议。但一段时间下来，她发现班级幼儿的游戏热情明显减退，有的幼儿本来在游戏，但一见她过来，就赶紧跑去玩别的了。在幼儿园的教研活动中，王老师提出了自己的困惑：“我非常支持幼儿的游戏活动，但是我的努力并没有得到预期效果，怎么做才是恰当的呢?”面对幼儿丰富多彩的游戏活动，应该如何去观察和支持幼儿的游戏? 你是否也有着和王老师一样的困惑?

通过本单元的学习，你将了解幼儿游戏观察的意义、游戏观察与分析的要点和幼儿游戏的指导要点，能够“慧眼”解读幼儿的游戏行为，“慧心”支持幼儿的游戏发展。

【学习目标】

1. 理解幼儿游戏活动观察的意义。
2. 掌握建构游戏、角色游戏和表演游戏的观察要点。
3. 能够分析幼儿的建构游戏、角色游戏和表演游戏，并提出相应支持策略。

【学习准备】

1. 阅读预习

(1)《幼儿园教师专业标准（试行）》

(2)《3—6 岁儿童学习与发展指南》

(3)《幼儿园保育教育质量评估指南》

(4) 相关书籍推荐：

刘焱. 儿童游戏通论［M］. 北京：北京师范大学出版社，2014.

杨枫. 学前儿童游戏［M］. 北京：高等教育出版社，2019.

北京荣和教育儿童研究发展中心．观察点亮游戏［M］．上海：复旦大学出版社，2020.

2. 思考求解

（1）幼儿游戏活动的观察意义是什么?

（2）幼儿建构游戏、角色游戏、表演游戏的观察与分析要点有哪些?

（3）可以从哪些方面去支持幼儿的建构游戏、角色游戏和表演游戏?

第一课

幼儿游戏活动的观察指导

游戏是幼儿的基本活动，作为幼儿游戏支持者的教师，需要有意识地观察幼儿的游戏活动，了解幼儿的游戏兴趣和游戏水平。只有通过对幼儿游戏的观察，教师才能了解幼儿的游戏兴趣和生活经验，并以此判断游戏主题是否符合幼儿需要、游戏材料投放是否恰当，然后基于幼儿目前的游戏水平去思考如何支持幼儿的发展。

一、幼儿游戏活动的观察意义

游戏是幼儿的基本活动，是幼儿重要的生活内容与学习方式。教师观察幼儿的游戏活动，可以了解和发现幼儿的兴趣和需要，进而提供相应的支持与指导，更好地促进幼儿的发展。具体来说，观察在幼儿游戏活动中的作用可以概括为以下方面：

（一）真实了解幼儿的发展

在纪录片《从北京到北京》中，鸟巢和国家速滑馆的总工程师李久林说过："作为一个工程人，到工地的第一件事情，就是要先看看工程。无论你的分析、计算、仿真再精确、再合理、再科学，你永远都要有第一手资料，才能做到有的放矢。"儿童教育也同样如此，教育的前提是了解，教师不仅需要从各种书籍、理论中掌握儿童的身心发展规律和特点，更需要在活动中"看见"真实的幼儿，科学的观察有助于教师更加系统地了解儿童的发展规律，促进教师对儿童发展理论的理解与再建构。而游戏作为幼儿发展的一面镜子，最能真实反映幼儿的身心发展水平。首先，幼儿在游戏中按照自己的意愿和兴趣选择游戏内容和游戏材料。教师可以通过观察各游戏区域的幼儿人数、幼儿在某游戏区域的持续时间、幼儿游戏的过程等，及时把握幼儿对游戏主题、游戏区域、游戏材料的偏好，进而了解幼儿的兴趣需要和经验状况。其次，游戏为幼儿提供了一个安全、自由、愉悦的环境，游戏中幼儿的表现通常更加放松和自在，能够做到充分探索、自由表达、尽情互动，这就使得幼儿的个性特点和能力差异充分体现，而这正是教师观察和了解幼儿真实发展水平和兴趣需要的好时机。

【想一想】

乐乐为什么不练习

生活活动中，王老师让小一班幼儿学习如何解扣子。王老师注意到乐乐没有练习，而是在玩其他玩具，于是走到乐乐身边提出要帮助她，但发现乐乐对解扣子活动兴趣不高。下午在区域游戏活动中，王老师观察到乐乐在娃娃家玩，她扮演妈妈，在给布娃娃洗澡。王老师惊讶地发现乐乐能熟练地解开和扣上布娃娃衣服上的扣子。

问题：如果你是王老师，你会如何利用对乐乐的观察信息？

（二）科学指导幼儿的游戏

《幼儿园保育教育质量评估指南》中强调教师应“认真观察幼儿在各类活动中的行为表现并做必要记录，根据一段时间的持续观察，对幼儿的发展情况和需要做出客观全面的分析，提供有针对性地支持，不急于介入或干扰幼儿的活动。”观察是教师对幼儿游戏实施有效指导的保证，能够有效避免教师的主观臆断和猜测。在游戏中，幼儿会自觉运用感知、思维和想象来开展游戏，积极操作材料、探究问题以及与同伴互动。通过对幼儿的游戏行为进行观察、分析和评价，教师可以了解幼儿对于当前游戏活动的兴趣、已有的经验或问题。此外，幼儿游戏具有自由、自发和自主的本质特征，每名幼儿都是在自己的发展水平上根据自己的兴趣和需要来进行活动的，幼儿的个体差异在游戏中体现得最为淋漓尽致。因此，教师要想对幼儿游戏实施科学、有效的指导，就必须具备幼儿游戏的观察能力，透过幼儿游戏行为去洞悉幼儿的兴趣、需要和当前发展水平，进而创设或调整游戏环境，支持幼儿游戏的持续发展。

【想一想】

生日蛋糕来了

小班角色游戏区，几名幼儿各自玩弄着手里的玩具，显得无所事事。李老师见状，拿了一块白色泡沫板进入角色区，“咚咚咚”地敲门，并说：“有人在家吗？我是来送生日蛋糕的！”有了李老师的“生日蛋糕”，角色区的幼儿们顿时活跃了起来，开始张罗起宝宝的生日派对。

问题：你如何评价李老师的指导行为？说一说理由。

（三）合理制订游戏计划

《纲要》中要求教师能够“善于发现幼儿感兴趣的事物、游戏和偶发事件中所隐含的教育价值，把握时机，积极引导”。因此，可以说幼儿行为观察的目的不是传统意义上的评价幼儿，而是依据对幼儿行为的观察和分析来改进教师的保教工作，目的是为了更好地促进幼儿的发展。蒙台梭利曾说，唯有通过观察和分析，才能真正了解孩子内心的需要和个别差异，以决定如何协调环境并采取应有的态度来配合幼儿成长的需要。具体到游戏活动中，教师需要细致地观察、记录和分析评价幼儿的游戏行为，从幼儿对游戏材料的操作、与同伴的互动等行为中了解幼儿的游戏兴趣、游戏经验和游戏需要等，明确幼儿的“最近发展区”，并利用这些信息合理制订游戏计划，为幼儿规划下一步的学习和发展计划。例如，某几名幼儿在游戏中多次提及自己家中的宠物狗，交流着带宠物狗去看宠物医生的经验。那么，教师可以计划一个以“宠物医院”为主题的游戏，提供宠物狗、宠物猫以及宠物医院等相应的游戏材料，满足幼儿的游戏需求，丰富幼儿的游戏体验。

（四）有效提高游戏质量

《纲要》指出，幼儿园应以游戏为基本活动促进幼儿的全面发展。陈鹤琴也主张将游戏应用于教育，即“进行游戏性的教育，儿童既然喜欢游戏，我们就可以利用游戏来支配他们的动作，以此让他们养成习惯”①。游戏是幼儿学习和发展的重要途径，幼儿游戏的质量影响着他们在游戏中的收获，而幼儿游戏的质量很大程度是由教师提供的游戏环境和教师在游戏过程中的指导决定的。也就是说，尽管游戏是幼儿自发自愿的活动，但这并不意味着教师对幼儿游戏放任不管，作为教师有责任引领幼儿游戏质量的提升。因此，教师需要在游戏过程中有计划、细致地观察幼儿的游戏，探寻引发幼儿游戏行为的原因，思考制约幼儿游戏发展的因素，采取有效的教育策略及时调整游戏方案，助推幼儿游戏的发展，提高其游戏质量，以促进幼儿更好的发展。需要注意的是，在讨论幼儿游戏质量时，应该具备儿童视角，将幼儿作为评价的主体之一，关注幼儿在游戏中的状态。儿童视角与成人视角常常存在不一致的地方。比如成人常常认为幼儿的游戏很“乱”，并将之视作游戏常规不好、水平不高，但从儿童的角度来看，他们可能认为自己的游戏一点也不乱，即使乱了，最后他们也会收拾整理好的。成人以为的发呆、白日梦，可能是儿童在进行想象游戏、在做思想实验；成人以为的低水平重复，可能是儿童在重复中内化、小步递进地学习……

---

① 资料来源：孙红．让观察成为提升幼儿游戏水平的有效策略［J］．新课程（上），2016（11）．

【想一想】

建构游戏的指导

情境：开学初，中三班开展了建构游戏活动。王老师观察到，幼儿处于独自一人搭建或三三两两地在一起搭建的游戏阶段，游戏无目标，搭建结构比较松散凌乱，且搭建技能有限。

问题：如果你是王老师，你会如何引导幼儿开展建构游戏呢？

二、幼儿游戏活动的观察与分析要点

幼儿游戏活动的观察要点是指在观察幼儿的游戏活动时，教师应重点关注和记录的方面，以了解幼儿游戏发展的整体情况。通常来说，幼儿游戏活动的观察可以从幼儿游戏的主题与内容、对游戏材料的操作情况、游戏中的同伴交往、幼儿在游戏中的情绪状态以及游戏常规几个方面入手。

（一）幼儿游戏的主题与内容

幼儿游戏的主题与内容主要表现为幼儿游戏时是否有游戏主题，是否能围绕主题丰富游戏情节，以及拓展不同的游戏内容。幼儿游戏的主题与内容是幼儿的生活经验、兴趣及认知水平的反映。例如，喜欢恐龙的幼儿会更愿意参加以“恐龙”为主题的游戏，迷恋艾莎公主的女孩则会更热衷玩公主装扮游戏。通常来说，教师不需要对幼儿的游戏主题进行干涉，除非出现两种情况。第一，幼儿的主题不适宜。如果幼儿的游戏主题或内容过于暴力，甚至出现较严重的肢体冲突，那么教师需要及时制止幼儿，并与幼儿家长进行沟通，了解幼儿近期生活情况，以采取针对性措施。第二，幼儿的游戏主题长时间没有变化。随着幼儿生活经验的丰富和游戏水平的提高，哪怕是同样的游戏主题，游戏内容也会随着幼儿的年龄发展呈现出更加丰富的趋势。如果教师发现幼儿的游戏主题一成不变，且游戏行为持续单调重复，则需要考虑游戏的环境创设是否适宜，游戏的材料是否丰富，或者是游戏的设置是否合理等。

（二）幼儿对游戏材料的操作情况

幼儿对游戏材料的操作情况主要表现为幼儿是否倾向于选择某种游戏材料或者熟悉某种材料的操作，以及能否大胆地进行假想和替代。游戏材料是幼儿游戏中必不可少的关键物质基础，是幼儿表现游戏、发展游戏的重要物质基础，离开了游戏材料，幼儿游戏几乎难以进行。游戏材料不仅丰富了幼儿游戏的内容和形式，还可以激发出幼儿的游戏动机和游戏构思，引起幼儿的游戏联想和游戏行动。游戏材料的本质特性和多样多变性能激发幼儿在游戏活动中的各种探索行为。教师观察幼儿与游戏材料的互动可以了解幼儿游戏水平和游戏质量的高低，例如在角色游戏中，年龄较小的幼儿需要借助形象逼真的材料才能进行角色想象和扮演，而中大班幼儿可以对材料进行创造性想象，一根水管既可以拉直作为鱼竿，也可以卷起来做帽子。教师通过观察幼儿游戏，可以了解幼儿游戏的兴趣点和游戏水平，不断调整、生成新的游戏及材料，进一步引发幼儿的探索性行为。

（三）幼儿游戏中的同伴交往

幼儿游戏中的同伴交往主要表现为幼儿在游戏时与同伴交往的频率以及交往的程度。观察幼儿在游戏中与同伴的互动，可以了解幼儿的同伴关系、社交地位、社会交往经验与技能等多方面的发展。游戏中幼儿的同伴交往不仅反映了幼儿社会交往能力水平，也为幼儿的社会性发展提供了发展机会。在与同伴互动的游戏过程中，幼儿会遇到许多与社会交往相关的问题，如怎样加入他人的游戏，如何解决同伴冲突等，幼儿有着大量的机会去学习和实践不同的社会性交往技能，这有助于幼儿理解社会交往规则，摆脱思维的“自我中心性”，从而形成社会行为规范。此外，游戏为幼儿提供了一个情感“安全岛”，处于相对放松状态的幼儿有时会表现出不为人知的一面，例如教师发现平日里不爱说话的幼儿在游戏中主动邀请同伴共同游戏，并表现出一定的社交策略。

（四）幼儿的情绪状态

幼儿的情绪状态主要表现为幼儿在游戏时的情绪体验。游戏是愉快的，给幼儿带来积极的情绪体验，这种满足和快乐即是幼儿游戏的无限动力。幼儿游戏中的愉悦来自自由自在的舒适感，身体和感官活动需要的满足，好奇心、求知欲的满足，与同伴相处的喜悦，自己能把控、能胜任的满足感，以及解决问题、自我创造的成就感。教师观察幼儿在游戏中的情绪状态可以了解幼儿的游戏参与度与积极性，这也是判断幼儿是否满足于当前游戏的主要依据。如果幼儿游戏时表现出的积极情绪较多，说明幼儿对游戏的参与度较高，能够积极投入游戏中；如果幼儿在游戏中的表现为无所事事、被动消极，说明游戏的情节或其他方面不符合幼儿的兴趣和需要。当然，幼儿在游戏中并不是只有愉悦一种积极的情绪状态，而是会随着游戏进程、游戏内容变化而产生不同的情绪状态，如追逐游戏中的紧张、兴奋，棋类游戏中的严肃、认真，但这些情绪状态都属于积极主动的状态，而不是消极被动的状态。

（五）幼儿的游戏常规

游戏常规是幼儿园常规培养中的重要内容，影响着幼儿良好行为习惯的养成，也是幼儿规则意识的反映。随着年龄的增长，幼儿从关注自己到关注他人，逐渐形成规则意识，并且能够根据规则控制自己的行为。规则意识的发展有助于幼儿适应集体生活、促进其社会交往的发展，因此教师应该对幼儿在游戏中的常规行为进行观察，以此了解幼儿常规养成的情况，并采取适宜的教育策略引导幼儿理解和遵守游戏规则，养成爱护玩具、关心同伴，以及游戏结束后主动整理玩具材料的行为习惯。在游戏总结环节，教师可以邀请具有良好常规行为的幼儿分享经验，引导幼儿围绕游戏常规的一些问题进行思考与讨论，如“怎么收拾玩具可以又快又好？角色区一次最多能进几个小朋友？”教师还可以鼓励幼儿以绘画的方式将商讨出来的常规绘制出来，并张贴在相应的游戏区，以提高幼儿在游戏过程中的常规意识。

需要说明的是，幼儿游戏类型丰富，特点也各有不同，因此在对不同类型的游戏进行观察时，还可以根据不同游戏的特点及对幼儿发展的意义来确定各类游戏具体的观察要点，具体可以参考本单元的游戏案例分析。此外，《上海市学前教育课程指南（试行）》从表征行为、构造行为、合作行为和规则行为明确了幼儿游戏行为的观察要点并给出了发展提示（表 4-1），这可以作为幼儿游戏观察时的参考。

表 4-1　**游戏观察要点及发展提示**

	观察要点	发展提示
表征行为	能否清楚地分辨自我和角色、真和假的区别	自我意识
	出现哪些主题和情节	社会经验范围
	动机出自物的诱惑、模仿、意愿	行为的主动性
	行为仅仅指向物还是指向其他角色	社会交往、语言表达
	行为指向哪些相对应的角色	社会关系认知
	行为与角色原型的行为、职责的一致性程度	社会角色认知
	同一主题情节的复杂性和持久性	行为的目的性
	行为是以物品为主还是以角色关系为主	认知风格
	是否使用替代物进行表征	表征思维的出现
	同一情节中是否使用多物替代	想象力
	替代物与原型之间的相似程度	思维的抽象性

续表

	观察要点	发展提示
表征行为	用同一物品进行多种替代	思维的变通和灵活
	用不同物品进行同一替代	思维的变通和灵活
	对物品进行简单改变后再用以替代	创造性想象
构造行为	对结构材料拼搭接插的准确性和牢固性	精细动作、眼手协调
	对造型是先做后想，还是边做边想，或先想好了再做	行为地有意性
	构造哪些作品	生活经验
	是否按一定顺序对材料的性状、颜色有选择地进行构造	逻辑经验
	注重构造过程还是不同程度地追求构造结果	行为地目的性
	是否会用多种不同材料搭配构造	创造性想象力
	构造作品外形的相似性	表现力
	构造作品的复杂性	想象的丰富性
	是否能够探索和发现材料特性并解决构造中的难题	新经验与思维变通
合作行为	独自游戏、平行游戏、合作游戏	群体意识
	更多主动与人沟通还是被动沟通	交往的主动性
	更多指示别人还是跟从他人	独立性
	是否会采用协商的办法处理玩伴关系	交往机制
	是否会同情、关心他人和取得他人的同情和关心	情感能力
	交往合作中的沟通语言	语言与情感的表达与理解
	是否善于调整自己的行为以适应他人	自我意识
规则行为	是否能爱惜物品、坚持整理玩具、物归原处等	行为习惯
	是否使用一定规则解决玩伴纠纷	公正意识
	是否喜欢规则游戏	竞赛意识
	是否自觉遵守游戏规则	规则意识
	是否创作游戏规则	自律和责任
	游戏规则的复杂性	逻辑思维

三、幼儿游戏活动的指导要点

教师的指导对促进幼儿游戏的发展有着重要的价值和意义，但教师的游戏指导是一个复杂的决策过程，是教师综合教育能力的体现。在介入幼儿游戏开展指导前，教师需要思考介入的必要性、介入的时机以及介入的策略三个关键问题。

（一）以观察为依据，确定指导的必要性

通过对幼儿游戏活动的观察，教师需要对幼儿行为的意义做出判断，以确定指导的必要性和针对性。教师需要对幼儿的游戏行为进行细致的观察，做出正确分析与评价，再考虑是否需要介入指导，以免对幼儿游戏的自主性造成阻碍。例如，安吉游戏提出“闭上嘴，管住手，睁大眼，竖起耳”的工作方针，要求所有保教人员必须放手游戏，禁止未经观察就随便指导。教师可以在介入指导前思考：第一，幼儿在做什么？第二，我的指导会影响或打断幼儿的游戏吗？会不会抑制他们的独立探索？会丰富幼儿的游戏经验和学习吗？第三，如果我不介入指导，又会怎么样？第四，指导和不指导的利弊关系如何？例如，小班王老师发现“运输工人”磊磊累得满头大汗也没停下，就以“运输厂长”的身份告诉他：“今天上午的货物运完了，你可以去吃午餐休息了哦。下午还有一些货物要运输呢。”王老师介入磊磊的游戏，是考虑到小班幼儿自我调节活动的能力较差，长时间从事某一活动容易疲劳，因此以角色身份提醒磊磊休息，介入指导的理由比较合理。王老师考虑到磊磊可能还想继续玩“运输”游戏，因此给磊磊安排了“午餐休息”，并告知“下午还有货物要运输”，保留了幼儿游戏延续的可能性。

【想一想】

祭奠游戏

娃娃家里，装扮爸爸的雷洛对扮演妈妈的诗诗说：“我假装死了，你们看到我死了，就大声地哭。”说完，雷洛躺在床上一动不动，诗诗一边假哭，一边叫着：“你不要死呀，你不要死呀！”诗诗的“哭声”吸引了其他幼儿都来看“死人”，有的幼儿还跪在地上磕头。

幼儿异常的行为引起了李老师的注意，她走了过来，假装听了听雷洛的胸口，大声说：“还没死，还有呼吸，快抢救！”旁边的几位幼儿一听要救人，有的打电话，有的拿药水，有的抬来“担架”，还有的开来“救护车”。扮演医生的小俊拿着药箱跑了过来说：“准备抢救！准备抢救！”于是，幼儿又玩起了“救人”游戏。

问题：你觉得教师的介入是否必要？说一说理由。

（二）确定游戏指导的时机

要想指导适当、效果良好，教师还必须考虑介入幼儿游戏的时机。在指导幼儿游戏

时，教师不能按照自己的想法随时介入。教师要学会等待，不要急于用自己的想法与标准去要求幼儿，不要代替幼儿的探索、思考与创造。指导幼儿游戏的最终目的是激发幼儿积极主动地探索和解决问题，而不是代替幼儿的独立思考和探索。通常来说，当幼儿游戏中出现下列五种情形时，教师可以介入幼儿游戏：

第一，幼儿并未投入当前游戏。比如，娃娃家扮演“爸爸”的幼儿无所事事。

第二，幼儿主动寻求教师帮助。教师需要对幼儿的求助给予回应，了解幼儿游戏的状况，并给予适当指导，但并不是直接解决困难。

第三，幼儿难以将游戏情节延续下去。比如，幼儿进行想象或虚构游戏时，一直重复自己玩过的情节，这时教师的介入可以促进游戏继续开展，游戏情节获得进一步拓展。

第四，幼儿和同伴互动产生严重冲突。冲突是普遍存在与幼儿同伴交往中的互动行为，对幼儿的社会性发展具有积极意义。但如果幼儿与同伴发生较为严重的肢体冲突，教师就需要及时介入干预了。

第五，幼儿游戏行为或游戏材料有安全隐患。比如，小班幼儿的游戏中时常会发生把假想的食物真的放入口中吮吸或咀嚼一下，这时教师的介入就是必要和适宜的。

（三）选择适宜的指导策略

指导策略直接影响着教师对幼儿游戏的指导效果。游戏的指导策略应该与幼儿的年龄特征、发展水平，以及游戏类型相适宜，还应随着幼儿游戏发展的阶段而变化。幼儿园常用的游戏指导策略有以下三种：

1. 参与式介入策略

这种策略是以教师作为媒介，在幼儿的游戏活动中对其进行指导。具体方法有平行式介入法、交叉式介入法两种方法。平行式介入法指教师在幼儿附近，和幼儿玩相同或不同材料的游戏，目的在于引导幼儿模仿。教师起着暗示指导的作用，这种指导是隐性的。当幼儿对教师新提供的材料不感兴趣或不会玩，可用这种方式介入进行指导。例如，教师观察到幼儿搭建“桥”时总是失败，可以在幼儿旁边以同样的材料玩“造桥”游戏，为幼儿提供示范。交叉式介入法是指当教师认为有指导的必要时，以角色的身份参与游戏，以游戏情节需要的动作、语言来引导儿童游戏的发展。例如，教师以“交警”身份处理两名“司机”的“撞车”事故。

2. 材料指引法

教师除了以自身为媒介对幼儿游戏进行指导之外，还可以通过提供、增加或改变游戏设备与材料的方式来影响幼儿，引发游戏的兴趣，促进游戏的延续和提升。例如，娃娃家里，几个幼儿都想抱娃娃睡觉，王老师走进来，把一块塑料泡沫放到娃娃家，一个幼儿看到了说：“我去给娃娃做生日蛋糕，我们给娃娃过生日吧！”于是孩子们忙了起来。

3. 语言指引

教师通过语言来对幼儿游戏进行直接或间接的指导，从而改变幼儿的游戏行为。按照教师说话的方式，可将语言指引分为以下几种类型。

第一，询问式。通常是教师询问幼儿游戏中发生的事情，鼓励幼儿用自己的语言描述和表达，以了解幼儿游戏的状况。教师也可以帮助幼儿梳理游戏活动中遇到的问题。比如，“这是怎么回事？为什么这样？接下来怎么办？”

第二，邀请式。“你可以和我一起……吗？”教师直接发出邀请，引导幼儿的游戏行为。

第三，建议式。通常是在幼儿游戏需要解决问题，或是需要开拓新的思路的时候，教师用语言与幼儿进行协商。比如，“刚才乐乐是这样做的，你们要不要试试？”

第四，角色式。教师以游戏中角色的身份介入幼儿游戏，例如“我是医生，是谁生病了？”

第五，澄清式。幼儿在游戏过程中会有一些经验混淆的现象，例如扮演交警的幼儿去抓小偷，这时教师可以采用澄清式的语言“交警可以去抓小偷吗？”帮助幼儿反思角色行为是否恰当。

第六，鼓励式。当教师在游戏中发现幼儿表现出创造性或坚持完成某件事的时候，可以采用鼓励的句式，如“你自己解决了……问题，真棒！”来激励幼儿。

第七，指令式。一般是在幼儿出现危险行为或严重的攻击性行为时使用，如“请停下！不能这样！”

4. 非言语指引

除了言语的方法以外，教师也要充分利用自己的表情、眼神、手势、动作、身体运动的方向等非言语手段，来引导幼儿在游戏过程中的学习。在幼儿的游戏过程中，教师应当根据实际情况，灵活和综合地运用言语和非言语的方法。当幼儿经过努力完成拼图后，教师可以竖起大拇指表示欣赏和肯定，也可以给予评论，如“经过了那么多次努力你终于找到了拼拼图的方法，你一定非常高兴。看来你把同样的颜色放在一起好像很有用啊！”

【资源链接】

做头饰

老师让幼儿做头饰，做好了可以戴到头上玩。班里有个小女孩，是全班最小的。她按照纸带上现成的印子粘好头饰后，戴到头上，发现头饰太大了，一下子滑倒脖子上。这时，她看着别的孩子已经戴着头饰玩起来了，显得很着急。她用眼睛看着老师，希望得到老师的帮助。但是老师没有走过来，只是远远地看着她，对她笑着点点头。老师的动作和表情使女孩明白老师不会过来帮她做，老师希望她自己解决。

女孩低下头继续摆弄头饰，她不时地抬头看一眼老师，老师每次都报以微笑。老师的关注使女孩坚持探索。她尝试着用各种办法使头饰适合自己，摆弄了许久，还是没有找到解决问题的办法，小脸憋得通红。她又求助般地看着老师。这时，老师在远处用手对她做了一个“折叠”的动作，小姑娘马上明白了，她把头饰的带子折叠了一小段，弄短了，高兴地把它戴在了头上。老师在远处朝小女孩笑着点点头。

资料来源：刘焱．儿童游戏通论［M］．北京：北京师范大学出版社，2014.

【想一想】

生娃的男孩

角色扮演区，一名男孩把玩偶塞在衣服里面，肚子变得鼓鼓的，然后他抱着肚子假装很疼的样子，还咧着嘴喊道：“哎哟，哎哟，我的肚子好痛啊，我要到医院生宝宝了。”

问题：教师应如何回应这名男孩的游戏行为？

第二课

幼儿建构游戏的观察案例与评析

建构游戏是指幼儿按照自己的兴趣与需要利用不同的结构玩具或结构材料进行构建，反映周围生活的一种游戏。结构性游戏材料非常广泛，既包括积木、积塑、金属材料等专门的结构游戏材料，也包括沙、土、水、雪等自然材料，还包括易拉罐、饮料瓶等废旧物品。

一、幼儿建构游戏的观察记录

对于幼儿建构游戏的观察，可以运用日记描述法、轶事记录法、时间取样法、行为检核法及等级评定法等来进行记录，具体观察方法的选择应当结合观察目标和观察对象特点，也可以综合使用两种观察方法。例如，表 4-2 是可用于建构游戏的一份行为检核表。

表 4-2　　建构游戏的行为检核表

维度	项目	是	备注
选择积木	不同大小 3 种以上		
	不同性质 3 种以上		
使用积木数量	多		
	一般		
	少		
建构类型	自由建构		
	模拟建构		
	主题建构		
建构技能	搬运、拨弄		
	叠高、平铺		
	围合、架空、加盖		
	对称、模式		

续表

维度	项目	是	备注
建构计划	先建构后思考		
	边建构边思考		
	先思考后建构		
社会互动	单独游戏		
	平行游戏		
	联合游戏		
	合作游戏		
持续时间	少于 5 分钟		
	5~15 分钟		
	15 分钟以上		

此外，在对幼儿建构游戏进行观察记录时，应注意以下问题：

第一，在同一情境下多次观察幼儿的行为，只有这样才能反映幼儿真实的游戏兴趣和能力。

第二，为幼儿提供种类多样的建构游戏材料。游戏材料的种类不够丰富也有可能影响幼儿的游戏行为，有时幼儿未表现出某种游戏行为可能与缺乏相应的游戏材料有关。

第三，观察时可以辅之以聆听和谈话。在观察幼儿建构游戏时，不仅应当“观其行”，还应当“听其声”，注意倾听幼儿在游戏时说了什么。在幼儿没有说话，但又不能确定幼儿在做什么的情况下，可以通过适当的提问来帮助了解和确定幼儿的游戏内容。

以下是运用轶事记录法对两名幼儿的建构游戏行为进行的观察记录。

【案例 1】玩积木的小美和锐锐（1）

观察日期：2019 年 3 月 16 日			编号：05
幼儿姓名：小美	性　别：女	年　龄：3 岁	
幼儿姓名：锐锐	性　别：男	年　龄：3 岁 2 个月	
开始时间：11:05	结束时间：11:20		
观察地点：教室	观 察 者：秦老师		
观察目标：观察幼儿的积木游戏行为			

续表

观察记录
小班建构区，小美和锐锐都在玩积木。小美从积木筐中取出大大小小的积木，把它们首尾相接沿着桌子边一字铺开。当长长的一列积木在桌面排不下时，小美沿着桌角转个弯，继续把剩下的积木平铺开来。就这样，当小美用积木把桌子的四条边差不多都排满，围了一圈时，筐里的积木也刚好用完。 锐锐在小美的邻桌玩积木，他将积木纵向叠高，叠加成了一座高高的积木塔，共有 12 层。他扭过头来问小美：“高吗？我搭的是大厦哦！”小美没有回应，锐锐继续看着自己的作品，想了想，又在积木塔周围平铺了一些积木，指着这些积木说：“广场！”

二、幼儿建构游戏的观察分析

在建构游戏的过程中，幼儿需要综合运用其动手操作能力、空间思维能力、想象力、观察力等。构建游戏中最核心的行为是搭建行为和象征性行为。在幼儿建构游戏中，教师除了观察幼儿的搭建行为和象征性行为，幼儿在游戏过程中如何与同伴互动、合作，也是观察内容之一。

（一）幼儿的搭建行为

搭建行为是幼儿建构游戏进行的关键，其发展水平由简单到复杂。年幼儿童在看到建构材料时，比如积木，更倾向于运用自己的感官去探索，他们会拨弄、敲打、啃咬积木，把积木装进盒子里再倒出来。这一阶段儿童并未表现出建构行为。2 岁左右，儿童开始表现出明显的建构行为。积木游戏是建构游戏的典型代表，接下来以积木游戏来说明建构游戏的几种主要搭建行为。

1. 堆高与平铺

堆高和平铺是幼儿早期建构游戏的常用技能。堆高是指幼儿将建构材料首位相接，进行纵向延伸。平铺是指幼儿将建构材料首尾相接，进行水平方向的延伸。可参考图 4-1、图 4-2。

2. 围合

围合是指幼儿将积木连接在一起，组成一个闭合结构。围合的形状、大小都可能不一样，但都是闭合的结构。掌握了围合的搭建技能，幼儿的建构游戏逐渐变得丰富、复杂起来，如在包围起来的空间中放一个娃娃或动物模型，代表这是娃娃或动物的家。可参考图 4-3、图 4-4。

图 4-1　堆高与平铺（1）

图 4-2　堆高与平铺（2）

图 4-3　围合（1）

图 4-4　围合（2）

3. 架空与加盖

架空是指幼儿将两块积木拉开一定距离垂直放置，并将第三块积木水平搭建在两块积木之上。架空需要幼儿协调两块垂直放置积木的距离和水平放置积木的长度，可谓是幼儿搭建行为质的飞跃。加盖则是指在架空的基础上，为自己的积木作品进行盖顶。可参考图 4-5、图 4-6。

4. 连接

连接通常是在幼儿建构一些较为复杂的作品时出现，分为顺次连接、交叉连接、转向连接、斜式连接。顺次连接是指两段积木首尾依次相连；交叉连接一般出现在搭建道路或者十字路口时；转向连接多出现在道路拐弯或建筑物的连接处；斜式连接多出现在高度有变化时。可参考图 4-7、图 4-8。

图 4-5　架空与加盖（1）

图 4-6　架空与加盖（2）

图 4-7　连接（1）

图 4-8　连接（2）

5. 穿过

穿过是指建构作品中某两个作品没有实际接触点，但在空间中存在交叉关系，例如高高的桥下有一段穿桥而过的马路。可参考图 4-9、图 4-10。

图 4-9　穿过（1）

图 4-10　穿过（2）

6. 组合与模式

组合是指幼儿在搭建时，整合堆高、平铺、围合、架空等技能来表征事物。模式是指幼儿在进行建构时，重复出现稳定、对称的结构。模式是对一组事物之中的各个元素之间的结构关系的觉察和认知。例如，幼儿在一块红积木之后接着放两块黄色积木，然后重复这种颜色组合。在建构活动中，模式这一搭建行为标志着幼儿对事物之间关系，如相同或相似性的发现。可参考图 4-11、图 4-12。

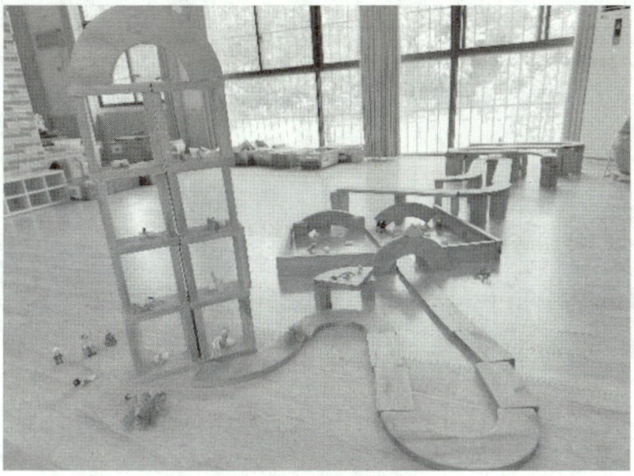

图 4-11　组合与模式（1）

图 4-12　组合与模式（2）

总体来说，幼儿搭建行为的丰富性和复杂性会随着年龄的增长而有所发展，不同年龄班搭建行为的复杂性、目的性表现以及建构作品水平的比较可以参考表 4-3。

表 4-3　**不同年龄班搭建行为特点的比较**

年龄班	搭建行为的复杂性	搭建的目的性	建构作品水平
小班	搭建行为处于初级阶段，多为单一搭建行为，如堆高、平铺、围合等。小班后期会出现较为复杂的搭建行为	目的性不强，缺乏明确的设计和规划，往往是看到搭建作品像什么就命名为相应的事物名称。在教师的指导下，会初步建立搭建的目的	建构作品很简单，不高、规模小、不美观、缺乏设计感，运用了较少的科学、数学、审美等知识
中班	复杂程度有较大提升，运用了多种搭建行为，多种单一行为组合成模式，搭建出各种复杂的建筑物	目的性增强，搭建之前会有一些考虑和设想，并且试图围绕目标去努力，但是对搭建过程中的细节和问题往往意识不到，且常常会忘记搭建的目标	建筑物开始复杂起来，规模增大，但往往不够美观，缺乏设计感，运用了一些单一的科学、数学、审美等知识

续表

年龄班	搭建行为的复杂性	搭建的目的性	建构作品水平
大班	搭建行为更加复杂，各种搭建行为频繁出现，并且进行复杂的组合，成为各种模式。搭建的作品开始规整和有特定的结构，往往呈现出一组建筑的特点	搭建之前往往都有明确的想法和计划，能够按照自己的计划去努力，搭建出自己计划的作品，能够关注到细节和问题，并且随时调整作品的结构	建构作品十分复杂，规模很大、美观性增强，有很强的设计感，运用了多种科学、数学、审美等知识

（二）幼儿的象征性行为

建构游戏中的象征性行为，是指幼儿运用想象，利用积木、搭建物、辅助材料、自身的语言、表情及动作等，来表现和创造建构内容的行为。随着幼儿认知能力的发展，建构游戏中的象征性行为表现出以下三个阶段。象征性行为给幼儿的建构活动创设了丰富的情景，如各种有趣的故事、情节、人物、事物以及它们之间的关系，支持着幼儿进行各种想象、创造、分享、交流、交往等活动。

1. 简单的象征

该阶段的幼儿满足于直接用积木或简单建构的形象进行象征活动，往往是将自己的身体与积木融为一体，通过动作和语言表达象征物。例如，幼儿拿着一块长方形积木在地上推着走，说是一辆“轰隆隆”的火车。而且，此时幼儿的象征性行为多发生在搭建行为之后，且多在成人的提问后引发。

2. 复杂的象征

该阶段幼儿能够将自己的身体和积木及象征物区分开来，开始利用建构作品进行表征活动，要求尽可能逼真，还原和模拟真实的事物或情景，幼儿建构作品中出现较多细节。如图 4-13 所示，这是中班幼儿搭建的餐馆，幼儿解释说，从门口进入，左侧是长桌和椅子，右侧是一个配料台。在该阶段，幼儿还会进一步借助逼真的搭建物或辅助材料玩复杂的角色扮演游戏，自己扮演或指挥他人扮演，通过角色扮演表征不同角色之间的相互关系，情节丰富。

3. 集体的象征

这一阶段幼儿的象征性行为更为复杂，不同幼儿的“象征物”或“表征行为”发生了相互联系，产生了一致认可的“集体象征物和象征行为”，开始进行合作搭建。幼儿最初所建构的“象征物”往往只对他自己来说是有意义的，是一种“个人的象征”。随着幼儿合作建构游戏经验的丰富，幼儿开始逐渐学习运用一些其他人也能理解的象征

图 4-13　餐馆

方式，并且能就这些象征的形式和意义与其他幼儿进行讨论和协商。于是，在幼儿的建构游戏中，象征就具有了可以交流的意义并转变为“集体的象征”。不同年龄班幼儿象征性行为发展特点的比较可以参考表 4-4。

【资源链接】

山　洞

雷雷在自己搭建好的“铁路”上开火车。强强在雷雷的“铁道”旁竖立起了一些单元积木。当雷雷的“火车”要经过这段铁轨时，强强说：“等一下，这是山洞，它还没完工呢。我要把它弄暗了。”强强把一块看起来较长的积木放在竖立着的积木的顶上。但是，积木还是太短了。强强马上意识到了这一点，又拿了一块更长的积木放了上去。在一旁观看的雷雷说：“不对，你还必须把它弄得高一点，这样火车才能开进去。”强强接受了这个建议。他们一起把“山洞”搭得更高一些，还加上了顶盖。

资料来源：刘焱. 儿童游戏通论［M］. 北京：北京师范大学出版社，2014.

表 4-4　　不同年龄班象征性行为特点的比较

年龄班	象征性行为的类型	主题的复杂程度
小班	搭建过程中，经常会出现简单的象征，自我和积木常常难以区分，共同进行象征。在提供辅材和介入指导之后，开始出现复杂的象征，如有目的地给小动物搭建“家”	主题类型单一，往往是在成人建议下确定主题，大部分为动物园、房子等他们比较熟悉的内容，而且在逼真性上要求不高，只要搭出来就行，不管像不像
中班	中班幼儿出现大量的象征性行为，各种象征均有出现，复杂的象征增多，但仍处于较低水平。中班幼儿会利用搭建的作品玩各种各样的象征性游戏，同时伴随大量的角色语言。象征性行为和搭建活动往往是同时进行，“边搭边玩”，甚至是“玩够了再搭”	主题开始丰富和多样化，开始搭建动物园、各种各样的房子、立交桥、体育馆等，逼真性的要求进一步提高
大班	各种形式的象征均有出现，以复杂的象征和集体象征为主。对逼真的要求很高，试图搭得“很像”，也会“边搭边玩”，但是前期搭建行为很明显，往往是“搭好了才玩”	主题更加复杂和多样化，基本上能想到的都愿意积极尝试搭建，如长城、飞机场、火车站、超市等，并且为了把作品搭成功，思考各种各样的办法

（三）幼儿的社会性交往行为

社会性交往行为是指幼儿在建构游戏的过程中所表现出来的与同伴交流和互动的行为。教师可以从交往的性质和交往的类型两个方面观察幼儿建构游戏中的交往行为。

1. 社会交往行为的性质

具体而言，社会交往行为的性质是指幼儿在与同伴交流、互动的过程中，其行为是积极、正向的交往行为，还是消极、负向的交往行为。例如，幼儿能够和同伴和平共处，能在一定程度上关注到他人的情感和需要，能够遵守一定规则，这就是积极、正向的行为。反之，幼儿与同伴经常有冲突发生，缺乏规则，很少关注到他人的情感和需求，即为消极、负向的交往行为。

2. 社会交往行为的类型

幼儿在建构游戏中的社会交往行为类型，可以参考帕顿的儿童游戏行为六水平来进行观察。

第一种是无所事事。幼儿并没有在搭建什么，只是看看或是到处晃悠。各年龄段幼儿均有可能出现，与幼儿游戏兴趣或教师投放游戏材料有关。

第二种是旁观。幼儿大部分时间都在观看旁边的同伴搭建，偶尔会有问答行为。各年龄段幼儿均有出现，与幼儿的个性特点有关。

第三种是独自游戏。幼儿自己搭建，不关心同伴的行为。以小班幼儿常见，但其他年龄班幼儿也偶有出现，与幼儿的兴趣和个性特点有关。

第四种是平行游戏。幼儿之间搭建的作品类似，距离很近，偶尔会有交谈，但是互不干扰。以小班幼儿常见，但其他年龄班幼儿也偶有出现，与幼儿的兴趣和个性特点有关。

第五种是联合游戏。幼儿与同伴一起搭建，有交谈，有时还会相互借建构材料，但不会围绕同一个目标分工搭建，很少出现商量行为。以中班幼儿常见，但大班幼儿如果缺乏明确的目标，也会呈现出此种游戏形式。

第六种是合作游戏。幼儿与同伴围绕一个共同的目标一起搭建，互相商量，有明确的分工和组织。以大班幼儿较为常见。

不同年龄班幼儿社会交往行为特点的比较可以参考表 4-5。

表 4-5　　**不同年龄班社会交往行为特点的比较**

年龄班	社会交往程度
小班	独自游戏、平行游戏和联合游戏交织出现，大量表现为平行游戏，基本没有目的明确、分工明确、相互协商的合作游戏
中班	平行游戏仍然会出现，大量表现为联合游戏，出现合作游戏的萌芽，能够围绕一个共同的目的开展搭建，并且伴随协商的行为，但是持续性较差，合作难以坚持
大班	合作游戏大量增加，幼儿会主动一起商量如何搭建，谁来搭建哪个部分，用到什么样的建构材料，而且这种协商和分工行为能够在整个过程中延续，直到搭建活动完成

结合上述要点，小美和锐锐的建构游戏行为分析如下：

【案例 1】玩积木的小美和锐锐（2）

分析评价

从游戏的建构行为来看，小美主要使用了平铺的搭建技能，锐锐主要使用了堆高的搭建技能，两名幼儿表现出的建构技能都比较简单。通常来说，小班幼儿建构技能水平较低，两名幼儿的建构行为较为符合其年龄特点。

从游戏的象征性行为来看，小美没有明显的象征性行为，其游戏兴趣更多是对于积木的摆放和操作；锐锐对自己的建构作品有“大厦”的命名行为，说明锐锐已经开始具备利用搭建物进行初级表征的能力。

从游戏中的社会性交往行为来看，小美和锐锐都处在独自游戏和平行游戏阶段，在游戏中几乎没有交流，互动很少。游戏中锐锐问小美自己的搭建“高吗”，反映出锐锐在结构性游戏中体验到成就感，也渴望得到别人的肯定。小美没有回应，说明她对同伴的建构作品并不关心，只关注自己的游戏。

从建构的目的性和计划性来看，小美一直沿着桌子边沿平铺积木，没有表现出明显的计划性。锐锐在建好了“大厦”之后又搭建了一个“广场”，反映出锐锐搭建行为具有一定的目的性和计划性。

【练一练】

搭凉棚

这是在自由游戏时间里，大班幼儿合作搭建“凉棚”的游戏视频。

任务：请根据建构游戏观察分析要点，分析幼儿的建构游戏行为。

（扫码看视频：4-1 搭凉棚）

视频来源：广西卫生健康委员会幼儿园李镇鸿老师

三、幼儿建构游戏的观察指导

教师首先应该对幼儿建构游戏行为进行细致观察，发现幼儿的游戏经验、游戏兴趣以及个性需求，在观察分析幼儿建构游戏行为的基础上，通过调整幼儿园的游戏环境、提高幼儿的建构技能、丰富幼儿的建构相关表象经验以及加强建构游戏过程中的指导来促进幼儿建构游戏水平的发展。

（一）创设适宜的游戏环境

幼儿建构游戏的开展需教师在时间、场地和材料上提供必要的支持。首先，教师应在幼儿一日生活中合理安排建构游戏时间，鼓励幼儿在自由游戏时间开展建构游戏。尤其是幼儿开展建构游戏时，教师应保证其有充足的时间，可以在建构区留出“展示区”和“未完成区”。对于一些较大型的主题搭建，“未完成区”可以让幼儿在一段时间内开展持续性的搭建活动。其次，教师需要为幼儿的建构游戏提供合适的场地。对小型材料、单一主题的建构游戏可提供固定的桌面、地面，对大型建筑、综合主题建构游戏可提供较固定、宽敞的场所。再次，教师要为幼儿提供丰富多样的建构材料。建构材料的投放既要符合幼儿的年龄特点和游戏需要，又要照顾到不同幼儿的能力差异。例如，对于小班幼儿，可以提供一些体积大、重量轻、形状简单、色彩鲜艳的建构材料；对于中班幼儿，可以提供多样的建构材料，如积木、积塑、金属玩具、穿编玩具、泥塑等材料，规格可以是大、中、小型建构材料的组合；对于大班幼儿，他们已经不满足于常规的建构游戏玩具，应为他们多提供一些新颖、富有挑战性的建构材料，提供建构模型和建构图纸也是非常必要的。此外，教师还应指导幼儿充分利用自然物和废旧物进行建构。例如，可以指导幼儿用纸箱子、橡皮泥等废旧材料自己动手制作成需要的游戏材料。最后，教师在创设游戏环境时，还应考虑游戏材料整理收纳的便利性。由于建构游戏材料有着品种多、结构零散的特点，教师需要准备合适的收纳箱，放在适合幼儿拿取的位置，并引导幼儿游戏结束后学习分类收拾、整理建构材料和辅助材料。游戏材料的收纳可以参考安吉游戏的“看得见，拿得到，放得回”三原则。

【资源链接】

安吉游戏的材料收纳三原则

幼儿在自主收纳、整理游戏材料的过程中可以获得更多的学习机会，因此，科学、合理的收纳方式可以解放老师，还能促进幼儿的全方面发展。

“看得见”是指游戏材料的摆放要考虑到幼儿的身心发展特点，比如材料不易放得过高，让幼儿能够看得见，在幼儿的视线范围内。如果游戏材料摆放得不明显，或者是教师收纳时放得过高，幼儿拿取时不仅没法保持秩序，还容易发生意外。

“拿得到”是指存放游戏材料的收纳设施要符合幼儿的身高，收纳架的高度与深度都要符合幼儿的身体特点，方便幼儿对游戏材料的拿取与整理。

“放得回”是指收纳设施与材料的对应关系，清晰的标志有助于引导幼儿顺利地将材料进行分类归位，提高收纳率。如果教师没有将标志贴在幼儿可以看到的位置，幼儿在收纳游戏材料时就容易出现混乱现象，甚至导致危险出现。

资料来源：程学琴. 游戏材料设置的安吉实践［J］. 幼儿教育，2021（13）.

（二）提高幼儿的搭建技能

掌握一定的建构知识与技能，是顺利建构的保证。幼儿建构的知识技能水平，往往影响着游戏内容的扩展和游戏水平的提高。幼儿建构游戏的基本知识和技能主要包括四个方面：第一，识别材料的能力。能认识各种建构材料，如木质的、塑料的、金属的，懂得它们的作用、性能。第二，操作的技能。会运用排列与组合、插接与镶嵌、串套与编织、粘合、旋转螺丝等建构方法构成物体；会灵活选用结构元件和辅助材料表现物体的基本特征，如会用小纸做成彩旗布置轮船等；会根据实物和平面图进行建构游戏。第三，设计构思的能力。能设计结构方案，按计划有目的、有步骤地进行建构活动，并能在实践中修改、补充方案，如用积塑拼插出鳄鱼，知道要用什么形状、颜色的材料，怎样组合等。第四，分工合作的能力。能在集体建构活动中分工合作，建构较复杂的建筑物。

此外，搭建技能的指导需要结合幼儿年龄特点和游戏水平来开展。对于小班幼儿，教师可以用游戏口吻示范讲解建构技能或以游戏伙伴的身份指导幼儿掌握建构技能，并注意由浅入深、循序渐进。例如，对于搭建火车，教师对幼儿说：“我们一起来造一列火车好吗？我拿一块长方形的积木做车厢，你拿一块圆形的积木做轮子……”对于中、大班幼儿，教师要重点帮助他们学会看建构图纸并鼓励他们大胆尝试、探索新的建构技能。教师要在观察了解幼儿原有技能水平的基础上进行有针对性的引导和点拨。

（三）丰富幼儿的表象储备

幼儿建构游戏的水平与其生活经验的积累以及对周围事物感知印象的深刻程度有密切关系。幼儿只有对周围生活中的物体和建构有丰富深刻的印象，才能主动积极并创造性地开展建构活动。首先，教师要有意识地引导幼儿观察日常生活中各种不同的物体和建筑物的形状、颜色、结构以及空间位置关系，丰富幼儿头脑中的造型表象，为后续建构活动中的想象和创造打下基础。除直接的实地观察之外，教师还可以通过图书、模型、视频等手段丰富幼儿有关建筑物的表象储备，例如幼儿可以通过视频观看土楼建筑。其次，教师需要指导幼儿分析建筑的结构特征，引导幼儿说出物体各部分的形状、名称，掌握各部分结构物的组合关系。例如，引导幼儿观察风雨桥时，教师可以引导幼儿有顺序地观察房顶的样式、长廊的形状、桥墩的位置等，然后引导幼儿观察各部分的整体结构，最后概括出风雨桥的基本特征。

在引导幼儿观察建筑物时，教师还应注意启发和鼓励幼儿发挥想象，在掌握建筑物基本特征的基础上进行改变和创新。例如，幼儿了解了公园通常包括亭子、桥、房子等基本建筑物后，教师可以引导幼儿通过改变其中某一建筑物的造型或者是利用不同的建筑物的组合来改变公园的建构。教师也可以在幼儿建构前，启发幼儿思考并做好计划，如提问幼儿："你搭的桥是什么样的？跟幼儿园的小曲桥有什么不一样呢？"

【练一练】

坤坤的积木游戏

观察记录：坤坤在桌子上玩积木，他先把各种形状的积木从箱子里拿出来，随意地摆在桌子上。然后，他盯着这些积木，并没有下一步的动作。我上前提醒他，可以开始搭积木了，坤坤叹了口气说："老师，我不会。"我让他看一下旁边的小朋友是如何搭积木的，坤坤看了一会儿，开始把积木一个一个地叠在一起。坤坤把四五个积木纵向叠高后，就没有其他搭建行为了。

任务：请分析坤坤的搭建行为，并说一说你的支持策略。

（四）加强游戏中的观察与指导

创设适宜的游戏环境、提高幼儿的搭建技能以及丰富幼儿的表象储备很大程度上是在幼儿开展建构游戏前进行的。在幼儿进行建构游戏的过程中，教师还应加强对幼儿行为的观察与指导。首先，教师可通过观察、询问，了解幼儿的建构意图，在此基础上做好环境或材料的支持，鼓励和帮助幼儿实现其建构意图。对于中大班幼儿，教师可以引导幼儿做好建构前的计划，鼓励幼儿以小组开展建构。其次，教师需结合幼儿的游戏水平和个性特点，开展针对性指导。幼儿的建构游戏水平发展不一，能力强的幼儿能有目的、有计划地构思设计许多主题和大型建构，而能力差的幼儿甚至连简单的动物造型都不能完整构建。那么，教师可以在材料的提供、建构要求等方面做分层指导，以促进不同能力幼儿的游戏水平的提高。最后，教师要观察幼儿的情绪及行为表现，据此做出正确的判断，提供有针对性的指导。例如，幼儿若神情呆滞或焦躁不安，往往是遇到了困难，教师不能批评责怪幼儿，也不应直接代劳解决，而是应结合具体情况进行适宜指导，帮助幼儿利用自己或同伴的力量解决问题。

【资源链接】

折纸记

早餐结束后，幼儿陆续进入活动区，开始各自的学习活动。小红满心欢喜地进入美工区，挑选了一张粉红色的手工纸和折叠鸽子的分解图示，开始了她今天的区域活动。小红很专注，边看样图边折。从第一步到第三步进行得非常顺利，但在第四个步骤上卡壳了，怎么也折不出来。小红认真看着其他小朋友的操作过程，模仿着学会了。接着步骤五，鸽子头部的折法难住了小红，她反复折叠都没有成功。于是我边示范边给她讲了一下折法，但直到区域活动结束她都没有成功。活动结束后，我表扬了小红的专注、坚持、不放弃的精神。

反思小红没有完成鸽子折叠的原因，是因为空间感知能力与操作能力较差，而我用语言讲解的方法是不适合的，示范又太快，所以小红难以理解。于是，我决定改进指导方式。我特意选择了彩色手工纸，重新制作了立体的分解图示（图 4-14）。并且在手工纸上做了记号，在纸板上画了箭头，简化了操作步骤，降低了折纸的难度，以便于小红理解。

第一次操作，小红没有理解弯箭头的含义，将虚线上部完全向下折，失败了。我提示她：“弯箭头是往里面折的。”并让她看折法示意图（图 4-15），她一下子就成功了。我又进一步鼓励她根据鸽子的分解图再折一只鸽子，她高兴地接受挑战并成功地完成了。小红非常高兴，把作品展示给小朋友看，告诉他们自己终于成功了。

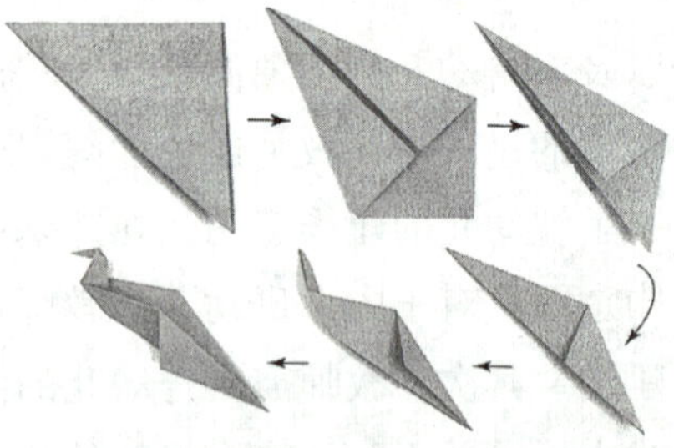

图 4-14　折叠鸽子的立体分解图示

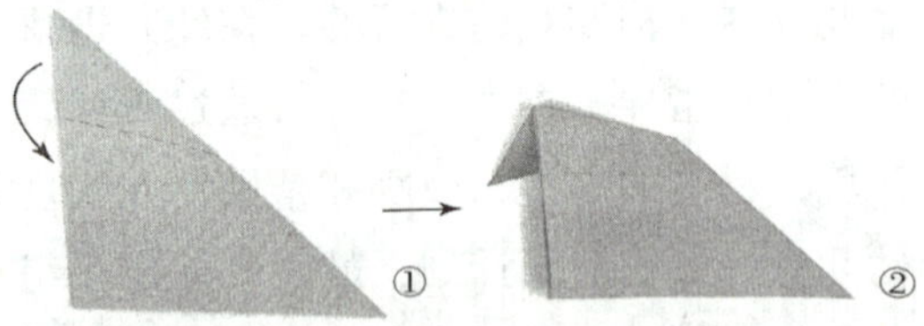

图 4-15　弯箭头折法示意图

资料来源：李季湄，冯晓霞.《3—6 岁儿童学习与发展指南》解读［M］. 北京：人民教育出版社，2013.

参考以上的指导要点，小美和锐锐的建构游戏行为指导建议为：

【案例 1】玩积木的小美和锐锐（3）

指导建议

首先，丰富和拓展幼儿的建构经验，提高幼儿的建构行为水平。在幼儿已经熟悉平铺、堆高、围合这些简单的搭建技能后，教师可以为幼儿提供更多数量的不同类型的结构性材料，引导幼儿认识不同建构材料，鼓励幼儿尝试多种建构行为。教师也可以通过提供一些建构作品图，引导幼儿观察，辅以教师的示范和讲解，帮助幼儿掌握更多的建构知识和技能，进而提升幼儿的建构技能。

其次，鼓励幼儿在搭建前尝试做计划，搭建后为自己的建构作品命名。这样做是为了让幼儿的建构行为能够从做了再想、边想边做，发展到想了再做，提高幼儿建构的目的性和计划性，促进幼儿思维的发展。例如，教师可以询问小美："你搭了什么呀?"引导小美说一说自己的建构作品，了解小美的游戏表征水平，以便进行更有针对性的指导。对于锐锐，教师则可以引导他在建构前说一说自己的建构计划和想法。

最后，关注幼儿在游戏中的社会性交往行为。教师可以通过组织建构作品分享活动，增加幼儿之间了解、交流和互动的机会，引导幼儿与同伴一起玩结构性游戏，遇到问题相互帮助和协商，促进幼儿游戏的社会性水平向更高级发展。

注：【案例 1】"玩积木的小美和锐锐"完整的观察记录见本单元末"学习资源"。

【案例链接】

轶事记录	
幼儿姓名：昊辰、偲杰、杰曦	性　　别：男
年　　龄：5 岁	观察日期：2018 年 5 月 15 日
开始时间：10:20	结束时间：11:00
观察地点：幼儿园建构区	观 察 者：杨老师
观察目标：观察幼儿在建构游戏中的合作行为	
观察记录 今天孩子们来到了建构区，3 个小伙伴不约而同地决定要一起玩。刚到建构区，他们选了一个比较空旷的场地，偲杰说："你们去拿材料，我在这里守着。"刚说完，小伙伴就散开去拿材料了。 许多材料拿回来后，他们便开始搭建了，偲杰一边搭一边说："我们来搭一座基地吧，这里是炮塔，这边还需要一块长方形做成战斗机滑道。"昊辰听到后说："那我去找吧！"这时，杰曦说："偲杰，这里我们还是搭控制室吧。""不要，我想搭炮塔！"偲杰反驳道。杰曦也不服气："那没有控制室还怎么控制这些战斗武器?"两人说着说着便吵了起来。 这时候昊辰回来了，看着吵架的两个好朋友，有点不知所措地站在一旁。于是我走上前问道："发生了什么事？怎么吵架了?"杰曦看到我生气地说："老师，我想搭控制室，可是偲杰不同意！""因为这里要搭炮塔！"偲杰也不服气地说。"原来你们是想搭建不同功能的作品，这是件好事情，这样你们的基地就会更完善了。而且你们的基地好宽啊！"我表扬了他们有不同的想法，并暗示"基地"可宽了。机灵的昊辰听到了连忙说："我们可以都搭起来！""这是个好办法！这样你们想搭的都可以搭建了。"听到我对昊辰的肯定，偲杰和杰曦也同意了这个办法，三个小伙伴又开始继续他们的基地工程了。	

续表

轶事记录
分析评价 1. 建构游戏因可以随意摆弄各种玩具材料而深受幼儿的喜欢，可是幼儿在活动区中对自己的建构活动没有明确的目的性，常常看到不少幼儿一进区就快速地选择一堆材料，然后才开始找主题搭建，随意性比较大。 2. 幼儿在建构活动中都表现出比较强的合作愿望，在活动区中也经常看到幼儿三三两两地共同建构的画面，当中如有能力较强的幼儿发出指令时，往往区域内所有的幼儿都会响应“号召”而共同合作建构同一主题游戏，但在建构过程中不懂如何分工来共同完成游戏，只知道一起来做同一件事情，基本是各自根据自己的喜好，想到什么就搭什么。 3. 共同玩耍的伙伴没有事前商量好搭建主题、搭建内容和绘画设计图纸，导致在搭建的过程中容易产生不同的意见，而且还可能发生激烈矛盾。
指导建议 1. 通过积极语言启发引导幼儿学习一些分工合作的方法，如启发幼儿首先讨论选举出小组长，小组长组织组员讨论建什么，怎么建，谁来建，用什么材料建，这些都确定下来后才开始工作。 2. 在开展建构活动前，给予幼儿充分讨论的时间，请幼儿商量游戏伙伴、游戏内容（建构的主题、材料）等，并鼓励幼儿画设计图纸。 本案例由广西民族大学幼儿园杨媚媚老师提供

【案例链接】

大班建构游戏：天安门

一、活动背景

（一）游戏的来源

游戏是幼儿的天性，伴随着幼儿的成长。“以游戏为基本活动”是《幼儿园工作规程》《纲要》的一致要求。

建构游戏是幼儿非常喜欢的游戏形式之一，幼儿可以利用各种高结构材料和低结构材料进行建构，这些材料具有规则性、可操作性和灵活性的特点。孩子们通过堆积、拼插、排列、围合、垒高等进行有趣的建构游戏，在游戏中通过材料的使用和不同的建构方法，不仅获得了感性经验和心理满足，同时更激发了孩子们学习的兴趣。

《中秋月儿圆》主题活动正逢国庆节，在幼儿园里开展了一系列“迎国庆”的活动，幼儿在“国庆小问卷”、“给祖国妈妈设计最美的礼物”、“祖国妈妈我想对你说”等活动中，对祖国的喜爱之情油然而生。班级结合主题在区域里投放了中国地图系列拼图、天安门涂色材料等，天安门的图案在孩子们中间以各种各样的形式进行重现。幼儿与材料的对话互动中萌发了搭建天安门的想法，于是，师幼一起探索“北京天安门”的搭建。

（二）游戏材料、环境创设

游戏材料：

1. 低结构材料、实木材料（单元积木）。
2. 辅助材料：叠叠高人物。
3. 保护头部的安全帽、五星红旗、角色扮演所需的服装。

环境创设：

本次活动教师为幼儿提供自由、自主的户外游戏环境，把游戏的自主权还给孩子。

在教室，如美工区和墙面，创设与主题相适应的环境。

1. 通过主题墙的创设，了解国庆节的庆祝方式。
2. 鼓励家长跟孩子一起来收集整理与国庆有关的知识，完成国庆小问卷。
3. 利用餐前或者餐后的时间和孩子们一起分享国庆节的宣传视频、阅兵仪式等。
4. 区域布置：拼图、涂色、积木等。

（三）幼儿的已有经验与教师预期

幼儿的已有经验：

1. 具有同伴群体游戏的意识。
2. 能自主选择材料进行搭建。
3. 具备一定的绘画水平。
4. 通过图片、视频的收集，对天安门的结构有初步了解。

教师的预期：

1. 幼儿能根据观察结果提出问题、分析原因。
2. 幼儿有小组搭建的经验，且能在搭建中发现问题。
3. 尝试用图画和符号进行表征。

二、活动内容与过程

（一）第一次搭建

前期讨论：关于天安门，孩子们究竟了解多少？一个围绕“天安门是什么样的？”“它有什么特点？”的谈话活动打开了孩子们的话匣子。

俊枫：“我知道天安门很大。”

喜宝：“天安门广场还有毛主席爷爷的头像呢。”

尚霖：“还有个升旗台，我去那里看过解放军叔叔升旗。”

孩子们明晰了天安门的基本构成，活动结束后纷纷用画笔记录下自己眼中的天安门。孩子们感兴趣的是雄伟壮观的城台、高高的城楼……那么和谁搭？在哪里搭？用什么搭？这些都在孩子们的计划讨论之中。活动开始了，孩子们选择用户外大型低建构和实木材料作为主材进行建构，在搭建前幼儿商量作品的分工等。

部分幼儿拿了长款积木进行了围合布置，缩小了空间容量范围。俊枫小组长负责分配，如要哪些积木，要多少块，怎么摆，放在哪里等。

他们先是确定了搭建的数量、形状，然后就开始了天安门最底层的城墙搭建。思慕用实木半圆确定了 5 个拱洞的位置（图 4-16）。嘟嘟拿来长条的塑料棒子作为城墙的分道长廊。云昊这时来问俊枫图纸上的大积木在哪里，是哪一种（图 4-17）。俊枫告诉他大积木在最左边那里，两人开始了激烈的对话。云昊看着图纸不断地向俊枫提问。这时镇锋拿来了长条积木试着如何叠高，试了一下发现承受力不强，容易滑落，嘟嘟这时提出采用面积大的长方形积木进行叠高，大家在讨论用大小合适的，还是相同面积的（图 4-18）。

图 4-16

图 4-17

图 4-18

第一次搭建时间到，教师引导幼儿发现游戏中存在的问题，并帮幼儿将问题汇总：

1. 为什么计划与实际搭建的作品不一样？

2. 分工存在问题，搭建进度慢。

3. 天安门的底座要怎样才能稳固？

4. 选择材料问题，不同积木有大小、高低不一样的型号，反复调整也未能解决城台平整问题（不能依据建构对象选择最为适宜的搭建材料，搭建作品呈现不形象）。

上午建构时间到，幼儿建构结束后进行讨论，针对这些问题，孩子们开动脑筋，开始尝试各种动手操作，很快问题得到了解决。

1. 尝试用不同材料简易搭建天安门基础建构。

2. 把任务进行分工明确，部分小朋友负责搭建，部分小朋友负责运送材料。

3. 把"高度不一的材料"清出来之后进行第二次尝试，顺利地用平铺、连接的方法将底座搭好了。

教师的支持与回应：

1. 提供天安门图片和视频材料，引导幼儿观察和了解天安门的基本结构及主要特征，为幼儿的搭建提供经验支持。

2. 搭建时，拿出一些多样性积木，请幼儿自主尝试稳固搭建的方法，再通过小组讨论总结梳理搭建技巧。

3. 通过分享回顾和提问的方式引导幼儿发现存在的问题，共同讨论分工的方法。

（二）第二次搭建

经过第一次搭建后，孩子们已经初步完成半成品，大家一起观察搭建后的作品，但新的问题产生了：

1. 搭建的天安门跟图片上的不一样，没有毛泽东爷爷的头像和国徽。

2. 楼顶怎样才能翘起来呢？积木都是平的。

通过回顾、讨论、反思，幼儿发现了搭建中存在的问题，并从分工合作和材料的选择上提出了解决问题的办法。

1. 在建构室里找类似尖角形状的替代材料，尝试用新材料再次搭建。（图 4-19）

2. 用绘画形式完善天安门。（图 4-20）

图 4-19

图 4-20

教师的支持与回应：

通过与幼儿讨论、反思搭建作品存在的问题及原因，并引导幼儿寻找多种材料，支持幼儿再次搭建。

搭建结束后，幼儿进行完整的讨论，总结活动并以绘画形式表征记录。

活动小结：

1. 幼儿在合作搭建、调整、再搭建的过程中完成了天安门的搭建，并且获得了新经验。(图 4-21、图 4-22)

图 4-21

图 4-22

2. 通过探索发现，搭建天安门时选择材料很重要，要根据天安门的主要特征选择适宜的材料。

3. 可发挥自己的想象和创意，结合搭建需要，选择辅材完善自己的搭建作品。

4. 在搭建天安门的过程中，综合运用了多种建构技能进行表征，并对天安门进行装饰。

5. 对建构对象的结构有了进一步的了解。

6. 自主发现问题和共同讨论问题的能力得到进一步提升。

三、活动特点与价值分析

1. 活动实施特点——推进小组合作，共同搭建作品。

《指南》中在社会领域部分，强调大班幼儿要有与同伴合作、共同商量、解决问题的能力。在北京天安门的搭建中，教师追随幼儿的兴趣，在与幼儿的共同讨论中分成了 3 个小组，每个小组在面对不同的搭建任务时，分别在空间布局、材料选择与搭建过程中遇到了不同的问题，教师则采取小组讨论、自主反思与适时提问的方式引导幼儿发现问题并在此基础上解决问题，幼儿在小组合作中获得良好的社会性发展的同时，也初步具备了发现问题与解决问题的能力。

2. 幼儿经验获得——促进观察表征，提升建构技能。

幼儿在搭建北京天安门的过程中，逐渐从搭建初的粗略观察转向了搭建中的细致观察。随着建构游戏的推进，幼儿发现如果没有对建构作品进行细致的观察，就难以表征作品。于是，他们开始从上往下、从左往右、由整体到细节来观察事物，以此保障小组计划的科学性。同时，他们也开始观察并推敲建构对象的形状、色彩、结构，观察搭建材料的特点，并基于建构对象的观察分析选择建构材料，如：观察天安门城楼与门洞之间的联系后选择了长方形叠高积木，观察屋顶房檐之间的联系后选择积塑三角形……幼儿在不断尝试的过程中，综合运用围合、对称、延长、叠高、模式、架空等多项技能进行搭建，不仅提升了建构技能，还初步理解了建构游戏中观察与表征的关系。

3. 教师行为反思——提供适宜材料，支持幼儿游戏。

“北京天安门”是一个综合性的主题建构游戏，搭建过程中材料的选择是教师和幼儿面临的挑战，师幼在探索操作中逐渐发现建构材料既要丰富，还要适宜。为了满足幼儿的搭建需求，教师首先引导幼儿在所有的材料里自主选择搭建的材料，导致作品搭建一直没有成功，幼儿没有成功感的体验。随着搭建问题的出现，教师再次与幼儿一起讨论、分析建构对象的特点，尽可能地为幼儿提供符合搭建作品特征的材料。在搭建天安门的过程中，从木质圆柱形门柱到长条的门柱……材料的及时更换和调整，满足了幼儿的搭建需要，为建构游戏的顺利开展提供了保障。

4. 延续性支持——逐步关注细节，完善搭建作品。

在北京天安门的搭建活动中，幼儿不断地将搭建作品与实物做对比。于是，我们结合主题区域活动，在美工区投放了大量的操作材料，幼儿自主进行了细节部分的完善，既满足了幼儿的个别化需求，又实现了主题活动中区域活动和建构游戏的有效连接。

本案例由广西大学第二幼儿园覃金莉、陆青莲、吴振梅老师提供

第三课

幼儿角色游戏的观察案例与评析

角色游戏是儿童在模仿和想象的基础上，通过扮演角色的方式创造性地反映社会生活经验的一种游戏。角色游戏是以社会性互动为指向的游戏，是象征性游戏的成熟形式，是儿童期的典型游戏。中班处于典型的游戏年龄阶段，是角色游戏的高峰期。

一、幼儿角色游戏的观察记录

对于幼儿角色游戏的观察，所有的观察方法都是适用的，也可以综合一两种观察方法进行。在实际观察中，最常运用的是轶事记录法、时间取样法、事件取样法、行为检核法及等级评定法。也可以使用一些经典的游戏观察量表，如表 4-6 的斯密兰斯基的社会性主题角色游戏量表。

表 4-6　**斯密兰斯基的社会性主题角色游戏量表**

姓名	角色扮演	想象的转换			社会互动	语言沟通		持续性
		材料	动作	情境		元交际	假装的角色沟通	
幼儿 1								
幼儿 2								
幼儿 3								
……								

资料来源：孙诚. 幼儿行为观察与指导（第 2 版）[M]. 长春：东北师范大学出版社，2021.

【资源链接】

斯密兰斯基主题角色游戏量表的指标解读

斯密兰斯基主题角色游戏量表可以用来观察幼儿社会性主题角色游戏能力的发

展状况，帮助观察者清楚地辨识出幼儿在社会性主题角色游戏中的水平和技能。其中，表格中各观察指标的操作性定义如下：

角色扮演：幼儿假装是他人，或以他人自居，如理发师、教师、医生。游戏中幼儿会以角色语言来确定、表达和串联这些角色，如“我是医生”，同时伴随与角色相适应的角色行为，如“医生”给扮演“病人”的幼儿假装做检查。

想象的转换：幼儿用一些物品、言语或行动来代表某种特定的物品、动作或情境。例如，幼儿一边手持木棍，一边说：“轮到我站岗了。”或者用语言表示想象情境的转换：“呜呜，呜呜，救护车开来了，快把病人抬上来送去医院。”

社会互动：两名或两名以上的幼儿围绕游戏的情节、角色等有直接的互动和交流。

语言沟通：幼儿运用语言对有关游戏的主题、情节、角色扮演等进行交流。幼儿结成两种关系，即真实的伙伴关系和游戏中假装的角色关系。在游戏过程中，幼儿经常在这两种“身份”之间转换。发生在真实的伙伴关系之间的信息沟通具有“元交际”的性质，其功能在于组织或建构游戏的框架：第一，代替物的确认。如“就用这个积木当电话。”第二，分配角色。如“我今天要当医生，该你当病人了。”第三，计划游戏的情节。如“我们先用这个打针，再去那个房间开药。”第四，纠正不符合角色的行为。如“医生要穿白色大褂，拿着听筒，不能开救护车。”发生在假装的角色关系之间的信息沟通则是“假装的角色沟通”。例如，扮演警察的幼儿拿着“警棍”喝令“小偷”：“不许跑，我是警察！”

持续性：幼儿的游戏持续行为与其年龄有关。通常，小、中班幼儿的游戏可持续 5 分钟左右，大班幼儿的游戏可持续 10 分钟左右。此外，自由游戏的时间长短也是影响幼儿游戏持续时间长短的一个相关因素。

资料来源：孙诚. 幼儿行为观察与指导（第 2 版）[M]. 长春：东北师范大学出版社，2021.

在对幼儿角色游戏进行观察记录时，应注意以下问题：

第一，注意在不同的情景下多次观察幼儿的游戏。幼儿的游戏具有明显的个体差异性，有些幼儿在户外有较多的角色游戏行为。在不同的游戏情景下观察幼儿游戏，才能保证观察的准确性。

第二，为幼儿提供种类多样的玩具和游戏材料。游戏材料的种类不够丰富也有可能影响幼儿的游戏行为，有时幼儿未表现出某种游戏行为可能与缺乏相应的游戏材料有关。

第三，关注到幼儿与同伴的熟悉程度对游戏行为的影响。有研究表明，当幼儿与熟悉的同伴在一起玩时，有较高层次的认知及社会性游戏行为的表现。因此，如果是将幼儿安排在不熟悉的同伴中，可能会低估幼儿的游戏能力。

以下是运用斯密兰斯基主题角色游戏量表对两名幼儿的角色游戏行为进行的观察记录。

【案例 2】打针游戏（1）

事件取样

观察日期：2020 年 5 月 16 日　　编号：01

幼儿姓名：乔棋　　性　　别：男　　年　　龄：3 岁 6 个月

幼儿姓名：呦呦　　性　　别：女　　年　　龄：3 岁 4 个月

开始时间：10:00　　结束时间：10:10

观察地点：教室　　观 察 者：李老师

观察目标：1. 观察两名幼儿的游戏行为表现

2. 观察教师的游戏指导行为

观察记录

姓名	角色扮演	想象的转换			社会互动	语言沟通		持续性
		材料	动作	情境		元交际	假装的角色沟通	
乔棋	扮演医生，给病人看病、打针	不带针头的注射器，棉签，空药瓶代替医生的设备	在药水瓶里吸药水到注射器（在老师提醒下完成）；给玩偶羊消毒（在老师提醒下完成）；在玩偶羊的屁股上打针，同时轻拍		询问病人哪里不舒服，给病人打针	与同伴交流：“消过毒了。”与老师交流：“没有加（药水）”	“他哪里不舒服啊？”“头疼打一针就好了。”“打在屁股上吧。”“放松一点，放松一点。”	游戏时间 2～3 分钟
呦呦	扮演宝宝的妈妈，带宝宝去医院看病	用玩偶羊代替宝宝	全程抱着玩偶羊，但有时倒着抱；按住玩偶羊的打针处；安抚打针后的玩偶羊（在老师提醒下完成）		告知医生宝宝头痛，配合医生给宝宝打针	回应老师说的打空针问题：“要出血的。”右手比划打针的姿势：“要打慢慢打，不要那样打。”	“他的头痛。”“宝宝不要哭，我带你去玩好吗？”（在老师提醒下完成）	游戏时间 2～3 分钟

续表

事件取样
 图 4-23　打针游戏

二、幼儿角色游戏的观察分析

根据角色游戏的构成要素，教师可以从角色意识、角色的分配与选择、角色扮演的主题与情节、角色游戏材料的使用情况以及角色游戏中的社会性互动五个方面来观察幼儿的角色游戏发展。

（一）角色意识

角色意识是指幼儿对其扮演的角色身份和特征的理解、认同度和持久度。儿童早期没有明确的角色意识，所表现出的装扮行为大多是受玩具和材料的影响，对角色的主要特征把握得不够稳定和深刻，经常在真实身份和角色身份之间来回转换，出现“跳戏”现象，情节也不完整。4—5 岁时，幼儿开始具有较为明确的角色意识，在游戏中能坚持某一角色，围绕同一角色身份做出装扮行为。到大班时，幼儿的角色意识更加稳定，开始有意识地提醒自己和同伴是在“假装”某一角色，会要求“装扮”贴切角色特征。

（二）角色的分配与选择

年龄较小的儿童在角色游戏中多为独自游戏或平行游戏，较少与同伴产生游戏互动，较少出现角色分配行为。5 岁左右，幼儿可以自主分配角色，并且具有较强的角色轮流意识和能力。游戏中的角色通常有三类：一是机能性角色，即幼儿通过模仿日常生活中常见的角色或职业任务的典型特征来进行扮演，如警察等；二是互补性角色，即幼儿根据自己对社会关系的理解，选择或者分配配对出现的角色，如警察——小偷；三是想象性角色，即幼儿选择某文学作品或动画片中的角色进行扮演，如爱莎公主等。整个幼儿阶段，幼儿大多倾向于选择主动性更强的机能性角色，比如警察与小偷中的警察，妈妈与宝宝中的妈妈。

（三）角色扮演的主题与情节

由于幼儿角色游戏是反映其社会生活经验的，因此儿童最初的角色游戏多是围绕熟悉的家庭生活中的人物与情节展开。随着幼儿社会交往范围的扩大，社会经验的丰富，以及社会认知水平的提高，幼儿的角色游戏主题从家庭生活扩展到了更广泛的社区和社会。例如，幼儿园小班的角色游戏区通常被设置为娃娃家，中大班的角色游戏区更多为商店、餐厅、医院、火车站等。随着社会生活经验的丰富、思维水平的提高，幼儿角色扮演的情节也会愈加丰富、充实和连贯。小班幼儿角色扮演的情节较为零散，属于片段式，经常是一段时间内进行单一、重复性的装扮行为。中班开始，幼儿的角色游戏情节开始具有明显的内在逻辑线索，情节逐渐连贯和丰富。这个阶段幼儿的游戏创造性也有一定发展，游戏情节更加丰富和曲折，但有时情节的转换仍具有较强的随意性。

（四）角色游戏材料的使用情况

“以物代物”是幼儿角色游戏的关键要素，随着幼儿假装能力和表征能力的发展，幼儿对游戏材料的使用会经历实物——替代物——无实物的过程。在角色游戏初期，幼儿需要借助真实物品完成仿真物品装扮行为。比如，造型和器材都十分逼真的厨房玩具，会更容易激发2—3岁幼儿的“做菜”行为。角色游戏中期，幼儿可以利用形式上与真实物品相似，功能上不一样的物品开始装扮行为，比如一个长方形的积木可以当成手机。随着角色游戏的发展，幼儿可以用形式上、功能上都不同的物品来进行装扮。例如，幼儿骑着竹竿假装“骑马”的游戏。此时，幼儿的表征能力更强，可以运用想象力或者语言等形式替代游戏材料，进行无实物的装扮。

（五）角色游戏中的社会性互动

在角色游戏中有两种性质的社会性互动，一种是幼儿真实身份之间的同伴互动，例如角色分配和情节安排时的协商、交流等；另一种是幼儿扮演的角色之间的互动，后者是在角色游戏观察中重点关注的内容。一般来说，幼儿角色间互动会出现无互动——简单互动——强迫性单向互动——协作性双向互动的过程。

年龄越小的幼儿，更容易只专注于自己的游戏材料和角色行为，呈现出独自游戏或平行游戏的状态，几乎没有角色互动。简单互动是指两个角色出现很短的交流或者游戏材料的借用；强迫性单向互动是指在角色扮演的过程中，某一角色行为干扰或影响了另一角色的行为时，双方被迫进行的互动。大班幼儿开始在角色游戏中表现出协作性双向互动，能够围绕同一主题和情节进行商议，出现合作扮演。例如，扮演医生的幼儿说：“你吃了这个药，就不会咳嗽了！”扮演病人的幼儿假装咳嗽几声，然后去药房取药。

除了参考上述的观察分析要点，还可以利用表 4-7 幼儿角色游戏发展水平表、表 4-8 幼儿角色游戏检核表对幼儿的角色游戏行为进行观察分析与评价。

表 4-7　**幼儿角色游戏水平表①**

项目	游戏表现			
	水平一	水平二	水平三	水平四
目的性	无目的地游戏	时时更换游戏	事先想好玩什么	按目的持续地玩
主动性	不参加游戏	能参加现成的游戏	在别人带领或分配下游戏	主动参加游戏
担任角色	不明确角色	能明确角色	能主动担任角色	能担任主要角色
遵守职责	不按角色职责行动	有时按角色职责行动	尚能按角色职责行动	一直按角色职责行动
角色表现形式	重复个别活动	各个动作间有些联系	有一系列的动作	能创造性地活动
角色间关系	个别地玩，不与别人联系	与别人有零星联系	在启发下与别人联系	明确角色关系并配合行动
对玩具的使用	凭兴趣使用玩具	按角色需要使用玩具	创造性地使用玩具	为游戏自制玩具
游戏的组织能力	无组织能力	会商量分配角色	能出主意使游戏玩下去	会带领别人玩或教别人玩
持续时间	10 分钟左右	20 分钟左右	40 分钟左右	1 小时左右

① 杨枫. 学前儿童游戏［M］. 北京：高等教育出版社，2019.

表 4-8　　**幼儿角色游戏检核表①**

项目		评价指标	评价方式
角色扮演	角色转换	指向自己	
		扮演他人	
		扮演他物	
	角色意识	无角色意识，由材料诱发角色行为	
		提出角色名称，但不能坚持	
		能坚持扮演某一角色	
	角色分配与轮流	无角色分配	
		有角色分配，但无轮流意识	
		自主分配角色且有较强轮流意识	
	游戏主题	家庭生活中的人物与情节	
		家庭之外的社会生活	
	游戏情节	情节单一、重复	
		情节丰富，有内在逻辑线索，但具有随意性	
		能够预先计划游戏情节	
以物代物	真实物品		
	类似真实物品的玩具，与真实物品的形式相似但功能不一致的物品		
	形式与功能都不同于真实物品的物品		
	无需物品支持，仅用言语和肢体动作		
社会性互动	无任何社会性互动		
	有简单的社会性互动		
	有互补的社会性互动		

结合上述要点，乔棋和呦呦的角色游戏行为分析如下：

【案例 2】打针游戏（2）

分析评价

这是一个有主题、有情节的社会性主题角色游戏。乔棋和呦呦在游戏中分别扮演了医生和病人家属，能够表现出一些与角色特征相符的角色行为，角色之间存在多次互动，这说明两名幼儿初步具备角色意识和角色认知。但是，两名幼儿在其角

① 潘月娟. 学前儿童观察与评价［M］. 北京：北京师范大学出版社，2015.

色扮演中有很多细节没有表现到位，例如扮演医生的乔棋需要在老师的提醒下才能完成消毒、吸药水等动作；而扮演妈妈的呦呦会忘记安抚宝宝，多次出现将宝宝倒着抱的行为等。

游戏材料的选择方面，两名幼儿使用的游戏材料多是真实物品或仿真类物品，反映出两名幼儿的象征性动作还需要依赖形象相似的物品作为支柱。

此外，整个游戏持续时间较为短暂，没有出现游戏情境的转换，游戏情节和内容都不够丰富。同时，由于受到老师和现场同伴的观摩和干扰，两名幼儿的游戏兴趣不高，游戏的情绪体验较差，游戏的自主性和创造性没有得到表现。

三、幼儿角色游戏的观察指导

角色游戏最适合幼儿身心发展的需要，是幼儿期最典型、最有特色的游戏，也是创造性游戏中最具代表性的一种游戏。角色游戏对幼儿发展价值的充分实现需要教师对幼儿游戏开展细致的观察，并基于观察进行适宜、针对性的支持与引导。

（一）创设场地适宜、材料丰富、时间充足的游戏环境

游戏场地、游戏材料及游戏时间是幼儿开展角色游戏的必备物质条件。首先，教师应为幼儿提供相对固定的游戏场地。固定的游戏场地能吸引幼儿进入角色游戏，有利于幼儿积极开展游戏。每个班级可以结合幼儿的兴趣和需要设置 1~2 个角色区，例如，小班幼儿普遍喜欢“娃娃家”游戏，教师可以在班级教室中设置“娃娃家”主题的角色区，便于吸引幼儿投入游戏中。其次，教师应通过投放丰富、适当的游戏材料满足幼儿游戏的需求。例如，“娃娃家”角色区中应该安排有娃娃、锅碗、儿童床等材料。同时，教师还可以根据游戏主题的发展需要，支持幼儿对材料进行创造性地使用。尤其是当角色游戏区没有幼儿需要的现成游戏时，教师应当鼓励并支持幼儿使用替代性材料丰富角色游戏材料。例如，幼儿玩“娃娃家”游戏时需要为“宝宝”准备面条，教师可以启发和引导幼儿将纸张撕成细条状来替代。对于大班幼儿，教师还应允许并鼓励幼儿参与到环境创设和游戏材料的准备过程中来，与幼儿共同收集与主题相关的废旧材料，引导幼儿思考对废旧材料的创造性利用。例如，奶粉罐可以包装成为“娃娃家”的小凳子，小木棍也可以化身成为“娃娃家”中的晾衣杆或“奶奶”的拐杖。再次，教师应保证幼儿有充足的时间开展角色游戏活动。幼儿的角色游戏所需时间一般都较长，每次最好不少于 30 分钟。充足的游戏时间是保证幼儿深入、自主地开展角色游戏的前提，也是充分实现角色游戏教育价值的保障。

【练一练】

榨橙汁

观察记录：区域活动开始了，贞贞迫不及待地穿上小厨师的衣服进入了厨房区域，她看了看材料，选了一个橙子。贞贞尝试直接用手剥开橙子皮，发现很费力地剥，橙子皮也只抠掉了一丁点，于是她开始寻找剥皮的工具。很快，她选中了一把削皮刀，开始削皮。这时，多多也进入了区域，他看到贞贞手里的橙子，也取了一个橙子，提议说："贞贞，我也想榨汁，我和你一起榨汁好吗?"贞贞看着手里的橙子，犹豫了一下，答应了，说："好，那你负责剥皮，我来榨汁。"多多一听，摇着头说："我不要，我也要榨汁!"贞贞想了想，说："那我们一起削皮，一起榨汁吧。"说着，她递了一把削皮刀给多多。多多拿着削皮刀，换了很多个角度都没能削掉多少皮，他把橙子和削皮刀都丢到了桌子上，大叫道："好难啊，我不想削皮了!"贞贞听了，她找到一个自动削皮器，递给多多："那你试试这个吧?"多多看到自动削皮器，喜笑颜开，立马接了过来，说："我在家里见过这个，这个削皮可快了。"于是，他又重新拿起橙子，使用自动削皮器很快完成了削皮。最后，他们一起把削好皮的橙子放进榨汁机里，顺利地做出了两杯橙汁。

任务：根据观察记录，对教师游戏环境的创设进行评价。

本案例由广西幼儿师范高等专科学校实验幼儿园唐玉婷老师提供

（二）丰富幼儿的生活经验，帮助幼儿拓展游戏情节

角色游戏是幼儿对现实生活的反映，通常来说幼儿的生活经验越丰富，游戏内容就越充实，越富有变化，游戏的水平也就越高。因此，为了提高幼儿角色游戏的水平，教师应与家长积极配合，通过教育活动、生活活动等来引导幼儿观察和感受周围的生活，丰富幼儿的见闻，拓展幼儿的视野，加深幼儿对周围生活的体验和理解。值得注意的是，幼儿在角色游戏中所反映的内容，并不是周围生活的机械复制和直接再现。一方面，幼儿对于生活经验在游戏中的反映是经过幼儿认知、情感的加工，甚至创造之后的表现；另一方面，生活经验在幼儿游戏中的再现并不一定是即时的。因此，教师不能急于要求幼儿将刚看到的和听到过的事件立即反映在游戏中，更不能要求幼儿将参观过的内容直接"表演"在游戏中。为了加深幼儿的印象，教师可以在某个主题参观前给幼儿布置明确的观察任务，参观结束后组织幼儿围绕主题进行回忆，一起说一说看到了什

么，有什么样的感受，鼓励幼儿通过画一画的方式记录自己的想法，以及回家与家长分享参观的见闻。

【资源链接】

照相馆游戏中的生活经验

在“照相馆”里，我们投放了玩具照相机、相册、空化妆品瓶子、镜子、裙子、纱巾等材料。孩子们似乎对这里很感兴趣，“照相馆”里一下子热闹起来了，可没过多久就出现了混乱无序的现象。在游戏开展前，我认为孩子们都有到照相馆拍照的经验，他们喜欢装扮自己，也爱摆出各种姿势拍照，对照相的过程乐此不疲。由此我想当然地认为他们肯定了解照相馆的工作程序，明白不同角色的分工。事实上，孩子们的表现与我的期望相差甚远。

我觉得带孩子们参观幼儿园附件的一家照相馆，了解照相馆里的区域划分、物品摆放、工作内容和流程等。回到幼儿园，我又组织孩子们开展讨论。

教师：“你们觉得我们的照相馆该怎么布置？”

幼儿：“现在我们的照相馆里没有接待室和选样照区，应该加上；真正的照相馆里的布景很丰富，而我们只有一种；我们的服装也太少，应该再收集一些。”

教师：“那我们收集些什么材料好呢？”

幼儿：“可以收集假发、发卡、项链、手链、布娃娃、小伞、帽子、假花……”

教师：“我们是否还要做一个柔光灯呢？”

幼儿：“我们可以去美工区订货。”

教师：“照相馆里的叔叔阿姨是怎样工作的？和我们哪里不一样？”

幼儿：“阿姨和叔叔每个人都在做自己的工作，他们对顾客很热情，会为顾客倒水，会记录顾客的要求，会安排顾客的照相时间，化妆师会领顾客先选择服装再化妆。”

资料来源：陈菲菲. 对“照相馆”游戏材料投放的思考 [J]. 幼儿教育（教师版），2009（4）.

（三）指导幼儿确定游戏主题、自主选择和分配角色

角色游戏是幼儿自主自愿的游戏，首先教师应鼓励并支持幼儿按照自己的意愿提出游戏的主题。教师要善于发现幼儿游戏的需要，敏感捕捉幼儿的游戏动机，帮助幼儿学会自主提出和确定游戏主题。同时，教师应评估幼儿确定的游戏主题的适宜性，如思考

游戏主题反映了幼儿什么样的生活经验，对幼儿有什么样的教育价值。其次，教师应引导幼儿自主完成角色的选择与分配。游戏中角色的分配方法有很多种，如猜拳、轮流、投票等，教师可在平时活动中引导幼儿学会使用这些方法来协调角色分配。在角色分配上，教师要尊重幼儿的自由选择，鼓励幼儿通过协商解决问题，不要急于包办替代，并引导幼儿认识游戏中每个角色的存在价值和重要性。例如，幼儿都想争当“船长”，却几乎没人选择“水手”的角色，那么教师可以引导幼儿了解“水手”的工作内容和工作价值。此外，教师应结合观察和对幼儿个性特点的了解进行针对性的引导，使角色扮演具有一定的公平性。例如，教师应避免总是让性格外向、能力强的幼儿扮演主要角色，而让性格内敛、能力较弱的幼儿被迫选择自己不太喜欢的角色。教师可以进行一些针对性的安排，鼓励性格安静、内敛的幼儿去扮演活泼、主动性强的角色，如警察、教师等；建议性格热情、外向的幼儿尝试一些需要耐心的角色，如收银员、药剂师等。

（四）做好游戏结束后的整理、讲评工作

首先，为了保持幼儿对游戏的积极性，教师应让幼儿在愉快自然的状态下结束游戏。具体方式为：第一，游戏时间快到时，教师提前告知幼儿，给予幼儿适当的心理缓冲时间，以便幼儿做好心理准备，适当调整游戏进度。第二，教师注意观察幼儿游戏表现，选择在幼儿游戏热情减退但仍保留有游戏兴趣时结束游戏，这样可以延续幼儿对游戏的兴趣。第三，可以在游戏情节结束的时候结束游戏，如火车到站了，商场打烊了等。如果是某些正处于游戏高潮的小组，在场地允许的情况下教师应允许他们继续游戏。其次，游戏结束后，教师应组织幼儿做好场地整理、材料整理的工作。对于小班幼儿，教师主要是培养他们的整理意识；对于中大班幼儿，教师应让幼儿负责整理工作，教师引导、辅助和督促。再次，教师还要组织幼儿对自己的游戏经验进行分享和讨论，做好游戏的总结工作。在讨论与交流的过程中，既可以促进游戏经验的分享，也帮助教师了解幼儿的游戏兴趣，有助于生成新的游戏主题。教师的总结要有重点，可以针对游戏情节、游戏材料的制作与使用以及游戏过程中幼儿出现的问题来开展，目的是帮助幼儿总结游戏经验，提高幼儿分析和解决问题的能力，促进幼儿游戏水平的发展。

参考以上的指导要点，乔棋和呦呦的角色游戏行为指导建议为：

【案例2】打针游戏（3）

指导建议

第一，教师应该鼓励和支持幼儿自主进行游戏主题、游戏材料和游戏角色的选择和分配，不应该把游戏当成是对幼儿的奖励或惩罚手段。教师需要为幼儿创设良好的游戏环境，包括充足的游戏时间、丰富的游戏材料、足够的游戏场地，以及宽

松、和谐、自主的游戏氛围。案例中两名幼儿的游戏是在老师和同伴的观摩和评价中进行的，游戏行为多次受到老师和同伴的干扰，导致整个游戏过程缺乏自主性和创造性。

第二，教师应该学会观察幼儿游戏，以合适的方式适时给予指导。例如，教师发现乔棋打针的时候没有吸药水，可以选择在旁边扮演同样的医生角色来给病人打针，把吸药水的过程用言语大声说出来，让乔棋听到；或者以另一名医生或护士的身份加入幼儿的游戏，提醒他忘记吸药水了；还可以将医生看病的流程图挂在该区域的墙上，起到提示作用。

第三，教师应该帮助幼儿拓展游戏主题、情节和内容。例如，案例中教师可以通过视频、绘本、讨论等方式，结合幼儿的生活经验，引导他们回忆和观察医生和护士的工作细节，帮助他们整理和补充关于医生看病的知识经验，提高幼儿对游戏角色的认知水平，进而促进幼儿游戏水平的提升。

注：【案例 2】“打针游戏”完整的观察记录见本单元末“学习资源”。

【练一练】

理发店

角色游戏中，大二班幼儿在教室里开展“理发店”主题游戏。教师为了提升幼儿的游戏水平，主动为幼儿制作了理发店的价目表（见下表）。

理发店价目表			
美工区		美容区	
洗发	10 元	牛奶洗脸	10 元
剪发	10 元	美白面膜	15 元
烫发	30 元	造型设计	20 元
染发	30 元	身体按摩	20 元

任务：请结合你对角色游戏的理解，分析教师提供价目表这一做法是否适宜，并提出建议。

资料来源：2016 年上半年中小学教师资格考试《保教知识与能力》试题

第四课

幼儿表演游戏的观察案例与评析

表演游戏是指幼儿按照童话、故事等文学作品中的角色、情节和语言，抒发情绪情感，创造性地表达对文学作品理解的一种游戏活动。幼儿天生就是表演艺术家。虞永平教授在《表演区（室）与幼儿园课程》中指出，幼儿的表演是在特定情景下的连续和系统表达，表演能促进幼儿动作表现力、交往能力、审美和创造能力以及情感的发展。

表演游戏与角色游戏同属于创造性游戏，有着诸多相同点，如都有游戏主题和情节，都需要假装和扮演，都有角色间的互动，一定程度上都需要游戏材料的支持。但二者在主题和内容来源、规则和结构上也有着差别，表现为：第一，角色游戏中的角色来源于幼儿对现实生活的印象，而表演游戏中的角色来源于文学作品；第二，角色游戏中的对话、动作可根据幼儿的理解加以丰富或更改，而表演游戏中的对话、动作要按照文学作品中情节发展的要求来进行；第三，有些类型的表演游戏需要幼儿运用一定的表演技能，如皮影戏、木偶戏。

【想一想】

表演游戏与文艺表演的区别

有的教师认为：表演游戏带有一定的“表演性”，游戏内容也同样来自文艺作品，所以幼儿的表演游戏和文艺表演实质上是一回事。

问题：你认为这种说法对吗？说一说理由。

一、幼儿表演游戏的观察记录

表演游戏的形式丰富多样，可以依据幼儿所运用的游戏材料将表演游戏分为桌面表演、木偶表演、影子戏表演和小舞台表演。同角色游戏的观察一样，幼儿表演游戏的观察方法并不是只局限于某一类，可以结合观察目标和研究需要选择或综合一两种观察方法来进行观察。在实际观察中，最常运用的是轶事记录法、事件取样法、行为检核法及等级评定法。

以下是运用轶事记录法对两名幼儿的表演游戏行为进行的观察记录。

【案例 3】植物大战僵尸（1）

轶事记录		
观察日期：2021 年 3 月 16 日		编号：01
幼儿姓名：小钟	性　　别：男	年　　龄：5 岁
幼儿姓名：小宇	性　　别：男	年　　龄：5 岁 2 个月
开始时间：15:30	结束时间：15:50	
观察地点：教室	观 察 者：李老师	
观察目标：1. 观察幼儿的表演游戏行为 2. 幼儿对游戏中冲突的处理方式		

观察记录

区域游戏时间到了，孩子们都自主地选择自己想玩的地方开始游戏。小钟选择了小舞台，一到舞台上，小钟就迫不及待地戴上了“豌豆射手”头饰，可小舞台只有他一个人。于是小钟主动招呼旁边的小宇，说：“嗨，我们一起来玩个游戏，我当‘僵尸’，你来当‘豌豆射手’。”说着，小钟取下头饰，拿起旁边的假发套戴在头上，开始披头散发地学起了“僵尸”走路，小宇被小钟的模样逗得笑起来，马上加入了游戏。小宇站在舞台的东边，嘴巴里“突突”地吐着“子弹”，小钟站在舞台的西边，模仿着“僵尸”缓慢地向前移动（图 4-24）。

图 4-24

图 4-25

玩了两遍游戏后，小宇说：“我们轮流来演‘僵尸’吧。”小钟同意了，于是他们交换角色，这次小钟扮演“豌豆射手”，小宇扮演“僵尸”。小钟朝向小宇的前进方向，嘴巴“突突，突突”地吐着“子弹”。不一会儿，小钟自言自语地说：“好累呀，这样假假地吐子弹，压根就打不到僵尸。”他四周张望，这时候放在舞台边的齿轮玩具吸引了小钟，小钟拿起玩具就向小宇砸去（图 4-25）。这样玩了一次、两次，小钟第三次用玩具当“子弹”射击时，玩具“哐当”一声砸到了小宇的头，小宇“哎哟”一声，抱着头立马眼泪汪汪，大声地说了句：“哼，不和你玩了！”然后哭着跑走了。小钟在舞台上愣了一会儿，然后也向躲在楼梯下的小宇追去。追上小宇后，小钟看着小宇说：“对不起，我错了，下次我会轻轻的。”说完，小钟主动抱了抱小宇，小宇脸上露出了笑容。接着，小钟和小宇手拉手回到了舞台，两人商量着再次互换了角色，又继续玩起游戏。

二、幼儿表演游戏的观察分析

在对幼儿表演游戏的观察中，可以参考第一课幼儿游戏活动的观察与分析要点，除了常规性的游戏观察要点之外，在表演游戏的观察中还应注意以下几点：

（一）作品的理解与还原

表演游戏以文学作品为主要线索，教师可以重点关注幼儿对作品的还原度情况，比如：

（1）是否理解作品的情节与发展脉络？

（2）是否理解和把握角色的形象与特征？

（3）是完全忠实于故事脚本，还是对其中片段进行改编或创编？

（4）如果有改编或创编，是同伴合作完成，还是某位幼儿独立完成？

对于小班的幼儿来说，通常是还原作品的片段，较难进行完整的故事表演；中班幼儿开始能够根据作品主要情节进行表演；大班幼儿可以抓住主要情节，并在表演中加入细节部分，有时还会加入幼儿创造与生成的内容。

（二）幼儿表演与表现能力

表演游戏兼具“游戏性”和“表演性”。表演性是表演游戏区别于其他游戏的重要特点，教师可以关注幼儿在游戏中的表演与表现能力，比如：

（1）幼儿在游戏中使用的语言、动作和表情是否符合角色特征？

（2）幼儿是否掌握作品中关键句式的表达？

（3）角色之间的对话是否具有逻辑性和紧密联系？

（4）对角色形象是否进行了创意性表演？

一般而言，表演游戏初期的幼儿需借助道具，对角色的一两个典型动作进行肢体表现，而后随着发展，幼儿可以根据自己对角色的理解设计相应的动作或表情。需要注意的是，有些表演游戏需要幼儿掌握某些技能作为支撑，如皮影戏、木偶戏都需要一定的操作技能。因此，教师在进行表演游戏的观察时，应关注不同年龄段幼儿表演与表现能力的发展差异，支持幼儿语言表达技能、歌唱表演技能以及形体表演技能等技能的发展。幼儿表演技能的发展阶段见表 4-8。

（三）游戏资源的使用

表演游戏离不开表演的场景设计和角色装扮。教师可以观察幼儿游戏中的如下内容：

表 4-8　　**表演技能发展阶段**

表演技能	阶段一	阶段二	阶段三
语言表达技能	很少能对角色的语言进行语音、语调上的特殊处理，但能大胆地表达，用完整句、简单句进行表述	能用较为准确的发音、恰当的词汇以及完整的复合句进行表达	能清楚地吐字吐词，较为灵活地对角色的语言进行处理，通过声音轻重、快慢、高低和停顿的调整来进行富有感染力和表现力的表达
歌词表演技能	吐字不清或唱错词、合拍较为困难、走音；但初步掌握一些歌唱表现技巧，能用速度、力度、音色的变化来进行表现	能比较完整、准确地再现歌词，较少唱错词、发错音；对二分、四分、八分音符的节奏型掌握较好；可以在音乐的伴奏下唱准音调；技巧上表现出速度、力度的逐渐变化	能掌握带有附点音符和切分音的节奏；能在无伴奏的情况下把握音准；技巧上能用跳音、顿音、保持音和连音来进行表现
形体表演技能	能用自己想出的动作表现熟悉的事物，能够创造性地用动作表现自己的想象和联想	较前一阶段掌握了更丰富的形体创造性表现技巧，能综合运用多样的形体表演技巧	能根据自己的想法，进行造型动作的进一步创编

（1）是否按照需求进行角色装扮？

（2）是否使用了道具？

（3）是否布置了表演场景？

（4）选择的游戏材料是否有利于角色形象的塑造？

（5）游戏中有没有因道具、场景、服饰分心？

（四）游戏中的合作行为与规则行为

角色游戏有一定的故事脚本限定，需要幼儿遵照一定规则完成表演，因此教师需要关注幼儿在游戏中表现出来的合作行为与规则行为，比如：

（1）如何选择与分配角色？

（2）如果不是心仪的角色，情绪反应如何，是否影响游戏进程？

（3）是否遵守表演规则，比如游戏出场的顺序等？

（4）能否与同伴合作表演，并坚持到表演游戏结束？

（5）能否与同伴协商并有效解决表演中的矛盾与困难？

结合上述要点，两名幼儿的“植物大战僵尸”表演游戏行为分析如下：

【案例 3】植物大战僵尸（2）

分析评价

从游戏表现来看，两名幼儿能将“植物大战僵尸”的电脑游戏以表演的形式，生动形象地展现在舞台上。虽然只有一个角色头饰，但是他们能巧妙利用身边的假发、玩具进行创造性表演，其表演表现出较强的想象力和创造力。游戏过程中，两名幼儿能遵守约定的游戏规则，轮流扮演角色。

小钟在游戏中表现出较强的游戏自主性，他愿意主动表达自己的想法，能通过友好商量及富有感染力的表演吸引同伴加入游戏。小钟乐于与同伴合作游戏，勇于担当，当他在游戏中不小心砸痛同伴的时候，能够做到及时道歉、拥抱安慰对方，并提出轻轻扔“子弹”的改进方法，反映出较高的社会性发展水平。小宇在游戏过程中乐于接受新事物、模仿能力强，并且能在游戏中大胆表达自己的想法，提出与同伴轮流扮演“豌豆射手”，被玩具砸到也能自如地表达对同伴的生气。当同伴道歉、安慰时，小宇能继续开心地同小伙伴一起游戏，反映出小宇良好的情绪调节能力，以及豁达、宽容的个性品质。

三、幼儿表演游戏的观察指导

作为表现性活动之一的表演游戏，不仅能够提升幼儿的艺术修养和审美经验，还能开发幼儿的再造性想象，增强幼儿的表现力，让幼儿变得更加开朗大方、自信主动、乐于交往。幼儿表演游戏的质量提升离不开教师有效的游戏指导，教师对幼儿表演游戏的指导可以从以下方面着手：

（一）协助幼儿选择和确定表演游戏的主题

幼儿表演游戏的题材主要来自童话、故事、寓言等文学作品，以及视频、电影和电视节目等，其中文学作品是最常见的表演游戏主题的来源。科学合理选择和运用文学作品是使幼儿表演游戏发挥出综合教育价值的关键所在。幼儿园教师应在把握各年龄段幼儿发展特点的基础上，结合幼儿的兴趣、爱好，协助他们选择适宜的文学作品，确定表演游戏的主题。适合幼儿进行表演游戏的作品应具有健康活泼的思想内容，具备一定的情境、一定的戏剧成分，也就是有一些场景和适用于表演的对话、动作。3—4 岁幼儿动作发展多于语言，选择文艺作品时应该以场景单一、包含较为明显的动作表现性的作品为主。这类作品适合这个年龄段幼儿对故事的理解、记忆，并切合他们以形体动作为主的表演需求。例如，故事《拔萝卜》，在该作品中只有种萝卜的菜地一个场面，且以拔萝卜的动作为主。4—5 岁幼儿适合的文艺作品可以具有较为简洁且多重复句式的对话，但场景不宜较多，且需相对集中，情节主线脉络清晰、简单明了且富于明显变化，重点突出，方便幼儿记忆和理解。5—6 岁幼儿可以选择表演元素更充足的作品，场景、对话、动作可以相对丰富，能支持这个年龄段幼儿生动性表演能力的培养，有利于锻炼幼儿用夸张的语言、歌唱、形体等表演技能进行角色塑造和情感体验。中大班的幼儿教师在收集、筛选用于表演游戏的文艺作品前，可以组织幼儿进行集体讨论，以更明确故事选择的适宜性。

【资源链接】

从绘本到表演游戏的实践探索（节选）

——以绘本《谁咬了我的大饼》的表演为例

一、实践研究背景

一些重大节日来临之际，幼儿园不可避免地要举办幼儿表演的活动，其中常常包括绘本表演。这些表演存在很多问题：第一，重于结果，疏于过程。教师面对幼儿园节日表演的任务，更多的是强化训练，注重表演游戏的结果，而疏忽了表演过程，缺乏游戏性。第二，教师主导，幼儿依从。绘本表演是教师的“表演”，幼儿如同木偶，是教师操纵下的机械展示，而非主动表演。第三，服务家长，幼儿次之。为了完美地完成节日表演任务，教师将绘本表演的第一目标指向家长，向家长展示幼儿在幼儿园生活的丰富多彩，而对幼儿真正的发展目标视而不见。《指南》中指出，“最大限度地支持和满足幼儿通过直接感知、实际操作和亲身体验获取经验的需要，严禁‘拔苗助长’式的超前教育和强化训练”。因此，如何让幼儿成为表演游戏的真主人？如何将表演游戏有效过渡到幼儿园中的表演活动？如何将绘本搬上舞台？这些是教师需要思考的问题。

二、实践与反思

（一）绘本选择

适合小班阅读的绘本有很多，如《999 个青蛙兄弟》《谁咬了我的大饼》《挤呀挤》《是谁嗯嗯在我头上》等。小班幼儿爱模仿，喜欢小动物的天性让他们喜欢模仿各类小动物。在日常生活中，笔者发现幼儿在吃饼干的时候，常常说：“看，我咬了什么形状？”“我的饼干是圆的。”“今天是小熊饼干。”……幼儿对形状较为敏感，并且很感兴趣。《谁咬了我的大饼》这一绘本中不仅有他们熟悉的动物，还有动物们神奇的嘴巴及咬痕。绘本中的小猪形象憨厚可爱，就像小班幼儿。小猪和其他动物的对话简短、不断重复，符合小班幼儿的表述特点。小猪寻找答案的过程极具戏剧性，开始的一小口为读者留下了一个大大的悬念。一次次的询问和证明，带给幼儿乐趣的同时伴随科学思考、想象；最为重要的是，幼儿有能力用自己的动作、语言来演绎这个故事。笔者结合所执教班级幼儿的兴趣、爱好，综合考虑小班幼儿的年龄特点、绘本的表演空间、教育意义等因素，选择了绘本《谁咬了我的大饼》。绘本的选择不仅仅是从理论角度分析的结果，更是和幼儿共读后的结果。在确定绘本前，笔者和个别幼儿共同阅读多本绘本，让幼儿尝试对角色进行动作表演及语言的表达，发现绘本《谁咬了我的大饼》更能唤起幼儿表演、模仿的欲望。最后，通过投票活动，幼儿也选择了绘本《谁咬了我的大饼》。

（二）绘本阅读

表演最能体现幼儿的综合能力。开展表演游戏之前，最重要的是要引导幼儿理解、感受、体验绘本故事，因此笔者设计了层层深入的绘本共读活动。

1. 集体共读——理解绘本，学说对话

笔者从集体阅读绘本活动开始，引导幼儿了解故事情节，感受角色特点，初步积累对话内容，丰富表演经验。在集体阅读的过程中，笔者提出问题，引导幼儿进行角色体验："小猪睡醒后，发现大饼被咬了一口，是什么形状？会是谁咬的呢？"提问激发了幼儿的兴趣，幼儿沉浸在小猪的角色中寻找"小偷"。笔者在活动室里放置了绘本中出现的动物形象，鼓励幼儿像小猪一样追踪，并模仿绘本中小猪询问其他小动物："是你咬了我的大饼吗？"笔者通过提问帮助幼儿理解绘本内容："是小鸟（狐狸、小兔、鳄鱼、河马）咬的吗？它的嘴巴是什么形状？"在集体阅读的整个过程中，笔者发现幼儿学小猪说话的语气各不相同，有气愤的，有伤心的，有好奇的……每个幼儿都有自己对角色的理解。笔者没有强调角色的心情，也没有"规范"幼儿的动作，而是希望他们能根据剧情大胆地自由发挥，增强游戏性，萌发创造性表演的兴趣。

2. 小组阅读——体验角色，发现问题

在集体阅读的基础上，笔者又组织幼儿进行小组阅读。在小组阅读的过程中，笔者鼓励幼儿模仿角色，用共同讨论的方式确定表演的方式，包括对话、动作、舞蹈等，鼓励幼儿提出自己的想法，并帮助他们实现。在进行角色动作体验时，笔者发现"小猪做饼"的动作是表演的难点，也就是说，幼儿缺少做饼的经验，而这方面经验的缺失可能造成他们表演时的冷场。由此，笔者和幼儿一起观看了如何做饼的录像，让他们积累了感性的做饼经验。在后来的小组阅读活动中，幼儿发现绘本中小猪做的饼很大，能让小猪躺在上面睡觉，那小猪怎么做这么大的饼呢？在讨论的过程中，一名幼儿大胆示范，假装整块空地都是他的大饼，这边擀一擀，那边擀一擀。另一名幼儿看了表演后说：“这好像跳舞啊！”于是，笔者和幼儿一起商量并增加了表演开始时的“做饼舞”。为了给“做饼舞”配乐，笔者鼓励幼儿和家长一起寻找合适的音乐，并通过民主投票，最终选择了乐曲《比萨》。经过观察，笔者发现当小班幼儿还不能很好地通过动作表达时，舞蹈律动可以弥补动作的缺陷。在情感体验方面，由于小班幼儿高兴、快乐的体验较多，在表现的时候也能较好把握，而对小猪发现大饼被吃了的伤心、一直找不到“小偷”的无奈这些负面情绪的把握则显得较差。就此，笔者再次通过小组阅读，和幼儿讨论小猪发现大饼被偷吃后的心情。

幼儿一：“大饼被别人吃掉，就会不开心。”

幼儿二：“小猪当警察，去找‘小偷’。”

幼儿三：“就会很紧张，就像鸡妈妈的蛋（被）偷了一样。”（前一天刚刚玩了“谁偷了我的蛋”的游戏）

幼儿四：“会生气！”（有点气呼呼的，一边说一边跺脚）

幼儿五：“它肯定很难过，做饼很累的……”

通过阅读与讨论，不断揣摩角色的心情，幼儿加深了对绘本的理解。幼儿能够体验一些特定的情感，但要将情感体验通过动作、语言、表情展现出来却是有难度的。小组体验式的绘本阅读，让幼儿以自己的方式理解绘本。在阅读的过程中，经验的丰富和角色的体验，使得他们在进行表演游戏时更能游刃有余，不会因为经验的缺失而影响表演的信心和创造力。在理解、感受、体验的基础上，幼儿的表演水到渠成，不再是没有方向性地被动接受教师的指导，而是有了主动参与的积极性。这样的表演游戏，融入了幼儿对绘本的理解。

小班幼儿在表演技能方面相对欠缺，因此，绘本表演更多地支持幼儿根据情节自主设计对白，教师不要求他们一字一句地按照绘本语言说，给他们更多的游戏性体验，同时提高幼儿各方面的表演技能，包括肢体动作、表情等。幼儿能够根据自己的理解和兴趣，进行一些自由的创编或改编，以自己的方式建构故事并推动故事情节的发展。

（三）表演游戏

在开展绘本《谁咬了我的大饼》的表演游戏的过程中，笔者贯彻游戏性先于表演性的原则，希望幼儿能积极参与，按照意愿选择角色，清晰、完整地说出对话，在提示下大胆表演，从而获得愉悦的体验。

1. 环境创设与材料准备

幼儿的表演游戏需要一个安全、有趣的环境，因此要为幼儿准备封闭或半封闭的空间。笔者在活动室开设了一个“小剧场”，专门为幼儿的表演游戏所准备，给予幼儿认同感和安全感。

小班幼儿常依附材料进行表演游戏，因此材料的提供尤为重要。第一，师幼共同制作“大饼”，并对“大饼”进行“深加工”——当不同动物角色去咬这块“大饼”时，能将被咬的部分从完整的“大饼”上拽下来。第二，师幼共同制作角色头饰。第三，设置了森林背景。

2. 角色分配

《谁咬了我的大饼》中共六个角色——小猪、小鸟、小兔、狐狸、鳄鱼、河马。笔者先尝试让幼儿自行讨论角色分配，发现因为幼儿性格不同，会出现不同的结果：当小组中出现有着权威性的“领导人”时，他就能进行角色的分配；当遇到多名幼儿争着演一个角色又坚决不服从他人安排时，就需要教师介入，鼓励幼儿轮流扮演角色。

3. 游戏过程

游戏开展的过程就是幼儿的表演从无序到有序的过程，也是幼儿角色表现意识逐步提高的过程。

（1）表演状态无序——幼儿共推进。最初的表演是相当混乱的，幼儿各玩各的。在笔者的引导下，幼儿虽然表面上慢慢融合，但没过多久又开始各玩各的。幼儿的表演状态令人担忧，有呆呆站立的，有手足无措的，有忘记对白的……其中，一些能力较强的幼儿会提醒同伴，比如说会提醒“小鸟”吃“大饼”的时候要掰掉一部分的“大饼”而不是光说话、没有动作。虽然过程看起来杂乱无序，但幼儿对绘本表演的经验在想象、模仿、思考中逐步丰富。

（2）表演内容无序——绘本做“导演”。有的幼儿在表演时直接进入高潮，即刚刚分配好角色，“小猪”就马上跑过去问各个小动物：“是你咬了我的大饼吗?”然后不停地追逐打闹。笔者针对小班幼儿的年龄特点，在表演区前放置了《谁咬了我的大饼》的大绘本，引导幼儿根据绘本中每一页的内容，有秩序地、自主地表演。绘本就成了“导演”，负责表演的推进。这也有效地解决了幼儿对上场、退场感到迷茫的问题。幼儿在经过讨论、不断磨合后，无序的状态也慢慢有所变化。他们会一遍又一遍地根据绘本反复地表演，每次表演都会在上一次的基础上有所改进，相互的配合越来越默契，表演技巧也越来越娴熟。

4. 交流讨论

游戏后，笔者组织幼儿进行交流，说一说遇到了什么困难，夸一夸谁演得好。游戏后的交流是幼儿共同寻求有效解决困难的平台，同时也是欣赏、分享他人经验的途径。由于小班幼儿的语言表达能力有限，自我评价及评价他人的水平相对较低，更多时候需要教师对幼儿的表演进行评价。

在游戏过程的交流讨论中，令人惊喜的是绘本结局的创编。《谁咬了我的大饼》是一本开放性结局的绘本。经过多次交流和讨论，幼儿对于绘本故事结局的设想和创编呈多样化。有的幼儿认为结局应当是小猪发现是自己咬的大饼后痛哭流涕，有的幼儿提议结局应当是小猪回家又做了一个大饼，有的幼儿觉得小猪邀请小动物一起来家里吃大餐的结局更完美……创造性的表演给了幼儿创造和想象的空间。

资料来源：吴晓玥. 从绘本到表演游戏的实践探索——以绘本《谁咬了我的大饼》的表演为例［J］. 幼儿教育研究，2018（4）.

（二）创设多样化的游戏环境和丰富化的表演材料

首先，教师应该营造宽松的表演环境，确保充裕的表演时间。表演游戏是幼儿以表演角色的活动来自我满足，追求表演的满足和快乐，不以表演给别人看为目的。创设宽松的表演环境，有利于幼儿用轻松的心态了解角色、揣摩角色的语言、表情和动作，从而更加深入地体验角色的情感、情绪和性格品质。充分的游戏时间是幼儿深入开展游戏的必要保证，也是容易被忽略的一个因素。通常来说，大班幼儿的表演游戏时间务必要保留40~50分钟，才能让幼儿在游戏过程中体验到快乐和不断创造的乐趣。例如，在《小牛过生日》的表演游戏中，几次游戏下来，有的孩子觉得每个小动物来到小牛家门口，面对小牛那声“谁呀?”的询问时，直接说出自己的身份显得简单、缺乏神秘感和惊喜感，他们觉得可以用猜谜语的方式引出角色，让小牛猜一猜来客是谁。也有的幼儿决定通过模仿各种小动物的最具特征性的声音来与小牛互动。这都是在充足时间的体验下才能有的不断的反思、磨合、推进和出新。其次，教师应为幼儿提供丰富多样的游戏材料，满足幼儿表演游戏的需要。教师投放材料时要注意灵活性，打破材料的高结构性，这样幼儿在游戏时才能运用想象力选择相关的材料进行替代，而不是使用教师预先做好的仅有固定用法的材料。教师甚至可提供相关的半成品材料，让幼儿根据需要自己动手动脑制作材料和增添材料，这样更有助于开展创造性表演游戏。另外，在表演游戏发展的不同阶段，幼儿的游戏核心任务不同，所需的材料支持也就不相同，教师可以依据表演游戏的不同发展阶段来为幼儿提供更具有针对性和适用性的材料。表演游戏不同发展阶段的游戏材料投放建议可以参考表 4-9。

表 4-9　　**表演游戏发展阶段投放材料建议表①**

发展阶段	核心任务	投放建议
第一阶段（酝酿表演，形成脚本）	1. 熟悉并了解故事情节、角色、角色对话及动作等，形成脚本 2. 能够分角色合作讲述故事 3. 逐步产生表演的兴趣	1. 投放手偶、故事盒、沙盘、多本故事书在帮助幼儿熟知故事 2. 投放部分角色道具、服饰等引发幼儿的表演兴趣
第二阶段（自主表演、改编、创编故事）	1. 根据生活经验，在脚本的基础上增加情节、对话以及对角色的理解等 2. 根据自主游戏中的突发需要自制道具，或以物代物寻找道具等	1. 投放角色相关的部分服饰、角色道具等支持幼儿在经验不足时自主表演 2. 投放部分半成品材料，支持幼儿在游戏中突发的“以物代物” 3. 投放一些纸笔，鼓励幼儿对改编或创编的内容等进行记录
第三阶段（高潮、生动表演）	1. 将根据多条线索改编、创编的内容进行整合，形成新的表演脚本 2. 熟练使用制作的道具 3. 幼儿在完全熟悉表演后开始更多地以物代物等	1. 投放幼儿自制的各种道具、服饰等，供他们选择使用 2. 减少成品投放，鼓励幼儿以物代物，甚至直接用身体造型等进行表演

（三）指导幼儿运用恰当的表演技能开展游戏

在指导幼儿的表演游戏时，教师需要根据年龄班或者表演游戏的主题等进行不同方式和内容的指导。对于小班幼儿，教师可以经常参加幼儿的表演游戏，一方面可以给幼儿带来示范表演，给尚不会表演的小班幼儿启示，让他们模仿；二是便于观察幼儿的游戏状况，及时用提问、建议的方式启发和帮助幼儿理解作品内容，激发幼儿用自己创造出来的、生动形象的语言和动作来表现作品内容。对于中大班幼儿，教师以调动、发挥幼儿的主动性为主，鼓励幼儿按照自己的意愿进行表演，并且避免在幼儿表演过程中随意打断。此外，考虑到部分文艺作品的内容和情节需要借助一定的表演技能才能得以展示。教师还可对幼儿的语言表达技能、歌唱表演技能、形体表演技能以及木偶、皮影戏的操作技能进行相应的训练。

① 李曼. 表演游戏中提升幼儿游戏性体验的策略探析［J］. 保育与教育，2022（1）.

（四）重视游戏过程中教师的科学指导

首先，教师应树立“游戏性”先于“表演性”的理念。游戏性体验是表演游戏不可或缺的重要心理成分和构成因素。教师应给予幼儿充分的选择权，由其自主决定角色，并根据自己对作品或者故事的理解进行个性化的表现，而不是一味地遵从固定的模式进行表演。教师应在保护幼儿的“游戏性”的前提下对幼儿进行指导和启发。其次，教师应选择适宜的指导方式，避免随意打断或干扰幼儿的游戏。在整个活动中，教师不是以指挥者、导演者的姿态出现，而应以合作者、引导者、支持者的身份介入。当幼儿的表现和原先预想的不同时，教师应用欣赏期待的眼光看待，放下原本的计划，允许幼儿本色出演，关注幼儿当下的表演，寻找闪光点和助推点。例如，当教师发现幼儿遇到困难无法继续游戏时，应判定好介入时机，用启发性的、建议式的语言，让幼儿看清现状、了解问题所在，并尝试自我解决问题。而当幼儿在游戏中产生创造性的想法时，教师应及时捕捉和提供帮助，提供适宜的材料，让幼儿大胆创编，丰富情节，充分展现自己的想象力和创造性。

参考以上的指导要点，两名幼儿的表演游戏行为指导建议为：

【案例 3】植物大战僵尸（3）

指导建议

首先，教师应关注幼儿在游戏中的安全问题。教师在平时的活动中，以及游戏前都要有意识地培养幼儿的安全意识和提高幼儿的自我保护能力。游戏过程中和游戏结束后，教师可以结合游戏材料的正确使用和游戏内容的适宜性来对幼儿进行安全教育，如引导幼儿讨论“能否用玩具玩‘砸人’游戏?”“怎样让‘僵尸’不受伤?”

其次，对于中大班幼儿，教师可以鼓励幼儿参与游戏环境创设。例如，为满足孩子们对“植物大战僵尸”游戏的浓厚兴趣，教师可以鼓励他们进行更多头饰的制作，并将头饰投放到表演区域。游戏材料的制作同样要注意安全问题。不建议教师直接投放软质的子弹，可以投放一些较柔软的开放性材料，例如报纸、棉球等材料，鼓励幼儿利用材料大胆创造和想象。

再次，挖掘“植物大战僵尸”游戏的教育价值。教师应引导幼儿在游戏过程中体验“豌豆射手”的勇敢与奉献精神，鼓励幼儿思考“还可以怎么保护植物?”，以发展幼儿的思维能力，拓展和丰富游戏内容，为更多幼儿共同游戏提供思路。

注：【案例 3】“植物大战僵尸”完整的观察记录见本单元末“学习资源”。

【学思研训】

一、选择题

1. 当教师以“病人”的身份进入小班“医院”时，有六位“小医生”同时上来询问病情，每个孩子都积极为教师看病、打针，忙得不亦乐乎，结果教师一共被打了六针。对小班幼儿这种游戏行为最恰当的理解是（　　）。

A. 过于重视教师身份　　B. 角色游戏呈现合作游戏的特点

C. 在游戏角色定位上出现混乱　　D. 角色游戏呈现平行游戏的特点

2. 小班同一个娃娃家中，常常出现许多“妈妈”在烧饭，每位幼儿都感到很满足。这反映了小班幼儿游戏行为的特点是（　　）。

A. 喜欢模仿　　B. 喜欢合作

C. 协调能力差　　D. 角色意识弱

3. 梅梅和芳芳在娃娃家玩，俊俊走过来说：“我想吃点东西。”芳芳说：“我们正忙呢。”俊俊说：“我来当爸爸炒点菜吧。”芳芳看了看梅梅说：“好吧，你来吧。”从俊俊的社会性发展来看，下列哪一个选项最贴近他的最近发展区？（　　）。

A. 能够找到一个自己喜欢的玩伴

B. 开始使用一定的策略成功加入游戏小组

C. 在 4~5 名幼儿的角色游戏中进行合作性互动

D. 能够在角色游戏中讨论装扮角色的行为

4. 幼儿拿一根竹竿当马骑，竹竿在这个游戏中属于（　　）。

A. 表演性符号　　B. 工具性符号

C. 象征性符号　　D. 规则性符号

5. 幼儿以积木、沙、雪等材料为道具模仿周围现实生活的游戏是（　　）。

A. 表演游戏　　B. 结构游戏

C. 角色游戏　　D. 规则游戏

二、材料分析题

1. 材料：中班角色游戏中，有的幼儿提出要玩“打仗”的游戏。他们在材料柜里翻出好久不玩的玩具吹风机当“手枪”，仿真型灯箱当“大炮”，“哒哒哒”地打起来，玩得不亦乐乎。李老师看到此情景非常着急，连忙阻止，说道：“这是理发店的玩具，不能这样玩。”【2020 年下半年幼儿教师资格证笔试科目《保教知识与能力》真题】

问题：（1）李老师的阻止行为是否合适？请说明理由。

（2）如果你是李老师，你会怎么做？

2. 观看中班幼儿建构游戏“土楼”的活动视频，完成以下任务：

（1）撰写师幼互动观察记录。

（2）分析幼儿的建构游戏水平，并对教师的指导行为进行评价。

试题来源：2022年全国职业院校技能大赛高职组学前教育专业教育技能赛项B赛项保教视频06赛题，下载网址：http://www.chinaskills-jsw.org/content.jsp?id=ff8080817f93a18e017fbf0213700064&classid=ff8080814ead5a970151265649470341.

【学习资源】

【案例1】玩积木的小美和锐锐

轶事记录		
观察日期：2019年3月16日		编号：05
幼儿姓名：小美	性　　别：女	年　　龄：3岁
幼儿姓名：锐锐	性　　别：男	年　　龄：3岁2个月
开始时间：11:05	结束时间：11:20	
观察地点：教室	观 察 者：秦老师	
观察目标：观察幼儿的游戏行为		
观察记录 小班建构区，小美和锐锐都在玩积木。小美从积木筐中取出大大小小的积木，把它们首尾相接沿着桌子边一字铺开。当长长的一列积木在桌面排不下时，小美沿着桌角转个弯，继续把剩下的积木平铺开来。就这样，当小美用积木把桌子的四条边差不多排满，围了一圈时，筐里的积木也刚好用完。 锐锐在小美的邻桌玩积木，他将积木纵向叠高，叠加成了一座高高的积木塔，共有12层。他扭过头来问小美：“高吗？我搭的是大厦哦！”小美没有回应，锐锐继续看着自己的作品，想了想，又在积木塔周围平铺了一些积木，指着这些积木说：“广场！”		
分析评价 从游戏的建构行为来看，小美主要使用了平铺的搭建技能，锐锐主要使用了堆高的搭建技能，两名幼儿表现出的建构技能都比较简单。通常来说，小班幼儿建构技能水平较低，两名幼儿的建构行为较为符合其年龄特点。 从游戏的象征性行为来看，小美没有明显的象征性行为，其游戏兴趣更多是对于积木的摆放和操作；锐锐对自己的建构作品有“大厦”的命名行为，说明锐锐已经开始具备利用搭建物进行初级表征的能力。		

续表

轶事记录
从游戏中的社会性交往行为来看，小美和锐锐都处在独自游戏和平行游戏阶段，在游戏中几乎没有交流，互动很少。游戏中锐锐问小美自己的搭建“高吗”，反映出锐锐在结构性游戏中体验到成就感，也渴望得到别人的肯定。小美没有回应，说明她对同伴的建构作品并不关心，只关注自己的游戏。 从建构的目的性和计划性来看，小美一直沿着桌子边沿平铺积木，没有表现出明显的计划性。锐锐在建好了“大厦”之后又搭建了一个“广场”，反映出锐锐搭建行为具有一定的目的性和计划性。
指导建议 首先，丰富和拓展幼儿的建构经验，提高幼儿的建构行为水平。在幼儿已经熟悉平铺、堆高、围合这些简单的搭建技能后，教师可以为幼儿提供更多数量的不同类型的结构性材料，引导幼儿认识不同建构材料，鼓励幼儿尝试多种建构行为。教师也可以通过提供一些建构作品图，引导幼儿观察，辅以教师的示范和讲解，帮助幼儿掌握更多的建构知识和技能，进而提升幼儿的建构技能。 其次，鼓励幼儿在搭建前尝试做计划，搭建后为自己的建构作品命名。这样做是为了让幼儿的建构行为能够从做了再想、边想边做，发展到想了再做，提高幼儿建构的目的性和计划性，促进幼儿思维的发展。例如，教师可以询问小美：“你搭了什么呀?”引导小美说一说自己的建构作品，了解小美的游戏表征水平，以便进行更有针对性的指导。对于锐锐，教师则可以引导他在建构前说一说自己的建构计划和想法。 最后，关注幼儿在游戏中的社会性交往行为。教师可以通过组织建构作品分享活动，增加幼儿之间了解、交流和互动的机会，引导幼儿与同伴一起玩结构性游戏，遇到问题相互帮助和协商，促进幼儿游戏的社会性水平向更高级发展。

【案例2】打针游戏

事件取样		
观察日期：2020年5月16日		编号：01
幼儿姓名：乔棋	性　　别：男	年　　龄：3岁6个月
幼儿姓名：呦呦	性　　别：女	年　　龄：3岁4个月
开始时间：10:00	结束时间：10:10	
观察地点：教室	观 察 者：李老师	
观察目标：1. 观察两名幼儿的游戏行为表现 2. 观察教师的游戏指导行为		

续表

事件取样

观察记录

姓名	角色扮演	想象的转换			社会互动	语言沟通		持续性
		材料	动作	情境		元交际	假装的角色沟通	
乔棋	扮演医生，给病人看病、打针	不带针头的注射器，棉签，空药瓶代替医生的设备	在药水瓶里吸药水到注射器（在老师提醒下完成）；给玩偶羊消毒（在老师提醒下完成）；在玩偶羊的屁股上打针，同时轻拍		询问病人哪里不舒服，给病人打针	与同伴交流：“消过毒了。”与老师交流：“没有加（药水）”	“他哪里不舒服啊?”“头疼打一针就好了。”“打在屁股上吧。”“放松一点，放松一点。”	游戏时间 2 ~ 3 分钟
呦呦	扮演宝宝的妈妈，带宝宝去医院看病	用玩偶羊代替宝宝	全程抱着玩偶羊，但有时倒着抱；按住玩偶羊的打针处；安抚打针后的玩偶羊（在老师提醒下完成）		告知医生宝宝头痛，配合医生给宝宝打针	回应老师说的打空针问题：“要出血的。”右手比划打针的姿势：“要打慢慢打，不要那样打。”	“他的头痛。”“宝宝不要哭，我带你去玩好吗?”（在老师提醒下完成）	游戏时间 2 ~ 3 分钟

图 4-23　打针游戏

续表

分析评价 这是一个有主题、有情节的社会性主题角色游戏。乔棋和呦呦在游戏中分别扮演了医生和病人家属，能够表现出一些与角色特征相符的角色行为，角色之间存在多次互动，这说明两名幼儿初步具备角色意识和角色认知。但是，两名幼儿在其角色扮演中有很多细节没有表现到位，例如扮演医生的乔棋需要在老师的提醒下才能完成消毒、吸药水等动作；而扮演妈妈的呦呦会忘记安抚宝宝，多次出现将宝宝倒着抱的行为等。 游戏材料的选择方面，两名幼儿使用的游戏材料多是真实物品或仿真类物品，反映出两名幼儿的象征性动作还需要依赖形象相似的物品作为支柱。 此外，整个游戏持续时间较为短暂，没有出现游戏情境的转换，游戏情节和内容都不够丰富。同时，由于受到老师和现场同伴的观摩和干扰，两名幼儿的游戏兴趣不高，游戏的情绪体验较差，游戏的自主性和创造性没有得到表现。
指导建议 第一，教师应该鼓励和支持幼儿自主进行游戏主题、游戏材料和游戏角色的选择和分配，不应该把游戏当成是对幼儿的奖励或惩罚手段。教师需要为幼儿创设良好的游戏环境，包括充足的游戏时间、丰富的游戏材料、足够的游戏场地，以及宽松、和谐、自主的游戏氛围。案例中两名幼儿的游戏是在老师和同伴的观摩和评价中进行的，游戏行为多次受到老师和同伴的干扰，导致整个游戏过程缺乏自主性和创造性。 第二，教师应该学会观察幼儿游戏，以合适的方式适时给予指导。例如，教师发现乔棋打针的时候没有吸药水，可以选择在旁边扮演同样的医生角色来给病人打针，把吸药水的过程用言语大声说出来，让乔棋听到；或者以另一名医生或护士的身份加入幼儿的游戏，提醒他忘记吸药水了；还可以将医生看病的流程图挂在该区域的墙上，起到提示作用。 第三，教师应该帮助幼儿拓展游戏主题、情节和内容。例如，案例中教师可以通过视频、绘本、讨论等方式，结合幼儿的生活经验，引导他们回忆和观察医生和护士的工作细节，帮助他们整理和补充关于医生看病的知识经验，提高幼儿对游戏角色的认知水平，进而促进幼儿游戏水平的提升。

【案例 3】植物大战僵尸

轶事记录			
观察日期：2021 年 3 月 16 日			编号：01
幼儿姓名：小钟	性　　别：男	年　　龄：5 岁	
幼儿姓名：小宇	性　　别：男	年　　龄：5 岁 2 个月	

续表

轶事记录	
开始时间：15:30	结束时间：15:50
观察地点：教室	观　察　者：李老师
观察目标： 1. 观察幼儿的表演游戏行为 2. 幼儿对游戏中冲突的处理方式	
观察记录 区域游戏时间到了，孩子们都自主地选择自己想玩的地方开始游戏。小钟选择了小舞台，一到舞台上，小钟就迫不及待地戴上了“豌豆射手”头饰，可小舞台只有他一个人。于是小钟主动招呼旁边的小宇，说：“嗨，我们一起来玩个游戏，我当‘僵尸’，你来当‘豌豆射手’。”说着，小钟取下头饰，拿起旁边的假发套戴在头上，开始披头散发地学起了“僵尸”走路，小宇被小钟的模样逗得笑起来，马上加入了游戏。小宇站在舞台的东边，嘴巴里“突突”地吐着“子弹”，小钟站在舞台的西边，模仿着“僵尸”缓慢地向前移动（图 4-24）。  图 4-24  图 4-25 玩了两遍游戏后，小宇说：“我们轮流来演‘僵尸’吧。”小钟同意了，于是他们交换角色，这次小钟扮演“豌豆射手”，小宇扮演“僵尸”。小钟朝向小宇的前进方向，嘴巴“突突，突突”地吐着“子弹”。不一会儿，小钟自言自语地说：“好累呀，这样假假地吐子弹，压根就打不到僵尸。”他四周张望，这时候放在舞台边的齿轮玩具吸引了小钟，小钟拿起玩具就向小宇砸去（图 4-25）。这样玩了一次、两次，小钟第三次用玩具当“子弹”射击时，玩具“哐当”一声砸到了小宇的头，小宇“哎哟”一声，抱着头立马眼泪汪汪，大声地说了句：“哼，不和你玩了！”然后哭着跑走了。小钟在舞台上愣了一会儿，然后也向躲在楼梯下的小宇追去。追上小宇后，小钟看着小宇说：“对不起，我错了，下次我会轻轻的。”说完，小钟主动抱了抱小宇，小宇脸上露出了笑容。接着，小钟和小宇手拉手回到了舞台，两人商量着再次互换了角色，又继续玩起游戏。	

续表

轶事记录
分析评价 从游戏表现来看，两名幼儿能将“植物大战僵尸”的电脑游戏以表演的形式，生动形象地展现在舞台上。虽然只有一个角色头饰，但是他们能巧妙利用身边的假发、玩具进行创造性表演，其表演表现出较强的想象力和创造力。游戏过程中，两名幼儿能遵守约定的游戏规则，轮流扮演角色。 小钟在游戏中表现出较强的游戏自主性，他愿意主动表达自己的想法，能通过友好商量及富有感染力的表演吸引同伴加入游戏。小钟乐于与同伴合作游戏，勇于担当，当他在游戏中不小心砸痛同伴的时候，能够做到及时道歉、拥抱安慰对方，并提出轻轻扔“子弹”的改进方法，反映出较高的社会性发展水平。小宇在游戏过程中乐于接受新事物、模仿能力强，并且能在游戏中大胆表达自己的想法，提出与同伴轮流扮演“豌豆射手”，被玩具砸到也能自如地表达对同伴的生气。当同伴道歉、安慰时，小宇能继续开心地同小伙伴一起游戏，反映出小宇良好的情绪调节能力，以及豁达、宽容的个性品质。
指导建议 首先，教师应关注幼儿在游戏中的安全问题。教师在平时的活动中，以及游戏前都要有意识地培养幼儿的安全意识和提高幼儿的自我保护能力。游戏过程中和游戏结束后，教师可以结合游戏材料的正确使用和游戏内容的适宜性来对幼儿进行安全教育，如引导幼儿讨论“能否用玩具玩‘砸人’游戏”？“怎么样让‘僵尸’不受伤？” 其次，对于中大班幼儿，教师可以鼓励幼儿参与游戏环境创设。例如，为满足孩子们对“植物大战僵尸”游戏的浓厚兴趣，教师可以鼓励他们进行更多头饰的制作，并将头饰投放到表演区域。游戏材料的制作同样要注意安全问题。不建议教师直接投放软质的子弹，可以投放一些较柔软的开放性材料，例如报纸、棉球等材料，鼓励幼儿利用材料大胆创造和想象。 再次，挖掘“植物大战僵尸”游戏的教育价值。教师应引导幼儿在游戏过程中体验“豌豆射手”的勇敢与奉献精神，鼓励幼儿思考“还可以怎么保护植物？”，以拓展和丰富游戏内容，为更多幼儿共同游戏提供思路。

第五单元

幼儿行为观察之“运动篇”

【情境导入】

进入中班下学期后，杨老师在进餐活动中为幼儿准备了筷子和勺子，鼓励幼儿根据自己的兴趣和能力自由选择进餐工具。杨老师连续一个星期对幼儿使用筷子的情况进行了观察和记录，她发现班级幼儿大多数尝试使用了筷子，但由于拿不稳、夹不起来食物，很多幼儿拿起筷子试了试就放下了，甚至还有幼儿在进餐中拿着筷子玩起别的游戏。班级中的刘老师认为幼儿还不会用筷子，应该暂停给孩子们提供筷子。杨老师却认为孩子们的精细动作是需要通过生活中的练习而发展起来的，因此不但要继续为孩子们提供筷子，还要在区域活动和游戏活动中多关注和有计划培养幼儿的精细动作。两位教师的观点你更赞同谁呢？对于幼儿精细动作的指导你有哪些方法？

通过本单元的学习，你将了解幼儿运动观察的意义、幼儿粗大动作和精细动作观察与分析的要点和指导要点，学习“慧眼”解读幼儿的运动，“慧心”支持幼儿的动作发展。

【学习目标】

1. 理解幼儿运动观察的意义。
2. 掌握幼儿粗大动作、精细动作的观察要点。
3. 能够分析幼儿粗大动作、精细动作发展特点，并提出相应支持策略。

【学习准备】

1. 阅读预习

(1)《幼儿园教师专业标准（试行）》

(2)《3—6 岁儿童学习与发展指南》

(3)《幼儿园保育教育质量评估指南》

(4) 相关书籍推荐：

柳倩，周念丽，张晔. 学前儿童健康学习与发展核心经验 [M]. 南京：南京师范大学出版社，2016.

叶平枝. 幼儿园健康领域教育精要——关键经验与活动指导［M］. 北京：教育科学出版社，2020.

潘月娟. 学前儿童观察与评价［M］. 北京：北京师范大学出版社，2015.

2. 思考求解

（1）幼儿运动的观察意义是什么?

（2）幼儿粗大动作、精细动作的观察与分析要点有哪些?

（3）可以从哪些方面去支持幼儿粗大动作和精细动作的发展?

第一课

幼儿运动的观察指导

幼儿期是身体生长发育的关键时期。《纲要》明确指出："幼儿园必须把保护幼儿的生命和促进幼儿的健康放在工作的首位。"健康是幼儿发展的基础，运动则是幼儿健康的重要保障。运动不仅可以促进幼儿的生长发育，对幼儿身体素质的提升也大有益处。教师通过观察幼儿的运动表现，可以了解幼儿的身体运动能力的发展情况，了解幼儿的运动兴趣，进而有针对性地做好幼儿运动的支持工作，以促进幼儿的健康发展。

一、幼儿运动的观察意义

著名教育家陶行知说过："教育为本，观察先行。"没有仔细的观察，就谈不上正确的、有效的教育方法。教师只有细致观察、科学分析幼儿的运动表现，才能真实地了解幼儿的运动发展情况，为幼儿提供具有针对性、建设性的帮助与指导。具体来说，观察在幼儿运动中的作用如下：

（一）科学评价幼儿的运动能力

《指南》指出，幼儿的身心发展是一个循序渐进的过程，其间也会有阶段性特征或特点，幼儿教师对幼儿发展进程中的个别差异要充分尊重和理解，并且支持、引导他们从原有的水平发展至更高的水平，根据自身特有的方式和速度到达《指南》所展现的发展"阶梯"，避免用同一把"尺子"衡量幼儿。教师通过对幼儿运动的观察，可以观察到不同幼儿在运动中的不同表现，也可以观察到不同幼儿对同一种运动材料的不同玩法，这就要求教师在分析、评价幼儿运动能力时，既要做到掌握幼儿运动能力发展的规律特征，又要关注幼儿的个体差异，以及合理考虑性别、家庭、天气等各种因素对幼儿运动能力的影响。教师只有科学、合理地评价幼儿的运动能力，才能在此基础上做到因材施教，提出具有针对性和有效性的指导策略。反之，教师若没有对幼儿运动进行观察，是很难凭感觉判断幼儿是否掌握了其在最近发展区的基本技能，更无法具体针对幼儿的基本动作、技能提出合适的解决策略，也就不能合理地促进幼儿运动能力的发展。

【想一想】

夹珠子的露露

露露在夹珠子，手里拿着镊子将珠子从一个碗往另一个碗夹。1 分钟后，露露对我说：“老师，您帮我数。”我说：“好的。”她慢慢地用镊子紧紧夹住一个珠子，轻轻抬起手臂，挪到另一个碗上方再把镊子松开。我嘴里说着：“1 个、2 个、3 个、4 个、5 个、6 个、7 个。你这次夹了 7 个。”露露说：“我在家里能夹 30 个呢。”于是，她继续夹珠子。这次露露用镊子夹珠子的速度很快，珠子还没有夹紧，她的手臂已经抬了起来，所以露露只连续夹了 3 个，珠子就从镊子中滑落到了地上。露露迅速弯下腰把珠子捡起来后放进碗里，然后把一个碗里的珠子全部倒入另一个碗中，重新开始夹。不同的是，这一次她开始慢慢地夹紧珠子之后再往另一个碗中放。将 10 个珠子不间断地夹到另一个碗中之后，她又将珠子全部夹回原来的碗中。露露一直在低头做，其他幼儿从她身边经过，她都没有抬头。全部夹完之后，露露抬起头，面带微笑地和我说：“我做完了。

任务：请从动作发展角度对露露夹珠子的行为进行分析与评价。

资料来源：李晓巍. 幼儿行为观察与案例［M］. 上海：华东师范大学出版社，2017.

（二）保障幼儿运动的安全、有序

《纲要》指出：“教师应成为幼儿学习活动的支持者、合作者、引导者。”在幼儿运动过程中，为了保障幼儿运动中的安全和有序，教师的观察、支持与引导尤为重要。一方面，教师的观察可以有效提高幼儿运动中的安全性。通常来说，幼儿开展体育活动前，教师已经为幼儿精心创设了安全、健康的运动环境，但幼儿活泼、好动，而且随着身体的快速发育，肌肉群的日渐出现，运动能力不断增强，往往喜欢在活动任务之外寻求刺激与挑战或者在运动过程中出现不规范使用运动器材的问题等，这些问题背后往往隐藏着安全风险。因此，教师要特别注意对幼儿的运动安全进行指导，避免安全事故的发生。另一方面，教师需要观察幼儿运动过程中的常规行为，如是否规范使用了运动器材，是否遵守运动的规则，是否爱护游戏器具，是否关注运动中的安全等。为了保障幼儿运动的有序进行，教师需要结合幼儿运动中的具体表现，对幼儿运动的安全性、规则性等进行适当引导和教育，增强幼儿对运动常规的理解和掌握，提高幼儿的运动安全意识和自我保护能力，以及对运动材料的规范使用和整理进行合理有效的指导。

（三）促进幼儿良好心理品质的发展

运动能够发展幼儿的基本动作，促进身体的正常发育，增强体质，还有利于培养幼儿对体育活动的兴趣和积极参加体育锻炼的习惯。同时，运动也是培养幼儿良好心理品质，促进幼儿全面发展的有效途径。《指南》也指出：“幼儿阶段是儿童身体发育和机能发展极为迅速的时期，也是形成安全感和乐观态度的重要阶段。发育良好的身体、愉快的心情、强健的体质、协调的动作、良好的生活习惯和基本生活能力是幼儿身心健康的重要标志，也是其他领域学习与发展的基础。”因此，教师应该意识到幼儿运动的目的不仅仅是增强幼儿的体质，更大的价值在于通过体育锻炼，发展幼儿各方面的能力，包括幼儿的个性品质和社会性表现，进而促进其身心和谐发展。幼儿在运动过程中，会伴随各种情绪体验，如完成任务时的喜悦、兴奋，遇到挑战时的紧张、害怕，任务失败时的沮丧、失落等。教师只有细致观察幼儿的运动表现，才能及时发现幼儿的各种情绪体验，进而能够及时加以引导，如协助幼儿完成任务，鼓励幼儿大胆尝试、安慰沮丧的幼儿等，教师的鼓励与支持可以提高幼儿参与、探究的兴趣，还可以给予幼儿不畏困难，愿意尝试、再尝试的勇气，促进幼儿在运动中保持专注、不轻言放弃等良好心理品质的发展。

【资源链接】

小袋鼠拜年

小陈拿着一个沙包，不是整个拿而是提着一个角，站在一边看小朋友来回穿梭夹包跳着“送礼物”。老师走过去对她说：“小陈会不会跳？”她低头不理会老师。老师说：“老师和你一起跳吧？”小陈摇头，找借口说：“我脚痛，跳不起来。”老师便假装当医生，拍了拍她的脚说：“好了，脚治好了，不痛了。”接着又说：“你给老师送礼物好吗？”考虑到小陈跳的动作不协调，第一次，老师牵着她的手，不夹包双脚连续跳到另一端（她显得有点气喘吁吁了）。第二次，老师帮助她把沙包夹好，然后站在对面用信任的眼神鼓励她。小陈犹豫了一下，老师向她招手：“快过来吧！”小陈终于跳了起来，跳的频率比较慢，又怕沙包丢了，中间还用手扶住。到了目的地，老师高兴地接住了她的“礼物”，抱住她，直夸她：“真能干！”

资料来源：王淑琴，郭丽璟．幼儿体育教学活动创新设计[M]．杭州：浙江大学出版社，2005.

二、幼儿运动的观察与分析要点

运动能力是促进幼儿其他领域发展的基础，同时对幼儿身体活动水平、体质健康、体能发展和体育锻炼行为等都有积极影响。柳倩和周念丽（2016）等提出：“幼儿运动能力的核心经验包括身体控制与平衡能力、身体移动能力以及器械（具）操控能力三个方面。”教师可以从这三方面对幼儿的运动表现进行观察与分析。此外，教师还可以从幼儿运动的情绪、意志、同伴互动、器具整理、自我保护等行为方面进行观察与分析。

（一）身体控制与平衡能力

身体控制与平衡能力是幼儿控制身体以适应不同的任务和环境，这是维持身体姿势、运动的基本前提。身体控制指的是控制身体在空间的位置以保持身体的稳定性和方向性。平衡指身体控制的稳定性。身体控制与平衡能力的发展有助于幼儿前庭器官的发育，促进幼儿本体感觉和运动系统的发展，也是身体移动和器械（具）操控的基础。随着年龄的增长，幼儿的身体控制与平衡能力会逐渐提高。以平衡木为例，3 岁左右的孩子，在走、跑、遇到障碍物躲避时都能保持身体平衡，但在快跑、转弯、突然停止，或者从高处跳下时，往往不能及时调节身体的平衡，易摔倒；4 岁幼儿已经能够在平衡木上原地转圈，还可以在平衡木上做简单的动作；5—6 岁幼儿走平衡木时，能保持身体正直，上下肢协调，显得轻松自然。不同任务和环境对于身体控制的稳定性和方向性要求不一样，例如，翻滚相比于腾空翻对幼儿身体控制和平衡能力的要求就要低很多。教师也可以参考《指南》中不同年龄幼儿身体控制与平衡能力的要求描述，详见表 5-1。

（二）身体移动能力

身体移动能力指的是幼儿独立、安全地从某处移动到另一处，是身体在空间上移动的技能。身体移动能力的发展，使得幼儿的探索空间和范围得到相应扩大，有助于促进幼儿神经、肌肉等生理机构的成熟，还能够极大地促进其认知发展和社会性发展。身体移动需要具备三个必要特征：行进、身体控制和适应。行进是指朝着期望的方向运动，行进需要具有起始和终止运动的能力。身体控制指的是稳定性，适应指的是适应环境改变的能力，调试步态以避开障碍物或者不平的地面，必要时改变速度和方向。例如，幼儿跑的时候需要利用手部和腿部的摆动来实现移动的目的，在每次脚抬起、落下时还要调整和控制好身体重心，以及在身体移动过程中关注行进前方的路况、有无障碍，并做好及时躲闪、停止或迂回前行的准备。幼儿身体移动能力大致涵盖走、跑、跳、钻、爬等基本动作，教师可以结合《指南》中关于幼儿身体移动能力的要求描述来对幼儿的身体移动能力进行观察与分析，详见表 5-2。

表 5-1 《指南》中幼儿身体控制与平衡能力的指标

3—4 岁	4—5 岁	5—6 岁
1. 在提醒下能自然坐直、站直 2. 能沿地面直线或在较窄的低矮物体上走一段距离 3. 能双脚灵活交替上下楼梯 4. 能身体平稳的双脚连续向前跳 5. 分散跑时能躲避他人的碰撞 6. 能双手抓杠悬空吊起 10 秒左右 7. 能单脚连续向前跳 2 米左右	1. 在提醒下能保持正确的站、坐和行走姿势 2. 能在较窄的低矮物体上平稳地走一段距离 3. 能以匍匐、膝盖悬空等多种方式钻爬 4. 能助跑跨跳过一定距离，或助跑跨跳过一定高度的物体 5. 能与他人玩追逐、躲闪跑的游戏 6. 能双手抓杠悬空吊起 15 秒左右 7. 能单脚连续向前跳 5 米左右	1. 经常保持正确的站、坐和行走姿势 2. 能在斜坡、荡桥和有一定间隔的物体上较平稳地行走 3. 能以手脚并用的方式安全地爬攀爬架、网等 4. 能连续跳绳 5. 能躲避他人滚过来的球或扔过来的沙包 6. 能双手抓杠悬空吊起 20 秒左右 7. 能单脚连续向前跳 8 米左右

表 5-2 《指南》中幼儿身体移动能力的指标

3—4 岁	4—5 岁	5—6 岁
1. 能沿地面直线或在较窄的低矮物体上走一段距离 2. 能双脚灵活交替上下楼梯 3. 能身体平稳的双脚连续向前跳 4. 分散跑时能躲避他人的碰撞 5. 能单脚连续向前跳 2 米左右 6. 能快跑 15 米左右 7. 能行走 1 千米左右（途中可适当停歇）	1. 能在较窄的低矮物体上平稳地走一段距离 2. 能以匍匐、膝盖悬空等多种方式钻爬 3. 能助跑跨跳过一定距离，或助跑跨跳过一定高度的物体 4. 能与他人玩追逐、躲闪跑的游戏 5. 能单脚连续向前跳 5 米左右 6. 能快跑 20 米左右 7. 能行走 1.5 千米左右（途中可适当停歇）	1. 能在斜坡、荡桥和有一定间隔的物体上较平稳地行走 2. 能以手脚并用的方式安全地爬攀爬架、网等 3. 能躲避他人滚过来的球或扔过来的沙包 4. 能单脚连续向前跳 8 米左右 5. 能快跑 25 米左右 6. 能行走 1.5 千米以上（途中可适当停歇）

（三）器械（具）操控能力

器械（具）操控能力是指幼儿通过拍、投、抛、接、踢、击等多种方式主动作用于各种目标物体，并能有意识地根据需要在运动位置、方向、速度状态等方面适时改变。完成器械（具）操控对幼儿来说是更高的挑战，对幼儿身体的协调性和灵敏性提出了更高的要求。总的来说，幼儿的器械（具）操控能力是随着年龄增长而发展。例如，在抛接球方面，3—4 岁幼儿通常使用前臂抛球；4—5 岁幼儿开始在抛接球中转动身体，抛接球时手臂范围扩大；5—6 岁幼儿则可以手脚协调来抛接球。同时，器械（具）操控活动对于幼儿身体协调和灵敏也起着促进和发展的作用。器械（具）操控能力的良好发展，能给幼儿带来更多的自信，也能锻炼幼儿手、眼、脚等不同身体部位的协调能力，增进幼儿感知觉的发展。此外，材料的大小、重量、表面材质等都会影响幼儿对其的操控程度，教师在分析幼儿的器械（具）操控能力时，需要关注和记录活动材料的大小、重量、材质等属性，以便做出更科学、合理的分析与评价。教师可以结合《指南》中关于幼儿器械（具）操控能力的要求描述来对幼儿的器械（具）能力进行观察与分析，详见表 5-3。

表 5-3　**《指南》中幼儿器械（具）操控能力的指标**

3—4 岁	4—5 岁	5—6 岁
1. 能双手向上抛球 2. 能单手将沙包向前投掷 2 米左右 3. 能用笔涂涂画画 4. 能熟练地用勺子吃饭 5. 能用剪刀沿直线剪，边线基本吻合	1. 能连续自抛自接球 2. 能单手将沙包向前投掷 4 米左右 3. 能沿边线较直地画出简单图形，或能沿边线基本对齐地折纸 4. 会用筷子吃饭 5. 能沿轮廓线剪出由直线构成的简单图形，边线吻合	1. 能连续拍球 2. 能单手将沙包向前投掷 5 米左右 3. 能根据需要画出图形，线条基本平滑 4. 能熟练使用筷子 5. 能沿轮廓线剪出由曲线构成的简单图形，边线吻合且平滑 6. 能使用简单的劳动工具或用具

（四）运动常规及自我保护能力

儿童的发展是一个整体，要注重领域之间、目标之间的相互渗透和整合，促进幼儿身心全面协调发展，而不应片面追求某一方面或某几方面的发展。因此，在观察幼儿的运动表现时，教师切忌把思维仅局限于幼儿的运动能力方面，既要重点关注幼儿的动作发展水平，也要有意识地去观察幼儿在游戏中表现出来的运动兴趣、情绪反应、社会性交往情况等游戏常规行为，比如参与运动的兴趣与积极性如何；运动中幼儿的情绪是兴奋、平淡还是低落、沮丧；任务失败或竞赛失利时表现如何；面对挑战幼儿如何反应；如何解决游戏中遇到的问题；幼儿与他人如何沟通与合作；对运动器械的爱护与整理如何等。

此外，《指南》在健康领域中指出幼儿应“具备基本的安全知识和自我保护能力”，如4—5岁幼儿在“运动时能主动躲避危险”，5—6岁幼儿能够在“运动时注意安全，不给他人造成危险”。因此，教师还需要关注和了解幼儿运动中的自我保护意识和能力情况，通过各种途径帮助幼儿树立自我保护意识，引导幼儿学习自我保护的方法。对于幼儿运动常规及自我保护能力的观察与分析，可以参考表5-4。

表5-4 **幼儿运动常规等级评定表**

观察项目	发展情况		
	较低	一般	较高
参与运动积极			
能主动选择要运动的项目			
运动中的情绪积极			
自我挑战意识强			
遇到困难时，能坚持完成任务			
遵守共同制定的活动常规			
乐于与同伴合作、分享			
使用简单的策略解决矛盾冲突			
具备任务意识和安全意识			
爱护器械，结束后主动整理器械			

三、幼儿运动的指导要点

幼儿运动的有效指导要基于教师对幼儿运动的观察，从材料提供、环境创设、行为引导、家园共育等方面提供有效的支持，促进幼儿运动能力的提升，并使得幼儿的合作交往、创新能力、思维能力、意志品质等都能在运动中得以发展。

（一）创设适宜环境，激发幼儿的运动兴趣

为幼儿创设适宜的、安全的，且富有挑战的环境对幼儿的发展至关重要。幼儿在适宜的环境中，通过与材料的充分互动，能成为一个主动学习者。当活动内容和材料能真

正吸引幼儿时，幼儿愿意反复尝试与探索。首先，运动材料的投放应具备丰富性、层次性，以便于满足不同能力幼儿对于不同游戏材料的需求。比如投篮游戏活动中，投掷区的篮筐有大小、高低、难易层次之分等。同时，运动材料应定期适当地更换和调整，若投放的材料长期不变，幼儿的兴趣将会渐渐消退。教师要注意新旧材料的合理搭配，引导幼儿在同样材料基础上，创造新的有趣玩法，也可以通过对幼儿的引导，将原来各种各样的活动材料进行搭配，创造新的运动材料。其次，教师在创设运动环境时，应将游戏贯穿运动之中，注意避免让幼儿的运动变成枯燥的动作练习。教师也可以邀请幼儿共同参与运动区材料的投放以及区域的设置，这样创设出来的运动场地和设施更适宜幼儿的发展，而且能更好地激发幼儿的运动兴趣。最后，在为幼儿创设运动环境时，还应注意宽松、平等、和谐的心理氛围的营造，为幼儿创造自主选择、自主决定的环境，让幼儿能够在轻松、自在的状态下挑战自己，而不是出于恐惧、害怕被迫去做自己并不那么擅长的活动。当幼儿面临挑战时，教师应该及时给予鼓励与引导，可以教幼儿一些动作要领，让幼儿拥有面对挑战的勇气与知识。

【案例链接】

攀爬器械大变身

观察现象：幼儿园有固定的攀爬架（网）、攀绳等器械，也有可移动的攀爬器械，如攀爬箱、攀爬凳。幼儿在这些攀登设备上反复爬上爬下，缺乏趣味性，容易感到疲劳，运动兴趣逐步减弱。

教师分析：高结构的功能性活动能有效地发展基本运动技能，促进身体素质的提高，但随着幼儿对单一器械、单一运动类型熟练程度的提高，其运动兴趣反而有所下降。

支持策略：利用组合器械鼓励幼儿进行不同动作类型游戏，引导幼儿创造不同的玩法，鼓励一物多玩，发展运动思维。

1. 将可移动的攀登器械进行组合，运用轮胎、攀登凳、竹（木）梯、平板、平衡凳、地垫、攀爬箱等材料组合创设一个具有游戏情境的运动场，幼儿自主地根据自己的能力和水平进行游戏，达到运动目的。

2. 对于固定的攀爬器械，可以通过创设游戏情境或者添加器械材料的方式来进行多种动作的整体性游戏。如在大型滑梯上加上攀绳、竹梯，幼儿可以从一侧攀上，另一侧滑下；或者在大型器械上设置“小动物的家”，引导幼儿攀绳而上开展拯救小动物的游戏；还可以在攀爬网上方挂上小筐，幼儿在下面投物入筐后，攀上攀爬网取下投掷物。

3. 一物多玩，如花样玩竹梯，花样玩轮胎，花样玩绳等，鼓励幼儿积极思维，创新玩法。在活动中，幼儿的锻炼是综合性的，从锻炼类型来看，有走、跑、跳、钻、爬、攀、跨、抬、拖拉、推、扶、搬、提（拎）、抱、肩挑、跪等动作练习；从锻炼的身体素质来看，发展了平衡、力量、协调、耐力、灵敏、速度等身体素质，既增强了幼儿的运动兴趣，又发展了幼儿的运动思维，使幼儿获得整体的发展。

资料来源：蚁树英. 基于动作发展核心经验的幼儿运动指导策略——以匍匐爬动作发展为例［J］. 福建教育，2019（24）. 节选.

（二）提供适当指导，提高幼儿的运动能力

在指导的过程中教师要进行充分观察，了解幼儿运动的情况，针对幼儿的需要进行指导。由于身体、性格等因素，幼儿存在着明显的个体差异，在体力、健康状况、灵活反应程度等方面都会有差别，在运动过程中也会有不同的表现。因此，为提高幼儿的活动兴趣，实现活动目标，教师就要对幼儿的运动进行有目的、有针对性的指导，帮助幼儿学会合理地开展活动，使其能够体验到成功和满足的喜悦，并能够在原有基础上实现进步。例如，教师在带领幼儿进行跳绳的活动过程中，对于那些不爱动的幼儿，应该进行语言上的鼓励，带动他们一起参与游戏活动；而对于能力较弱、需要帮助的幼儿，教师可以循序渐进地对他们进行方法和技巧上的指导，先让他们练习单纯的“小兔子跳”，使其学会双脚同时离地进行跳跃，然后再进行跳绳指导，并在他们第一次跳绳成功时，及时给予鼓励，在肯定其成绩的同时，帮助幼儿获得运动的信心，从而使其能够更专注、更主动地投入游戏活动中。需要注意的是，教师在指导时不能一概而论，应基于对幼儿运动表现的分析，判断是否需要进行指导，以及以何种方式进行指导。对于能力较强的幼儿，教师应适当放手，留给幼儿自主解决问题的时间和空间，让幼儿在尝试中积累经验。例如，大班幼儿运动能力有了较大发展，认知水平也有了一定提升，在运动过程中，对于困难能够主动提出解决的方案或策略。

【想一想】

梅花桩

活动开始后，幼儿们开始走“梅花桩”，玩得非常开心。“老师，你看我走得

多棒!”莉莉一边走“梅花桩”一边大声地叫着，只见莉莉张开双手，脚下很平稳地走过“梅花桩”。得到表扬后她又走了一遍。我问她：“莉莉，你能不能变一种玩法，加大一些难度，看能不能走过去?”莉莉想了想，便到沙包筐拿了个沙包顶在头上，刚上去有点摇摇晃晃的，张开的双手也上下起伏，脚步也没有刚刚平稳。走到一半时，沙包还稳稳地在她的头顶上，但当快到终点时，沙包从头顶上掉下来了，莉莉试了几次都没有成功。然后莉莉变了一个花样，把沙包夹到脖子下面去走“梅花桩”，还不时对我说：“老师，我会这样走。”“为什么不把沙包顶在头顶上走呢?”教师问。她说：“沙包总在快走完时掉下来。”“你知道这是为什么吗?”莉莉摇摇头。于是教师让她看其他小朋友走，莉莉细心观察，她注意到其他小朋友都会放慢脚步，慢慢地找到身体的平衡。然后她模仿同伴试着再走一次，试了很多次终于成功了，她高兴得跳了起来：“老师，你看我的沙包还在，我成功了。”接着她又多练习了几遍，脚下的步伐也越来越熟练了。

任务：说一说教师运用了哪些具体的指导策略。

（三）关注运动过程，增强幼儿的安全意识

安全问题是幼儿运动中需要重点关注的内容。教师在活动过程中不仅要确保幼儿活动场地的安全，还应定期对运动设施和运动器械进行检查和维修。此外，在日常教学活动中，教师要对幼儿进行安全教育，提升幼儿的安全意识，使其在参与运动时能够有意识规避危险行为，保护自身运动安全。另外，教师在观察幼儿运动时，不仅要关注幼儿的动作发展等行为表现，而且要针对潜在的危险提出指导性意见，使安全教育贯穿于幼儿园运动的各个环节。例如，教师要组织幼儿开展户外运动，那么在活动开始之前，教师需要提前告诉幼儿穿衣和穿鞋的要求，帮助幼儿分析活动中可能出现的危险情况，做到有效规范幼儿行为，使其明白“什么能做，什么绝对不能做”，并引导幼儿共同遵守活动规则。同时，在户外活动中，教师要尽量选择泥草地，以减轻幼儿在跑动摔倒时的受伤程度。同时，教师还要教给幼儿在户外活动过程中简单的自救方法，告诉他们发生任何安全问题都要及时地告知教师，积极寻求教师的帮助。

【案例链接】

攀登架上的安全引导

观察现象：幼儿手脚交替灵活地爬上攀登架，拍响铃铛后，下攀爬架时，有的

幼儿会跨过2~3层横木踩着下，有的是并脚走一层层地向下攀，有的幼儿还在一定高处时就直接面向攀登架跳下。

教师分析：幼儿已经能够熟练地手脚交替向上攀，但向下攀的动作尚不规范也不熟练。而且，从一定高度退着跳下具有危险性，容易造成运动损伤。

支持策略：通过集体教学中教师示范讲解来规范向下攀的动作，并创设游戏情境鼓励幼儿在攀爬区游戏中自主练习，引导幼儿通过设置软垫进行自我保护。

1. 集体教学“挑战攀登架”：通过在攀登架上贴标志的方式，引导幼儿顺着标志手脚交替地向上向下攀爬；重点示范和讲解向下攀的动作，并提出攀到最后一格横木的要求；引导幼儿自主铺设软垫进行自我保护。

2. 运动区游戏：通过在大小不同的攀登架上设置各种标志，如悬挂铃铛、贴数字、增加障碍等，创设不同的游戏情境，引导幼儿进行向上、向下攀登的动作练习，并向幼儿强调自我保护。

3. 自主运动游戏：开展倒退走、跑、跳，四肢着地倒退爬，倒退下楼梯等游戏，发展身体协调性和灵敏性，发展平衡能力。

资料来源：蚁树英. 基于动作发展核心经验的幼儿运动指导策略——以匍匐爬动作发展为例［J］. 福建教育，2019（24）.

（四）评价幼儿表现，促进幼儿的整体发展

每次运动结束后，教师可以组织幼儿开展分享交流活动。在分享活动中，教师在注重幼儿运动能力与兴趣培养的同时要关注幼儿的整体发展，兼顾幼儿的个性品质与社会性发展。教师可以就运动中观察到的某一个点与幼儿进行深入的分享与讨论，如运动中的安全、材料新的玩法、幼儿之间的友好合作等。对于中大班幼儿，教师也可以引导和鼓励幼儿进行自主评价。幼儿在运动结束后的自主评价是动脑筋想办法、互相补充、互相成长的过程，不仅可以丰富幼儿的知识和经验，促进幼儿个性和社会性发展，还可以激发幼儿的运动兴趣。例如，有的幼儿在运动中对油桶有了新的玩法，教师可以请幼儿介绍自己新的玩法，这既激发了其他幼儿探索油桶新玩法的兴趣，也给了幼儿一次表现的机会。同时，有效有趣的分享也是同伴间互相学习的好机会，可以把个体的经验提升为集体的经验。当然，一次分享不可能解决运动中存在的多个问题，教师要抓住运动中分享的重点，有针对性地进行分享，以达到提升幼儿经验的目的。分享交流的方面有很多，教师要从多角度挖掘幼儿的闪光点，促进幼儿整体发展。

第二课

幼儿粗大动作的观察案例与评析

动作发展是幼儿身体发育和机能发展的重要外部体现。通常把儿童的动作发展分为粗大动作和精细动作两大类，粗大动作是指由大肌肉控制的动作，包括四肢及全身运动，精细动作则是由身体的小肌肉或肌肉群产生的动作，如使用剪刀、用蜡笔画画等。人类的粗大动作发展要先于精细动作发展，且精细动作的发展需要大肌肉动作的促进。同时，粗大动作发展还可以促进很多运动技能的获得，使儿童达到独立活动、自主探索的目的，更有利于儿童身心健康的发展与适应社会。

一、幼儿粗大动作的观察记录

在幼儿阶段，走、跑、跳、投掷、平衡是最基本的动作，此外，抛接球、拍球等也经常作为评价幼儿粗大动作发展的重要标志。对于幼儿粗大动作发展的观察，日记描述法、轶事记录法、行为检核法及等级评定法都是比较适宜的方法，具体观察方法的选择应当结合观察目标和观察对象特点，也可以综合使用两种观察方法。在制定幼儿粗大动作行为检核表或等级评定表时，可以参考表 5-5 的幼儿粗大动作发展评价指标。

表 5-5　　幼儿粗大动作评价指标

评价指标	3—4 岁	4—5 岁	5—6 岁
走	1. 甩动双臂走路 2. 手脚保持协调一致 3. 能够不扶梯一步一级走上走下 4. 上楼梯时知道换脚	1. 用各种方式行走 2. 沿着画好的弧线走圆圈 3. 下楼梯时知道换脚	1. 自然、轻松地走路 2. 根据需要自如地控制走的节奏和方向
跑	1. 初步掌握跑的动作技能 2. 手脚协调向指定方向跑	1. 跑的动作开始平稳 2. 能够听信号进行变速跑	1. 跑步速度提高 2. 能够自如地控制速度和方向

续表

评价指标	3—4 岁	4—5 岁	5—6 岁
跳	1. 会双脚跳上跳下 2. 能够连续向前跳 3. 跳得比较低 4. 在跨越和单足跳时知道弯曲上身	1. 会单脚跳、左右跳 2. 会双脚左右行进跳	1. 掌握各种跳跃动作的技能 2. 能够助跑跨越障碍跳
平衡	能够走 25—35cm 宽的平衡木	1. 能够平衡地原地转圈 2. 能够在平衡木上做简单的动作	能轻松自如地走平衡木
抛接球、拍球	1. 知道使用前臂抛球 2. 知道用胸部去挡球	1. 开始在抛接球中转动身体 2. 抛球时手臂范围扩大 3. 在抛接球时知道把重量转移到脚上	1. 手脚协调来抛接球 2. 能比较轻松地拍球 3. 拍球速度加快

此外，《威廉姆斯学前儿童动作发展检查表》可用于测查 3—6 岁儿童大肌肉动作过程的特点，包括四项身体位移技能（跑、跳、单脚跳、左右脚交换跳），以及两项球的操控与投掷物体技能。此量表在每一种技能后面都提出了几个问题，如表 5-6 所示。如果测评幼儿后对某一问题的答案是肯定的，就在题目后面的括号内打“✓”，如果答案是否定的，就在括号内打“×”。

表 5-6　**威廉姆斯学前儿童动作发展检查表**

1. 跑
①儿童在起跑、停止或急转弯时有困难吗？(　　)
②儿童是用全脚掌（把身体重心放在整个脚上）跑吗？(　　)
③儿童跑时脚尖冲外（外八字）吗？(　　)
④儿童跑时是左右摆臂吗？(　　)
2. 跳
①儿童在跳跃的准备阶段不会弯曲髋关节、膝盖和踝关节（不会下蹲）吗？(　　)
②儿童不能进行双脚起跳吗？(　　)
③儿童在准备阶段不会先向后摆臂，然后在跳跃阶段向前、向上摆臂吗？(　　)
④儿童落地时髋部和膝盖都是直的吗？(　　)
⑤儿童落地时会失去平衡吗？(　　)
3. 左右脚交换跳
①儿童在左右脚交换跳过 6. 1m 距离时，不能保持平稳、连续、有节奏的动作吗？(　　)

续表

②儿童是用一只脚跳而用另一只脚走或跑吗？(　　) ③儿童是全脚掌跳吗？(　　) ④儿童是像鸭子一样脚尖朝外跳吗？(　　) ⑤儿童不会用异侧肢体（右臂摆向前，左脚跳起；左臂摆向后，右脚支撑）吗？ 4. 单脚跳 ①儿童单脚跳两三步就失去平衡吗？(　　) ②儿童单脚跳时断断续续、没有节奏吗？(　　) ③儿童单脚跳时紧握拳头，显得十分紧张吗？(　　) ④儿童的非支撑脚碰地面了吗？(　　) 5. 投掷 ①儿童的身体主要是前后运动吗？(　　) ②儿童的身体主要是沿水平方向运动吗？(　　) ③儿童把球抓在手掌中了吗？(　　) ④儿童不会移动重心吗？(　　) ⑤儿童投掷时迈的是和投掷臂同侧的脚吗？(　　) ⑥儿童的身体不会随投掷动作向前吗？(　　) 6. 接球 ①儿童是直直地伸出胳膊去接球吗？(　　) ②儿童是用手臂、手和身体整个把球抱住吗？(　　) ③当儿童接球时，他的头扭到一边，不敢看球吗？(　　) ④儿童让球从伸出去的胳膊上反弹回去吗？(　　) ⑤儿童接球时不会移动重心吗？(　　) ⑥儿童只是看着球的飞行吗？(　　) 上述六项大肌肉动作发展的评价标准如下： 跑：如果 4 个问题中，有 3 个都选“✓”，就可能是跑步发展迟缓。 跳：如果 5 个问题中，有 4 个都选“✓”，就可能是跳发展迟缓。 左右脚交换跳：如果儿童 4 岁或 5 岁，所有 5 个问题都选“✓”，就可能是此项技能发展迟缓。 单脚跳：如果 4 个问题中，有 3 个都选“✓”，就可能是此项技能发展迟缓。 投掷：如果儿童 4 岁或 5 岁，6 个问题中有 5 个都选“✓”，就可能是投掷发展迟缓。 接球：3 岁儿童，在问题③④⑥上选“✓”，就要注意他在这方面动作发展的情况；4 岁儿童，在问题⑤⑥上选“✓”，就可能存在接球发展迟缓；5 岁儿童，对任何问题的答案都是“✓”，那就可能是发展迟缓。
资料来源：潘月娟. 学前儿童观察与评价 [M]. 北京：北京师范大学出版社，2018.

在对幼儿粗大动作进行观察记录时，应注意以下问题：

第一，教师可以在自然、日常情境中对幼儿的粗大动作进行观察，也可以创设情境测查幼儿的动作发展情况。幼儿年龄小、机体调节能力差，教师应注意让幼儿休息，避免造成幼儿过于劳累。

第二，如果教师需要通过创设情境来测查幼儿的粗大动作发展，最好是创设相关的游戏情境，这样可以让幼儿保持轻松、愉悦的心态，能够更真实地进行运动表现，切忌观察前给幼儿造成过大心理压力。

第三，教师应正确使用对幼儿粗大动作的观察结果。观察幼儿不是为了简单评价幼儿是否“达标”，或者给幼儿划分等级，而是为了更好地了解幼儿的动作发展情况，分析影响幼儿动作发展的各种因素，联合家庭提供支持以促进幼儿粗大动作的发展。

以下是运用轶事记录法对幼儿的运动行为进行的观察记录。

【案例1】过桥（1）

轶事记录		
观察日期：2019年3月14日		
幼儿姓名：义凯、小晗等	性　　别：男	年龄：4岁3个月—4岁7个月
开始时间：9:00	结束时间：9:30	
观察地点：户外场地	观 察 者：包老师	
观察目标：观察幼儿户外体育游戏中的行为表现		
观察记录： 今天的户外游戏，孩子们自主选择了平衡木、梅花桩等材料进行“搭桥”。有的孩子尝试将平衡木进行连接，有的孩子将梅花桩有序地放置到平衡木的两头进行延伸。随后，几名幼儿在“桥”的一头排起了队，开始依次走上拼搭好的“小桥”。这时在“小桥”另一头，幼儿义凯也走上了平衡木，他走到“桥”中间时和小晗迎面碰上了。两名幼儿停下来，要求对方下“桥”让自己先过，就这样谁也不让谁，争执中义凯出手把小晗推下了“桥”。 黄老师走过去问：“发生了什么事呀?”小晗说：“义凯把我从桥上推下来了。”义凯说：“是他挡了我的路。”小晗说：“你也挡了我的路啊!”黄老师接着他们的话问：“要怎么走才不会挡着别人的路呢?”义凯说：“大家都从我这边出发。”说完他指了指他出发的地方。黄老师继续问：“怎么能让大家都知道从那个地方出发?”义凯说：“可以放一个标记。”说完，义凯和几名幼儿去了材料区，他们找来了一个拱门，把拱门放在了“桥”的一头，作为起点。 “桥”通了，孩子们开始鱼贯地走“桥”。走完平衡木的“桥面”，接下来是一段是由梅花桩和塑料方块组成的“石头桥面”。义凯是第一个走到这里的幼儿，他踩完几个梅花桩就直接跳了下来，		

续表

轶事记录
嘴里说：“这个塑料（方块）不敢踩。”听了义凯的话，跟在他后面的几名幼儿也都在此处跳下了“桥”。黄老师见状走了过来，她扮演着“鳄鱼”说：“大家小心哦，桥下有鳄鱼出没，你们的小脚不要掉到水里。”幼儿听到后既害怕又兴奋，同伴之间互相提醒：“有鳄鱼，好可怕呀！”为了保护自己不被鳄鱼“咬”到，在过“桥”的时候，有的幼儿张开双臂慢慢走，有的幼儿微屈膝左右脚交替前行，坚持着走到了“桥面”终点。 资料来源：广西民族大学幼儿园包丽梅老师

二、幼儿粗大动作的观察分析

幼儿粗大动作主要反映在幼儿的走、跑、跳、平衡、抛接球和拍球等活动中，在观察与分析幼儿的粗大动作时，可以参考第一课中提到的“幼儿运动的观察与分析要点”，从身体控制和平衡能力、身体移动能力、器械（具）操控能力以及运动常规等方面来进行观察分析。此外，理解幼儿粗大动作发展中关键的、重要的发展指标内容，有助于教师更好地科学判断幼儿粗大动作的发展状况，并在此基础上提供有针对性的支持和引导。因此，教师也可以参考叶平枝（2015）提出的幼儿走、跑、跳跃、投掷、钻爬的关键经验来进行观察分析。

（一）幼儿走步动作的关键经验（表 5-7）

表 5-7　**幼儿走步动作的关键经验**

年龄阶段	关键经验
3—4 岁	①走步时可以初步控制走步方向，平稳熟练地走步，但步幅小而不稳定 ②摆臂幅度小，膝关节灵活性较差，上下肢配合还不够协调，容易出现顺拐现象 ③注意力易分散，排队走步时，保持队形能力差，注意力不集中，爱东张西望
4—5 岁	①步幅较稳定，大概在 40 厘米，上下肢配合协调，个人走步特点已初步形成 ②排队走步能保持队形，并跟随节拍走，但调节节奏能力稍差，注意力仍易分散
5—6 岁	①走步的动作比较协调，轻松自如，平稳有力，已初步形成个人走步的特点 ②初步按照信号节奏调节步频和步幅，能初步控制走步的速度 ③排队时能较好地保持队形并能掌握多种变化队形的方法，步幅已增至 50 厘米左右

（二）幼儿跑步动动作的关键经验（表 5-8）

表 5-8 幼儿跑步动作的关键经验

年龄阶段	关 键 经 验
3—4 岁	①步幅小而不均匀。控制跑动方向能力较差，直线跑不直，跑动中改变方向费力而迟缓 ②启动和制动较慢。跑的稳定性有了明显提高，但稍有碰撞或地面不平容易摔倒 ③跑的耐力差。速度意识和竞赛意识缺乏，对自己跑速调节的意识也弱
4—5 岁	①跑步时能力发展迅速，在跑的技能、速度和耐力以及心理素质方面都有明显进步 ②跑速、步幅都快速发展，对胜负开始关注
5—6 岁	①速度意识和竞赛意识都很强，对胜负的情绪反应较强 ②跑中能够有意识地克服疲劳，表现出较强的意志力，跑步的目的性比较明确

（三）幼儿跳跃动动作的关键经验（表 5-9）

表 5-9 幼儿跳跃动作的关键经验

年龄阶段	关 键 经 验
3—4 岁	①起跳动作的蹬伸意识较差，蹬地力量弱，摆臂与蹬地动作脱节 ②落地的缓冲意识差，往往出现落地不稳的情况 ③跳跃的远度近，在该年龄阶段主要是进行双脚连续跳跃练习
4—5 岁	①该年龄阶段幼儿的远度增长较快 ②能较熟练地掌握徒手或者持轻器械单双脚跳，而且跳跃动作基本合理和协调
5—6 岁	①跳跃动作合理、协调，起跳时摆臂和蹬腿动作配合协调，而且在跳跃时节奏稳定、落地能屈膝缓冲，保持好身体的平衡性 ②该年龄阶段幼儿能掌握多种跳跃的方法，可以进行跳圈、跳皮筋、跳绳、助跑跨跳等复杂的跳跃技能

（四）幼儿投掷动动作的关键经验（表 5-10）

表 5-10　　**幼儿投掷动作的关键经验**

年龄阶段	关键经验
3—4 岁	①投掷动作不协调，投掷时主要采用的是上肢的力量，下肢和躯干动作配合不协调。多余动作较多，但能掌握双手头上、双手腹前、原地肩上投掷等动作 ②投掷的距离近，且出手角度和方向不好 ③跳跃的远度近，在该年龄阶段主要是进行双脚连续跳跃练习
4—5 岁	①在教师的引导下、教育下投掷的能力相对发展较快，全身能够比较协调用力，可以掌握单手肩上正面投掷，双手头上、胸前、腹前投掷等动作 ②投掷的出手角度和方向有明显进步，但还是有不稳定的现象
5—6 岁	①投掷动作协调有力，投掷的远度和准确度明显提高，部分能力强的幼儿可以掌握侧向肩上投掷动作 ②男女幼儿在投掷能力上出现差异

（五）幼儿钻爬动动作的关键经验

幼儿十分喜欢钻爬的活动，只要看到较低的障碍物，他们都会设法通过。在钻爬时，由于幼儿的空间感知能力和判断能力较差，在屈腿、弯腰和团身方面还不能较好地运用，因此不能迅速、准确地通过障碍物。但随着年龄增长，身体的协调性、灵活性的提高，幼儿能灵敏、协调、正确地钻爬过障碍物。

需要注意的是，教师在观察幼儿的粗大动作发展时，还要同时关注幼儿运动中表现出的兴趣、情绪状态、学习品质以及同伴交往等行为，结合活动内容对幼儿进行安全教育，注重在活动中培养幼儿的自我保护能力。

结合上述要点，幼儿走平衡木的“过桥”游戏行为分析如下：

【案例 1】过桥（2）

分析评价

首先，中班幼儿运动游戏的主题较为明确。案例中幼儿在户外游戏时，自主决定玩“搭桥”游戏，利用平衡木、梅花桩等材料模拟着生活中过桥、踩石头过河的情景，说明幼儿在游戏中能够根据自己的兴趣，自主摆放、组合器械，玩主题明确的“过桥”游戏。但由于幼儿生活经验、想象力的限制，搭出的器械路线较为单一（以两头连接、延长为主）。

其次，中班幼儿粗大动作发展较好。案例中幼儿在玩“过桥”游戏时，先是在平衡木上走，后来在教师游戏情境的激发下，能够采取“张开双臂慢慢走”“微屈膝左右脚交替前行”的方式小心平稳地走过由梅花桩和塑料方块组成的“石头桥面”，反映出幼儿具有一定的平衡能力，动作的协调性有了较好发展。

最后，中班幼儿规则意识增强，在教师引导下能够自主处理同伴冲突。在“过桥”游戏中，幼儿在处理同伴冲突时，一开始是较为冲动的，表现出“自我中心”思维的特点，通过直接行动表达自己的需求。但后来在教师的引导下，幼儿能够较好控制情绪，共同讨论，商定解决策略，并积极发挥创造和想象制定了游戏规则及其标识，反映出中班幼儿的规则意识和自控能力都有了进一步的发展，能够在教师引导下与同伴开展合作。

三、幼儿粗大动作的观察指导

粗大动作的发展能够提高幼儿身体各器官的机能，对身体的发育有着积极的影响。教师在指导幼儿粗大动作发展时，可以从运动前环境的创设、运动中幼儿动作行为的引导和运动后幼儿运动经验的提升三个环节来思考。

（一）运动前：创设有趣、有挑战的运动环境

首先，教师应充分利用幼儿园的活动场地，为幼儿创设富有趣味且具备挑战性的运动环境。例如，开辟沙池、建造小土坡、投放大型玩具设施等，激发幼儿的运动兴趣，鼓励幼儿积极参与各项户外活动。

其次，教师可以为幼儿提供丰富、有层次的低结构性的运动材料，充分发挥幼儿的自主性。例如，平衡区既可以投放平衡凳，也可以提供轮胎、梯子等物品。在保障安全的情况下，教师允许并鼓励幼儿对运动材料进行选择、组合和创新玩法。此外，教师在投放运动材料时，如果能在材质上进行一定的改变，能够更好帮助幼儿达成运动能力的进阶发展。例如，在指导幼儿进行“投掷”动作练习时，开始时为幼儿提供较轻的塑料小球。在幼儿可以完整重复该动作，掌握“投掷”动作技巧要领后，教师可以投放一些与之前小球大小和外观差不多，但是内部为实心或半实心的小球，这样幼儿所投掷的小球质量就有所增加。但是由于之前已经能很好完成相关动作，幼儿在经过极短时间的适应后可以很好地完成半实心甚至实心小球的投掷动作，这就对幼儿的运动能力发展

起到了很好的推进作用。

最后，教师应结合对幼儿动作能力的发展情况调整运动环境。幼儿动作能力的发展遵循着基本的发展模式，呈现出一定的序列性。教师根据对幼儿粗大动作的观察，确定幼儿目前动作水平所处的阶段，判断是否符合当前年龄阶段幼儿的动作发展水平，以及更高一个阶段的发展水平应是怎样的。这样，教师就能依据对幼儿当前动作发展水平的观察分析，调整运动设施的摆放或运动材料的投放，创设有针对性的运动环境，支持幼儿的动作向更高阶段发展。例如，教师观察到小班幼儿上下楼梯需要手扶扶手，并脚上下台阶。依据《指南》中3—4岁幼儿“能双脚灵活交替上下楼梯”的目标，教师可以通过改变环境和任务，创设游戏情境，促进幼儿上下楼梯动作水平的发展，如在楼梯台阶贴上“小脚印”，引导幼儿双脚交替踩着脚印上下台阶，也可以利用各种器械为幼儿创设练习上下台阶的机会。

【想一想】

平衡区的变化

在中班平衡区场地中，教师将平衡长凳连成了一条直线。活动开始了，但是几乎没有幼儿去玩平衡区的长凳。教师走过来问：“为什么你们都不玩长凳？”一个男孩回答：“这些没挑战，没劲！”许多幼儿点头表示赞同。教师说：“后面有很多其他材料你们都可以选择，你们可以按自己的想法重新摆放器材进行游戏。”幼儿们立刻欢呼雀跃，迅速行动起来。他们奔向材料架，调整材料，改变了原来的活动场景。

涵涵和几名幼儿一起在平衡长凳上摆放梅花桩，她将梅花桩间隔着横向摆放在平衡长凳上，等她站在平衡长凳上时，一个小男孩走过来，将她横放在平衡长凳上的几个梅花桩都竖了起来。涵涵两臂伸平，面对平衡长凳上竖着的梅花桩，迟迟没有抬脚。教师引导道：“一只脚抬起来跨过去。”涵涵不敢尝试。教师走过去握住她的一只手给她一个支撑点，涵涵鼓起勇气抬起左脚跨了过去，连续跨过了两个障碍，排在她后面的幼儿也一个接一个轻松地跨过障碍。涵涵又一次排队挑战，她走上平衡长凳，走近梅花桩，先跨左腿，再跨右腿，顺利地走过了平衡长凳。

问题：结合案例，说说运动环境创设的注意事项。

（二）运动中：关注幼儿基本动作的规范性和运动的科学性

幼儿体育运动的科学性是国内外体育工作者和教育专家普遍关注的话题。蒙台梭利曾指出："如果没有科学的指导，孩子的运动就显得混乱不堪……"① 确实，幼儿时期的体育运动必须在科学的理念下进行，否则将错失奠定良好身体素质的基础期和关键期，不利于个体健康体格的合理塑造。尤其是幼儿在进行粗大动作时，会在不同的游戏情境中，与不同的材料互动中，完成不同的运动任务中进行充分的身体运动，其运动过程通常会涉及走、跑、跳跃、钻爬等基本动作。如果没有教师的示范与指导，幼儿常常会为了完成任务而忽略动作的规范性，有时易造成运动伤害。以大班幼儿跳绳动作为例，跳绳动作涉及全身即上下肢、躯干运动。在身体素质方面，跳绳能提高幼儿弹跳、速度、平衡等能力，使幼儿在运动过程中保持动作敏捷、稳定身体的重心。在身体机能方面，跳绳对幼儿心血管、呼吸功能有很好的促进作用。但跳绳不当也会对身体造成伤害，因此教师应指导幼儿跳绳前做好充分的准备活动，注意选择适当的场地及装备，并引导幼儿掌握正确的跳绳方法：起跳时前脚掌用力，落地时前脚掌弹性缓冲。不能用全脚或脚跟落地，避免脑部震荡受损；当跃起腾空时，身体自然弯曲；整个过程中，调整呼吸保持节奏。

【练一练】

大班跳绳活动

这是在幼儿园健康周中，大班幼儿跳绳的活动视频片段。

任务：请分析幼儿的跳绳动作是否规范，谈谈如何引导幼儿掌握正确的跳绳方法。

（扫码看视频：5-1 大班跳绳）

关注幼儿基本动作技能的掌握，关注动作的准备与规范，应作为教师指导要点之一，以支持幼儿科学运动，促进幼儿身体素质的良好发展。如果教师发现幼儿在运动中出现动作不规范的问题，应当及时加以纠正与调整。例如，教师观察发现大班有些幼儿在下攀爬架时，会跨过2—3级横木踩着下，甚至还有幼儿在一定高处时就直接面向攀爬架跳下。尽管大班幼儿已能熟练地手脚交替向上攀爬，但向下攀的动作尚不熟练，并且表现出不规范的特点，尤其是在一定高度就直接跳下具有危险性，容易造成运动损

① 资料来源：朱秀华. 自主学习 自在成长——记一次中班幼儿"平衡区"运动的观察与思考［J］. 好家长，2020（45）.

伤。那么，教师可以示范和讲解向下攀的动作，提出攀到最后一格横木的要求，同时提醒幼儿自主铺设软垫进行自我保护。后续教师也可以在攀爬架上增加相应标志，引导幼儿顺着标志手脚交替地向下攀爬。

（三）运动后：发展幼儿的自护能力和良好的个性品质

《指南》指出：“幼儿阶段是儿童身体发育和机能发展极为迅速的时期，也是形成安全感和乐观态度的重要阶段。发育良好的身体、愉快的心情、强健的体质、协调的动作、良好的生活习惯和基本生活能力是幼儿身心健康的重要标志，也是其他领域学习与发展的基础。”因此，教师应当意识到：运动的最终目的不仅仅是增强幼儿的体质，更大的价值在于通过体育锻炼，发展幼儿各方面的能力，包括幼儿的个性品质、社会性表现、学习品质等，以及是否具备自我保护的意识和能力，进而促进其身心和谐发展。因此，教师在运动结束的分享评价环节时，不仅需要注重幼儿的运动能力与兴趣的引导，也要关注幼儿在运动中个性品质、社会性以及自我保护能力的培养。例如，教师评价幼儿：“在今天的游戏过程中，某某小朋友表现得很勇敢，从高高的油桶上跳下来，但是下次要在地上放个垫子。”“某某小朋友今天运动很积极，玩了很多种材料，还想出了一种特别的新玩法。”等。幼儿不怕困难、勇于挑战的品德、不断探索和尝试的智慧、相互帮助的社会性情感以及运动中的自我保护也应被重视。

【案例链接】

中班幼儿的平衡区

在中班平衡区场地中，教师提供了三组难度不同的平衡游戏材料，第一组将平衡长凳连成直线，第二组平衡长凳上间隔摆放了单个旺仔牛奶罐，第三组将轮胎连续摆放成直线，轮胎内侧摆放了牛奶罐。

观察对象：涵涵（女 5 岁）

镜头一：活动开始了，幼儿们在平衡区自主选择三组材料，但是几乎没有幼儿去玩第一组和第三组的材料。这时，教师走过来问：“为什么你们都玩长凳和轮胎呢?”一个男孩回答：“这些没挑战，没劲!”许多幼儿点头表示赞同。教师说：“后面有很多其他材料你们都可以选择，你们可以按自己的想法重新摆放器材进行游戏。”幼儿们立刻欢呼雀跃，迅速行动起来。他们奔向材料架，调整材料，改变了原来的活动场景。涵涵和几名幼儿一起在平衡长凳上摆放梅花桩，她将梅花桩间隔着横向摆放在平衡长凳上，等她站在平衡长凳上时，一个小男孩走过来，将她横放在平衡长凳上的几个梅花桩都竖了起来。涵涵两臂伸平，面对平衡长凳上竖着的梅花桩，迟迟没有抬脚。教师引导道："一只脚抬起来跨过去。"涵涵不敢尝试。教师走过去握住她的一只手给她一个支撑点，涵涵鼓起勇气抬起左脚跨了过去，连续跨过了两个障碍，排在她后面的幼儿也一个接一个轻松地跨过障碍。涵涵又一次排队挑战，她走上平衡长凳，走近梅花桩，先跨左腿，再跨右腿，顺利走过了平衡长凳。

观察分析：从上述镜头可以发现，涵涵不属于运动能力强的幼儿，当其他小伙伴将横放着的梅花桩立起来后，她无法单独跨过。然而，在教师的帮助下她完成了第一次跨越，这次的成功增强了她的自信心，激发了她继续运动的兴趣，她坚持反复练习，动作更加熟练。

镜头二：幼儿们改变了梅花桩的摆放方式，将两个梅花桩横着叠加在平衡长凳上，障碍的宽度基本没变，但高度又增加了。涵涵走到两个叠加的梅花桩前，弯下腰，用双手感受了一下梅花桩的高度后又站起来，然后右腿快速抬起，跨过了梅花桩。走到平衡长凳尽头，她双脚并拢跳下，脸上露出一丝微笑。这时，一名男孩在两个叠加的梅花桩上又加了一个，涵涵看到马上走过去拿走一个，转身又走到平衡长凳上顺利跨过两个梅花桩。

观察分析：两个叠加的梅花桩增加了活动难度，涵涵虽然初次动作不够熟练，但她能克服心理障碍，勇于接受新的挑战并且成功实现了跨越。接着，同伴改变了她准备的场景，涵涵对自己的运动能力进行了评估，重新调整回两个叠加的梅花桩。由此可见，幼儿的学习是一个渐进的过程，他们有着自己的成长节奏，我们不能"揠苗助长"。

镜头三：过了一会儿，男孩又在两个横着摆放的梅花桩上增加了一个。此刻，涵涵在平衡凳旁边仔细观察小伙伴们顺利跨越三个叠加的梅花桩的场景，神情专注。然后，她走到三个叠加的梅花桩处，双手先撑着梅花桩，接着侧过身体，双脚迅速地侧跨了障碍物，走下平衡凳，涵涵的脸上露出了灿烂的笑容。

观察分析：在之前的挑战中，涵涵逐渐积累了运动经验，提高了运动能力，从而激发了她尝试挑战三个叠加的梅花桩的兴趣。但这一次，她没有直接行动，而是细致观察并分析同伴的运动方式后再采取行动，最后她采用自己的方式侧身越过障碍，获得了成功，实现了自我突破。

资料来源：朱秀华. 自主学习 自在成长——记一次中班幼儿"平衡区"运动的观察与思考［J］. 好家长，2020（45）.

参考以上的指导要点，幼儿走平衡木的“过桥”行为指导建议为：

【案例 1】过桥（3）

指导建议

1. 丰富游戏情境，激发幼儿游戏兴趣。如用小动物头饰增加角色情境“小兔子采蘑菇”，用轻便、丰富的体育器械创设游戏情境“绕丛林”“钻山洞”“爬隧道”等。如果教师观察发现，因长时间的重复性动作，幼儿的兴趣点降低，幼儿的参与度慢慢消退，教师可巧妙地运用角色语言创设情境给幼儿提出新的规则和要求，使幼儿置身于特定的情境中，提高幼儿游戏的坚持性。

2. 根据幼儿动作水平增添或调整难度，激发幼儿的游戏兴趣。例如，梅花桩之间的距离增加，平衡木的接触面面积缩小或增加高度，提高运动游戏的挑战性，激发幼儿的运动兴趣与热情。

3. 增加不同的路线（曲线、弧线），鼓励幼儿因人而异，自由结伴、自由选择器材探索多种搭桥、过桥的方法，调动幼儿自主活动的积极性，提高平衡能力及合作能力。在幼儿开展运动游戏前，可引导提醒幼儿设置好规则。在幼儿游戏中出现问题时，教师可通过提问引发幼儿思考，通过讨论的方式分析问题的所在，提高幼儿解决问题的能力。

注：【案例 1】“过桥”完整的观察记录见本单元末“学习资源”。

【练一练】

比赛的意义

请观看视频。这是在中班幼儿户外体育活动中，教师组织幼儿爬梯子时的一段活动视频。

任务：根据视频，分析幼儿的动作发展水平，并对教师的指导行为进行评价。

视频来源：2019 年全国职业院校技能大赛高职组学前教育专业教育技能赛项 B 赛项保教视频 01 赛题；学习网址：http://www.chinaskills-jsw.org/content.jsp?id=2c9fe79267755ded016a12c7d03d01b9&classid=ff8080814ead5a970151265649470341.

第三课

幼儿精细动作的观察案例与评析

精细动作又称为小肌肉动作，是指个体凭借手以及手指等部位的小肌肉或小肌肉群的运动，在感知觉、注意等多方面心理活动的配合下完成特定任务的能力。著名教育家苏霍姆林斯基曾说过：“儿童的智慧在他的手指尖上。”研究显示，良好的精细运动功能有助于儿童更好地与物理和社会环境互动，能够提高视觉空间认知能力，进而促进语言和社交能力的发展。对于幼儿来说，精细动作的发展一方面促进了身体机能的进一步协调和完善，另一方面，精细动作是幼儿完成多种活动（如写字、画画、穿珠子等）的重要基础。

一、幼儿精细动作的观察记录

精细动作是指身体小型肌肉或小肌群运动而产生的动作，根据功用不同，精细动作可分为生活类动作（使用筷子和勺子等）和学习类动作（绘画和写字等）。精细动作的能力水平反映着幼儿用手、手指等身体部位的小肌肉或小肌肉群的动作发展情况。对于幼儿精细动作发展的观察，日记描述法、轶事记录法、实况详录法、行为检核法及等级评定法都是比较适宜的方法，具体观察方法的选择应当结合观察目标和观察对象特点，也可以综合使用两种观察方法。在制定幼儿精细动作行为检核表或等级评定表时，可以参考表 5-13 的幼儿精细动作发展评价指标。

在对幼儿精细动作进行观察记录时，应注意以下问题：

第一，教师可以在自然、日常情境中对幼儿的精细动作进行观察，如在幼儿的运动、游戏、绘画、进餐、穿脱衣服等活动中观察幼儿的精细动作发展情况，并对照幼儿精细动作发展的评价指标来了解幼儿精细动作发展的水平。

第二，教师也可以根据观察目标创设一些问题情境，让幼儿根据要求进行操作，教师对幼儿的操作表现进行观察记录和分析。具体可以参考表 5-11。

第三，教师应正确使用对幼儿精细动作的观察结果。观察幼儿不是为了简单评价幼儿是否“达标”或者给幼儿划分等级，而是为了更好地了解幼儿的动作发展情况，分析影响幼儿动作发展的各种因素，联合家庭提供支持以促进幼儿精细动作的发展。

表 5-11 **幼儿精细动作情境测验①**

1. 教师在户外活动时间组织幼儿开展丢沙包的游戏，观察幼儿抓握沙包的方式和投掷沙包的距离。
①能够抓握沙包的一角，且投掷距离较远。
②用手包住沙包，且投掷距离较远。
2. 教师给幼儿提供小珠子和玻璃绳，组织幼儿开展穿珠活动，教师可向幼儿示范做项链的方法，请幼儿进行观察模仿。
①幼儿 30 秒内穿珠子 5 个。
②幼儿 30 秒内穿珠子 7 个。
③幼儿 30 秒内穿珠子 8 个。
3. 教师出示在白纸上事先画好的两条长 6 厘米的直线，教师先做示范，用彩笔沿着直线从上到下慢慢描。然后对幼儿说：“每个小朋友的图画纸上都有两条直线，你们用彩色的笔把这两条直线描成漂亮的彩条，看谁描得直，要从上到下慢慢描。”
①两条直线全部描直。
②两条直线中一条描直。
③两条直线中一条也没有描直。
4. 教师出示画有连接五角星 10 个点的白纸。教师在黑板上示范连续五角星的方法和步骤。然后对幼儿说：“现在你们按照老师教的方法在纸上画出五角星，用红颜色的笔在五角星上面涂上颜色，涂色的时候要小心，不要涂在五角星的外面。”
①连接正确，线条较直，涂色均匀且未涂出轮廓。
②连接正确，线条不直，涂色不是很均匀。
③连接部分错误，线条不直。
5. 教师出示画好的图形，并示范剪纸的动作，然后对幼儿说：“现在你们要像老师这样沿着圆形的边线剪开，看谁剪得最好。”
①沿线剪得光滑、准确。
②剪出边线，剪得不直。
6. 教师出示如气球、苹果、香蕉、汽车等需要大面积涂色的简笔画形象，请幼儿为这些画涂上颜色。
①涂色均匀且饱满。
②涂色均匀，但是不够饱满。
③涂色不均匀。

以下是运用实况详录法对幼儿的精细动作行为进行的观察记录：

① 潘月娟. 学前儿童观察与评价［M］. 北京：北京师范大学出版社，2018.

【案例 2】飞飞的牛仔衣外套（1）

实况详录		
观察日期：2019 年 12 月 9 日		
幼儿姓名：飞飞	性别：男	年　　龄：3 岁 1 个月
开始时间：12:00		结束时间：14:25
观察地点：班级活动室		观 察 者：林老师
观察目标：观察幼儿的精细动作发展		
观察记录 飞飞今天穿了件新的牛仔衣外套来园，吃过午饭后，孩子们在做睡前准备。飞飞如厕后进入睡觉房，脱下鞋子，坐在床上要脱下身上的牛仔衣外套。林老师问：“飞飞，你会自己脱外套吗？”飞飞回答：“老师，我的新衣服上有扣子，我不会解。”林老师说：“没事儿，你先自己试一下，待会儿我过去。”林老师站在远处看着飞飞，只见他双手从第三个扣子开始解，左右两只手一起，拇指和食指配合用劲，大概过了半分钟，飞飞才解开第一颗扣子。他表情放松下来，笑了起来。不到 10 秒钟，飞飞用同样的方法解开了第二颗扣子。就这样，扣子一颗一颗解完了，飞飞脱下牛仔衣外套，安静地躺下了。 下午起床后，飞飞穿上牛仔衣外套，开始扣纽扣。飞飞右手抓着衣服，左手拇指和食指捏着扣子，但是扣子怎么也塞不进扣眼。林老师见飞飞试了好几次，小脸涨得通红，赶紧来到飞飞床前，轻声问道：“需要帮助吗？”飞飞没有回答，继续低头努力。林老师在旁小声说道：“不着急，小纽扣对准小洞洞，小手抓紧小扣子。”林老师一边说，一边为飞飞做了扣纽扣的示范动作。飞飞也学着右手抓住扣眼，左手捏住对应的扣子，让扣眼和扣子离得很近，再把扣子塞进扣眼里。尽管飞飞能把扣子塞进扣眼了，但是扣子还没完全穿过扣眼就滑了出来，飞飞抬头看着林老师，说：“它出来了。”林老师说：“飞飞，你把扣子塞进去一点点，右手捏住扣子别让它滑出来。你再试一试。”在教师的指导下，飞飞试了多次，大概花了 3 分钟终于扣好了一粒扣子，剩下的扣子飞飞是和林老师一起完成的。 资料来源：广西民族大学幼儿园林夏冰老师		

二、幼儿精细动作的观察分析

精细动作更注重手和眼协调动作的精确性和对动作环境的适应性，幼儿精细动作的观察分析可以从抓握动作、手眼协调、使用工具、绘画技能四个方面来进行，具体如下：

（一）抓握动作

抓握动作是最基本的手部动作，是儿童最初和最基本的精细动作，是儿童进行物体操作活动、生活自理活动、前书写活动等各种复杂动作的发展基础。儿童抓握动作的发展经历了一个从不随意到随意、由手掌的尺侧抓握向绕侧抓握、由不成熟的全手掌抓握模式向成熟的对指抓握模式发展的过程。3 岁之前，儿童手的抓握动作一直在发展中，如把抓动作、倒手动作、对捏动作、翻书动作等都是抓握动作的发展和延伸；3 岁之后，幼儿开始能够根据物体的大小、重量、材质选择抓握的形式，如是单手抓握还是双手抓握等。

（二）手眼协调

手眼协调动作是指儿童手和眼的动作能够配合，手的运动能够和眼球运动视线一致，表现为手能拿到眼睛看到的东西。手眼协调动作通常在儿童 4、5 个月开始出现，反映出儿童开始有目的地摆弄物体，是儿童动作有意性发展的标志。3 岁之后，幼儿的手眼协调能力进一步发展，能够实现视线跟随倒水的动作，把水从一只杯子倒入另一只杯子，还可以把掉落在各处的珠子捡起来放好，以及沿着边线剪图形等。

（三）使用工具

幼儿使用工具的能力是随着幼儿手部动作的灵活而发展起来的，主要是指幼儿对笔、剪刀、筷子、刷子等工具功能的认识和运用。一开始儿童并不理解工具的功用，而是把工具当成玩具，表现出练习性游戏的特点。以勺子为例，1 岁左右的儿童拿到勺子更愿意把勺子当成游戏对象，用勺子敲打桌面或者扔着玩，即使用小勺舀起食物，也会大多散落；2 岁之后，儿童明白勺子的用途，能比较熟练地使用小勺自喂，少有散落；3 岁以上儿童不仅能够熟练地使用勺子，还开始学会使用筷子吃饭。

【练一练】

夹核桃

观察记录：小白双手分别抓住核桃夹的两个手柄，双手微微抬起，同时往中间使劲，听到“咔嚓”一声，小白放下核桃夹，拿起核桃试图掰开，并没有成功。他继续用核桃夹来夹核桃，“嘣”的一声，核桃跳了来，但还是落在了托盘中。小白再次夹核桃，接连两次核桃都没被夹上，从核桃夹滑了下来。小白调整着核桃夹的位置，眉头微微皱起，这次随着双手使劲，他听到了“咔嚓”的声音。他放下核桃夹，拿起核桃，沿着夹出来的缝隙把核桃掰成了两半。

小白拿起半个核桃，在装核桃壳的垃圾碗上方用手指抠核桃皮，接着用手指抠核桃仁。抠了一会他拿起托盘里的小刀切核桃，切不动后又再次拿起核桃夹来夹这小半块的核桃，试了三次后核桃仁成功脱落。小白右手松开核桃夹，分别把核桃壳和核桃仁放在了垃圾碗和果仁瓶中。接下来，小白开始处理另外一半核桃。他把抠出的核桃皮扔在了垃圾碗中，一边微笑着说道："核桃里面有核桃宝宝，咦，核桃宝宝掉在里面了。"一边把分出的核桃仁放进果仁瓶中。然后，小白拿起剩下的小半个核桃，两根手指再次成功抠出了一小块核桃仁，他把核桃仁放进了果仁瓶，又把左手食指伸进核桃壳里继续抠，同时说着："如果老师收玩具了，就赶紧收，准备要上课了。"

任务：请你根据上述观察记录，分析幼儿使用核桃夹这一工具的情况。

（扫码看视频：5-2 夹核桃）

（四）绘画技能

儿童在 1 岁多的时候开始出现无目的、无规则的涂鸦行为，随着手的动作控制能力的发展和练习经验的增多，4 岁左右的儿童能画出水平线、垂直线、圆圈、正十字、正方形、交叉线和三角形等图形。概括来说，儿童的绘画技能是从无目的涂鸦发展到有目的绘画，会经历乱涂阶段、组合阶段、集合阶段和图画阶段这四个阶段，具体见表 5-12。

表 5-12　　**儿童绘画技能发展四阶段**

阶　段	表　现
乱涂阶段	儿童在这个阶段用手掌握笔，单纯用手腕动作来产生反复的线条。由于手腕的不灵活，线的长度和方向会根据手臂挥动而定，缺少手指动作
组合阶段	表现为图形的出现与混合，开始学会描绘螺旋、十字等基本几何图形。2 岁左右的儿童能画出一系列螺旋和圆圈，随着动作协调控制能力和动作目的性的增强，能对正方形、长方形、三角形等基本图形进行较为精确的临摹和绘画。同时，能够进行简单的几何图形组合的绘画
集合阶段	儿童不仅能完成几个简单图形混合的较为复杂的图形，而且能将几个图形、图像组合，例如同时有人物和图形
图画阶段	儿童在绘画中混合的图形数量增多，图画的内容也更为复杂，绘画动作也更为精确、复杂

可以将上述精细动作的评价内容进行汇总，得到幼儿精细动作发展的评价指标，如表 5-13 所示：

表 5-13　**幼儿精细动作评价指标**

评价指标	3—4 岁	4—5 岁	5—6 岁
抓握动作	1. 手腕转动灵活 2. 能够控制抓握方式	能够长时间抓握物体	1. 学会握笔 2. 能够控制抓握的力度
手眼协调	能将珠子放入瓶中	能准确地穿珠子	能够用筷子夹豆子放入相应的瓶中
使用工具	1. 学会用剪刀剪出直线或曲线 2. 学会协调地使用勺子	1. 能够沿着画好的图形、三角形、正方形的边线剪出图形 2. 会使用勺子和筷子	1. 能够剪出比较复杂的图形，如小红花、树叶等 2. 会使用餐具，端碗等物体时比较平稳
绘画技能	1. 能够画出简单的线条、图形，如能仿画圆形 2. 能拼 4 块以内的拼图	1. 能较自如地画出各种形状、线条，如能仿画正方形 2. 能用三角形拼成正方形	1. 能仿画三角形和六角形 2. 能用三角形拼成梯形、三角形等

需要注意的是，教师在观察幼儿的精细动作发展时，还要同时关注幼儿运动中表现出的兴趣、情绪状态、学习品质等，同时注意活动中材料的安全性和幼儿的安全教育，如提供给幼儿穿珠子的珠子大小是否适宜，幼儿使用剪刀进行剪纸活动时提醒幼儿安全使用剪刀等。

结合上述要点，飞飞的精细动作行为分析如下：

【案例 2】飞飞的牛仔衣外套（2）

分析评价

解纽扣、扣纽扣属于典型的双手不对称精细动作，对幼儿精细动作的发展要求较高。3 岁 1 个月的飞飞能够独立解开纽扣，在教师指导下成功扣上了一粒纽扣，说明飞飞的手指灵活性、双手合作能力、手眼协调动作发展较好。

飞飞在扣纽扣时，一开始没有掌握扣纽扣的要点，通过教师的言语讲解和行为示范及时调整了自己的动作，虽然多次失败但仍能坚持自己完成活动，也反映出飞飞具有较好的坚持性和学习品质。

三、幼儿精细动作的观察指导

精细动作发展是衡量幼儿发展的重要方面之一，幼儿的日常生活、学习、玩耍无一能离开手部精细动作。幼儿精细动作的良好发展有利于其书写、绘画以及生活自理能力的发展，也能促进幼儿大脑健康发育。教师应从幼儿的原有经验出发，合理利用幼儿园一日活动，为幼儿精细动作发展创设良好条件、提供多种锻炼机会，并针对幼儿精细动作的发展水平开展针对性地练习活动。

（一）根据幼儿年龄特点，提供各类丰富的材料

在选择与投放材料时，首先教师应当把握幼儿的年龄特点，结合班级幼儿精细动作的发展水平，给予有区别但适宜的材料支持。《指南》提出，应创设条件和机会，为幼儿提供画笔、剪刀、纸张、泥团、积木、插片、瓶盖等工具和材料，或充分利用各种自然、废旧材料和常见物品，让幼儿进行画、剪、折、粘、叠、拧等活动，促进幼儿手的动作灵活协调。为了激发全体幼儿的练习兴趣，教师还可以同时提供不同难度的游戏材料，鼓励幼儿自主选择玩法。例如，幼儿拿水杯和倒水行为均在 3 岁时已经能够达到熟练阶段，而 4 岁和 5 岁的差别不大且水平较高，那么教师在生活当中可以考虑给 5 岁幼儿提供多样化的材料，提出更高、更有挑战性的任务，如给幼儿提供杯口大小不一的杯子，让幼儿结合自己的能力情况进行倒水训练，循序渐进地增强手眼协调能力。在“轮胎滚滚”大班游戏中，考虑到大班幼儿已经能够较熟练地使用剪刀，教师可以选择硬纸板作为制作轮胎的素材，这样便增加了幼儿使用剪刀的难度。

其次，教师应保障活动材料的安全以及引导幼儿注意活动安全。例如，穿珠子活动中，教师应考虑提供的珠子大小是否与幼儿年龄适宜、材质是否安全，并在活动前、活动中都要做好安全教育和引导，避免出现误食等安全问题。在剪纸活动时，教师可以为小班幼儿提供安全剪刀，并示范剪刀的正确使用姿势，以及提醒幼儿不要拿着剪刀到处走动。

【案例链接】

大班教案：好玩的橡皮筋

活动目标：

1. 锻炼幼儿手部肌肉，进一步提升手指的灵敏度；
2. 探索橡皮筋的多样玩法，在玩中体验游戏的趣味性。

活动准备：

1. 彩色橡皮筋若干，彩色园报人手一份，小纸条人手若干；

2. 情境创设：愤怒的小鸟；

3. 桌子四张，用胶带贴出正方形的对战区。

活动重点：锻炼幼儿手部肌肉的灵敏度。

活动难点：探索橡皮筋的玩法，有序游戏。

活动过程：

一、卷一卷、绕一绕

1. 卷一卷：提供彩色报纸，让幼儿利用双手把报纸卷成金箍棒。（要求：卷得越紧越好，双手合作卷纸。）

2. 设疑环节：怎样让纸卷的金箍棒不散开？（教师提供人手一根橡皮筋。）

3. 绕一绕：引导幼儿多绕几圈，越紧越好。

二、跳一跳

1. 探索用一个手指头就让橡皮筋跳起来的方法。

2. 幼儿尝试，教师发现与引导。

3. 游戏：跳跳乐。（要求：两人一组，橡皮筋放在桌子的两端，幼儿用食指弹跳，先将对方的橡皮筋压倒的一方胜利，摆放的橡皮筋给胜方。）

4. 幼儿游戏。

三、弹一弹

1. 师：刚才我们玩了跳跳乐的游戏，有的小朋友输了没关系，我们还有机会。谁玩过愤怒的小鸟？请你用橡皮筋把小鸟发射出去，越远越好！

2. 幼儿尝试练习。

3. 游戏：弹弹乐。（要求：左手食指与大拇指撑开，橡皮筋套在两个手指上，另一只手将小纸片从皮筋的中间包住，用力拉、放手发射，纸片越过“墙”的幼儿奖励橡皮筋一条。）

四、延伸环节

1. 橡皮筋的玩法多种多样，还有什么有趣的玩法呢？

2. 教师变魔术充分激发幼儿继续探索的欲望。（“皮筋变变变”）

资料来源：刘晨. 民间游戏促进幼儿手部精细动作发展的实践研究［C］. 第二届张雪门教育思想研讨会论文集，2020（12）.

（二）围绕精细动作任务，设计生动有趣的游戏

依据幼儿活泼好动但注意力容易分散的特点，游戏化的活动是培养幼儿精细化动作

的有效方式，能够更好地培养幼儿动手的兴趣和主动性。在幼儿精细动作发展的过程中，需要教师依据精细动作练习内容，组织开展有趣好玩的动作游戏，切忌把动作练习当成枯燥单调的技能强化训练。例如，为了提升幼儿拿水杯倒水的精细动作技能，可以设计如“客人来了”的游戏情境，引导幼儿为来访的“客人”倒水，在游戏中完成动作练习，还可以促进幼儿的社会性发展。美工区的画画、穿项链、拓印、剪纸和折纸等，建构区的搭积木、插塑等，这些游戏都必须频繁地运用到手的操作。此外，许多角色游戏也能发展幼儿的动手能力。例如，玩娃娃家的妈妈要给娃娃穿脱衣服，给娃娃喂食物，有时还要剪面条、包馄饨、夹食物吃；蛋糕店的员工要制作各种蛋糕、点心，其中也会频繁地锻炼剪、粘、撕等动作。如图 5-1、图 5-2 中的幼儿在练习使用筷子，为幼儿提供的材料有较大的纸团和较小的毛团，都属于比较容易夹起的物品，比较适合初学使用筷子的幼儿。

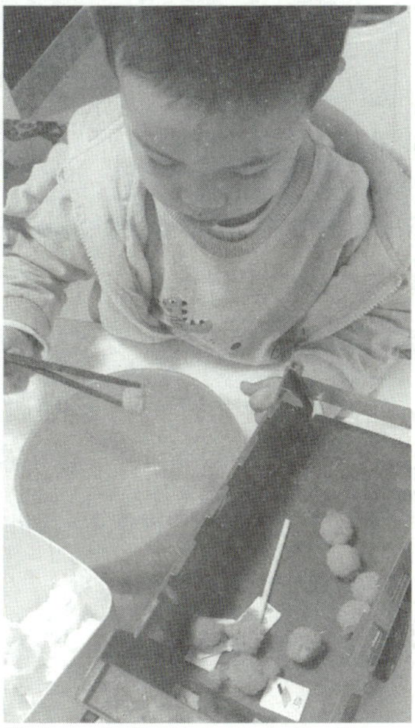

图 5-1　幼儿筷子游戏 1

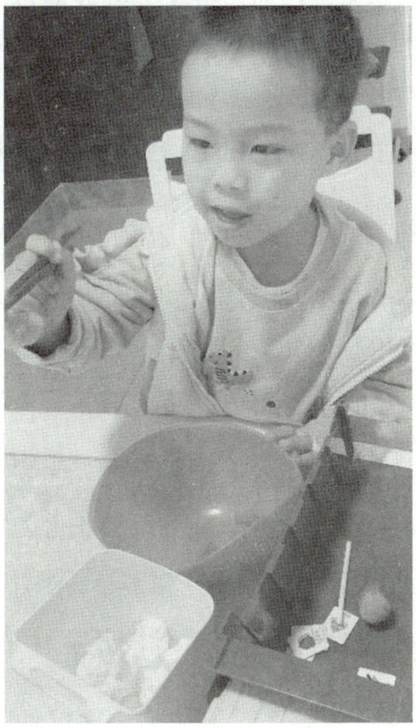

图 5-2　幼儿筷子游戏 2

游戏持续一段时间后，幼儿逐渐熟悉游戏材料以及逐步完成游戏挑战，其游戏兴趣便会下降，这时教师可通过调整游戏玩法、游戏材料等方式激发幼儿进一步游戏的兴趣，如开展夹珠子比赛。此外，手指游戏是幼儿喜爱的游戏类型，既可以促进幼儿手眼协调能力的发展，又可以培养幼儿的反应能力和敏捷性。当幼儿熟悉了手指游戏的常规玩法时，教师可以鼓励幼儿创编手指游戏新玩法，如在“五只猴子荡秋千”手指游戏中，幼儿可以用其他动物取代猴子和鳄鱼。

【练一练】

大班区域游戏

请观看视频，思考以下两个问题：

1. 教师为幼儿练习使用筷子提供了哪些材料？材料的提供具有什么特点？
2. 比较分析两名大班幼儿使用筷子的动作表现。

（扫码看视频：5-3 大班幼儿夹豆豆）

视频来源：广西民族大学幼儿园提供

（三）结合日常生活内容，提高幼儿的自理能力

幼儿精细动作能力水平影响着其生活自理能力的发展，如幼儿要完成自主进餐，就需要先学会握勺或使用筷子。正如《指南》中指出，“引导幼儿生活自理或参与家务劳动，发展其手的动作”。因此，成人应多加引导幼儿参与家务劳动，并关注劳动中幼儿自理能力和精细动作的发展。例如，在幼儿园中教师鼓励幼儿练习自己穿脱衣服、扣扣子、分发餐具、使用筷子吃饭等，在家里家长引导幼儿参与做面食、择菜叶、剥豆子、晾晒袜子等都是提高幼儿生活自理能力和发展幼儿精细动作的有效途径。此外，教师可以通过在生活区域投放相应材料，吸引幼儿在生活情境中操作材料，如“小动物喂食”中幼儿可以练习使用勺子、“小宝宝穿衣”中幼儿需要完成扣扣子等，也可以有效提高他们的手部精细动作发展水平。

在指导幼儿生活自理行为时，教师和家长需要有充分的耐心，切不可因为贪图省事就放弃等待幼儿操作而进行包办。例如，部分家长对孩子过分溺爱，包办过多：因为担心孩子在冬天着凉感冒，家长宁愿帮孩子穿衣裤而不愿意耐心地指导孩子自己动手；因为怕孩子吃饭时将饭粒洒落一地，家长选择给孩子喂饭。针对这种状况教师要耐心地与家长进行沟通，争取家长的理解与支持，要求家长在家里多鼓励幼儿自己动手，幼儿能自己完成的事情绝不包办。同时，在指导幼儿动手操作时也要注意方法。例如：可以在幼儿动手操作时配以朗朗上口的儿歌，帮助他们更形象地理解动作、把握要领。也可以进行循序渐进的练习，以夹筷子为例，可以先鼓励幼儿在游戏中夹起纸团，接着夹纸做

的馄饨和面条等，再夹大的圆球和黄豆，最后夹豆子等小物体。

【案例链接】

儿歌：系鞋带

两个好朋友，交叉握握手。
弯腰绕进洞，变成兔耳朵。
拉紧兔耳朵，鞋带系好了。

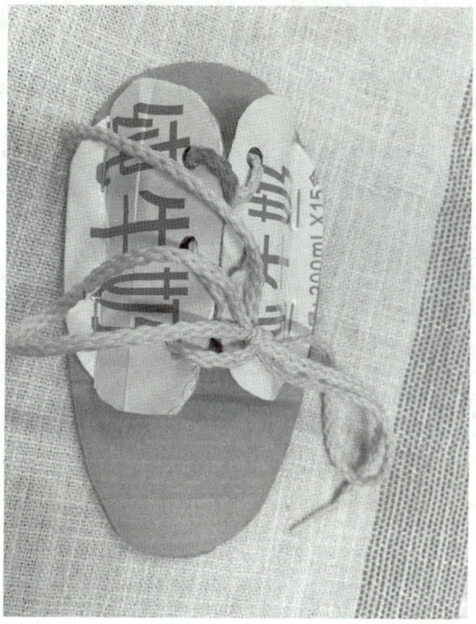

图 5-3

资料来源：广西民族大学幼儿园提供

【案例链接】

运珠达人

在“运珠达人”游戏推进过程中，我们根据幼儿精细动作发展变化情况，将其划分为四个阶段，每一阶段的材料调整都以幼儿精细动作发展水平为依据。

1. 在游戏第一阶段投放餐夹、镊子，为幼儿提供练习“拇指与其他四指对捏”“食指与拇指对捏”精细动作的机会

在游戏的第一阶段，教师根据幼儿已有精细动作发展水平投放了可供幼儿练习“拇指与其他四指对捏”“食指与拇指对捏”精细动作的餐夹和镊子。餐夹和镊子

在夹取珠子时的操作难度不同（长约 20 厘米、末端开口 4~5 厘米的餐夹弹性适中，相对于长 10 厘米、末端开口 2~3 厘米的镊子更容易夹取珠子），为不同精细动作发展水平幼儿提供适度的挑战。

经过第一阶段近一月的游戏，我们发现选择餐夹的 30 名幼儿都能够用单手以拇指与其他四指对捏的方式夹送珠子，选择镊子的 16 名幼儿中有 14 名能够用单手以拇指与其他四指对捏或食指与拇指对捏的方式夹送珠子。

2. 在游戏第二阶段增加大号晾衣夹，增强幼儿“拇指与其他四指对捏”“食指与拇指对捏”精细动作的手指力量

随着游戏推进，教师通过增加游戏材料延续幼儿的游戏兴趣，同时通过增加更具挑战性的材料，为幼儿增强手部小肌肉力量提供机会。大号晾衣夹相对于餐夹、镊子更难操作，幼儿需要用更大的力量才能进行开合。在增加新工具的同时，我们继续保留餐夹和镊子，供幼儿自由取用、练习。

经过第二阶段两周的游戏，32 名选择餐夹的幼儿能够单手操作工具夹送珠子，22 名选择镊子的幼儿中有 18 名幼儿能单手协调操作镊子夹送珠子，22 名选择晾衣夹的幼儿中有 7 名幼儿能够单手协调地操作晾衣夹夹送珠子。将第二阶段与第一阶段幼儿精细动作发展情况进行对比，我们发现幼儿单手操作餐夹夹送珠子的精细动作水平保持稳定，选择使用镊子的幼儿数和能够用单手操作镊子夹送珠子的幼儿数有所增加。通过以上两个阶段的游戏，大部分幼儿掌握了拇指与其他四指对捏取物的精细动作。

3. 在游戏第三阶段增加筷子，为幼儿提供进一步练习手指精细动作的机会

在游戏的第三阶段，教师在原有工具材料基础上增加了更具挑战性的筷子。相对于餐夹、镊子和晾衣夹，幼儿在操作筷子时手部小肌肉动作需更精细，动作也更复杂。刚开始幼儿还需通过两手协作才能操作筷子夹起珠子，经过一段时间的游戏，不少幼儿已经能用单手操作筷子夹送珠子。

经过第三阶段两周的游戏，选择餐夹的幼儿能够熟练地单手操作工具夹送珠子，27 名选择镊子的幼儿中有 21 名幼儿能单手操作镊子夹送珠子，22 名选择晾衣夹的幼儿中有 11 名幼儿能够用单手操作晾衣夹夹送珠子，25 名选择筷子的幼儿中有 7 名幼儿可以单手操作筷子夹送珠子。

4. 在游戏第四阶段增加夹取珠子的难度，对幼儿精细动作熟练程度及手眼协调性提出更高挑战

通过之前三个阶段的游戏，幼儿基本掌握了 4 种工具的使用方法，也较为熟练地掌握了“拇指与其他四指对捏”“拇指与食指对捏”等精细动作。为了增加游戏的趣味性、挑战性，我们在原先盛放珠子的敞口篮子上增加了纵横交错的毛线，为

幼儿夹取珠子设置障碍。幼儿必须操作工具从交错的毛线间夹取珠子。由于纵横交错的毛线形成的“开口”较小，相对于较大的餐夹、晾衣夹，小巧的筷子、镊子更好用，客观上增加了幼儿选择练习镊子、筷子的机会。经过第四阶段两周的游戏，能够熟练地单手操作餐夹的幼儿达到 38 人，能够单手操作镊子的幼儿从上阶段的 21 人上升到 27 人，能够单手操作晾衣夹的幼儿从上阶段的 11 人上升到 15 人，能够单手操作筷子取物的幼儿从上阶段的 7 人增加至 15 人。

“运珠达人”游戏持续了两个多月，吸引了全部幼儿加入。在游戏第四阶段末期，大部分幼儿能够熟练地使用餐夹、镊子、衣服夹夹起珠子，由“满手抓握”上升到“用拇指与其他四指对握”的精细动作发展水平，部分幼儿掌握了更为复杂的单手操作筷子的精细动作。在游戏推进过程中，教师借助观察清晰地了解了幼儿精细动作发展的变化过程，并根据幼儿精细动作水平的变化增加更具挑战性的工具材料，从而有效地支持了幼儿精细动作的发展。

资料来源：潘婷. 小班生活操作区游戏推进策略［J］. 福建教育，2019（33）.

（四）针对幼儿个体差异，提高适宜的支持指导

幼儿的动作发展具有明显个体差异性，教师应结合每名幼儿的精细动作发展水平，开展有针对性的指导活动，并随着幼儿精细动作的发展，投放具有适度挑战的工具材料。在幼儿操作材料时，教师应在旁观察幼儿使用工具的情况。当幼儿反复出现错误使用工具的情况时，教师可在一旁通过平行游戏的方式进行示范。当幼儿注意到教师的操作时，他们会认真观察并对比自己的使用方法，从而进行模仿和修正。例如，剪纸活动中幼儿由于手持剪刀姿势不正确而剪不好，教师可以为幼儿示范拿剪刀的正确姿势以及使用剪刀的方法，帮助幼儿掌握使用剪刀和剪纸的动作要点，鼓励幼儿多尝试、多练习，肯定幼儿的坚持与努力。

此外，教师还需要关注发展水平领先的幼儿，为他们提供更有挑战性的任务，以保障其活动兴趣和促进其进一步发展。教师应认识到幼儿具有自我挑战的心理需求。游戏中幼儿通过反复游戏达到精通时，就会开始寻找新的挑战。教师应及时捕捉幼儿的这一心理需求，可借助语言描述幼儿的愿望，并加以鼓励，以强化幼儿的自我挑战欲望。例如，当看到幼儿不停地尝试用镊子从纵横交错的毛线间夹取珠子时，教师可鼓励幼儿：“我看到你一直在挑战更小的洞，要是你能从这个很小的洞夹出珠子那就厉害了！”又如，在折纸活动中，个别幼儿折飞机水平较高，教师可以引导其折出复杂造型，或者是引导其看折纸图进行折纸。

参考以上的指导要点，案例“飞飞的牛仔衣外套”中动作发展的指导建议为：

【案例2】飞飞的牛仔衣外套（3）

指导建议

第一，教师应肯定飞飞在解开和扣上纽扣过程中表现出来的认真和坚持。教师的言语鼓励可以强化飞飞独立完成解开、扣上纽扣的成就感，也能提高飞飞独立完成自理行为的积极性。

第二，教师继续为幼儿提供动作练习的机会和条件。例如，可以在班级区域创设生活区，为幼儿提供带有拉合拉链、魔术贴、纽扣的衣服，并结合日常穿脱衣服场景帮助幼儿掌握动作要领，引导幼儿多进行练习，提高幼儿的双手协作能力和手眼协调能力。

第三，教师日常多组织幼儿开展手指游戏，或者是锻炼手指力量、灵敏性和协调性的活动。例如，鼓励幼儿练习镊子夹豆（可以依据幼儿动作发展水平选择或不一样大小的豆子）、匹配瓶盖、挤压海绵、沿直线剪纸等，发展幼儿抓、捏、拧等精细动作。

注：【案例2】“飞飞的牛仔衣外套”完整的观察记录见本单元末“学习资源”。

【练一练】

豆豆穿珠子

豆豆（3岁7个月）在幼儿园最喜欢的游戏是穿珠子，每次老师组织穿珠子游戏，豆豆是班级里坐的时间最长的孩子。自由活动中，豆豆看到老师放了一些新的珠子在盒子里，就从大盒子里取出一些新的珠子放在自己的专用小瓶中，拿着这些小珠子准备串成新的项链。可是这次珠子孔有点小，豆豆看着对准了孔，却没能穿进去，豆豆用左手的大拇指和食指捏着绳子，右手的大拇指和食指捏着珠子，再次尝试对准孔进行尝试，结果还没有成功。豆豆没有放弃，又把珠子和绳子往自己眼前凑了凑，小心翼翼地让绳子和珠子多次接触，但是还没能成功，最后不得不求助于老师。

问题：你会采用哪些方法对豆豆穿珠子进行指导呢？

【学思研训】

一、选择题

1. 婴幼儿手眼协调的标志性动作是（　　）。

A. 无意触摸到东西　　B. 握住手里的东西

C. 伸手拿到看见的东西　　D. 玩弄手指

2. 下列哪一种活动重点不是发展幼儿的精细动作能力？（　　）

A. 扣纽扣　　B. 使用剪刀

C. 双手接球　　D. 系鞋带

3. 儿童最早发展的是身体中部的动作，然后是双臂和腿部动作，最后是腕、手及手指动作。这表明儿童动作发展遵循了（　　）。

A. 首尾律及近远律　　B. 近远律及大小律

C. 近远律及从无意识到有意识的规律

D. 首尾律及从无意识到有意识的规律

4. 下列最能体现幼儿平衡能力发展的活动是（　　）。

A. 跳远　　B. 跑步　　C. 投掷　　D. 踩高跷

5. 婴儿手眼协调动作发生的时间是（　　）

A. 2—3 个月　　B. 4—5 个月　　C. 7—8 个月　　D. 9—10 个月

二、材料分析题

1. 材料：小班张老师观察发现，小明和甘甘上楼时都没有借助扶手，而是双脚交替上楼梯；下楼时小明扶着扶手双脚交替下楼梯，甘甘则没有借助扶手，每级台阶都是一只脚先下，另一只脚跟上慢慢下。【2019 年下半年幼儿教师资格证笔试科目《保教知识与能力》真题】

问题：（1）请从幼儿身心发展角度，分析小班幼儿上下楼梯的动作发展特点。

（2）分析两名幼儿表现的差异及可能原因。

2. 观看幼儿穿绳的视频，分析幼儿精细动作的发展水平，并思考教师该如何提供支持。

（扫码看视频：5-4 穿绳）

【学习资源】

【案例1】过桥

<table>
<tr><td colspan="3">轶事记录</td></tr>
<tr><td>观察日期：2019年3月14日
幼儿姓名：义凯、小晗等
开始时间：9:00
观察地点：户外场地</td><td>
性　　别：男
结束时间：9:30
观 察 者：包老师</td><td>
年龄：4岁3个月—4岁7个月</td></tr>
<tr><td colspan="3">观察目标：观察幼儿户外体育游戏中的行为表现</td></tr>
<tr><td colspan="3">观察记录
今天的户外游戏，孩子们自主选择了平衡木、梅花桩等材料进行“搭桥”。有的孩子尝试将平衡木进行连接，有点孩子将梅花桩有序地放置到平衡木的两头进行延伸。随后，几名幼儿在“桥”的一头排起了队，开始依次走上拼搭好的“小桥”。这时在“小桥”另一头，幼儿义凯也走上了平衡木，他走到“桥”中间时和小晗迎面碰上了。两名幼儿停下来，都要求对方下“桥”让自己先过，就这样谁也不让谁，争执中义凯出手把小晗推下了“桥”。
黄老师走过去问：“发生了什么事呀?”小晗说：“义凯把我从桥上推下来了。”义凯说：“是他挡了我的路。”小晗说：“你也挡了我的路啊!”黄老师接着他们的话，问：“要怎么走才不会挡着别人的路呢?”义凯说：“大家都从我这边出发。”说完他指了指他出发的地方。黄老师继续问：“怎么能让大家都知道从那个地方出发?”义凯说：“可以放一个标记。”说完，义凯和几名幼儿去了材料区，他们找来了一个拱门，把拱门放在了“桥”的一头，作为起点。
“桥”通了，孩子们开始鱼贯地走“桥”。走完平衡木的“桥面”，接下来是一段是由梅花桩和塑料方块组成的“石头桥面”，义凯是第一个走到这里的幼儿，他踩完几个梅花桩就直接跳了下来，嘴里说：“这个塑料（方块）不敢踩。”听了义凯的话，跟在他后面的几名幼儿也都在此处跳下了“桥”。黄老师见状走了过来，她扮演着“鳄鱼”说：“大家小心哦，桥下有鳄鱼出没，你们的小脚不要掉到水里。”幼儿听到后既害怕又兴奋，同伴之间互相提醒：“有鳄鱼，好可怕呀!”为了保护自己不被鳄鱼“咬”到，在过“桥”的时候，有的幼儿张开双臂慢慢走，有的幼儿微屈膝左右脚交替前行，坚持着走到了“桥面”终点。</td></tr>
<tr><td colspan="3">分析评价
首先，中班幼儿运动游戏的主题较为明确。案例中幼儿在户外游戏时，自主决定玩“搭桥”游戏，利用平衡木、梅花桩等材料模拟着生活中过桥、踩石头过河的情景，说明幼儿在游戏中能够根据自己的兴趣，自主摆放、组合器械，玩主题明确的“过桥”游戏。但由于幼儿生活经验、想象力的限制，搭出的器械路线较为单一（以两头连接、延长为主）。
其次，中班幼儿粗大动作发展较好。案例中幼儿在玩“过桥”游戏时，先是在平衡木上走，后</td></tr>
</table>

续表

轶事记录
来在教师游戏情境的激发下，能够采取“张开双臂慢慢走”“微屈膝左右脚交替前行”的方式小心平稳地走过由梅花桩和塑料方块组成的“石头桥面”，反映出幼儿具有一定的平衡能力，动作的协调性有了较好发展。 　　最后，中班幼儿规则意识增强，在教师引导下能够自主处理同伴冲突。在“过桥”游戏中，幼儿在处理同伴冲突时，一开始是较为冲动的，表现出“自我中心”思维的特点，通过直接行动表达自己的需求。但后来在教师的引导下，幼儿能够较好控制情绪，共同讨论，商定解决策略，并积极发挥创造和想象制定了游戏规则及其标识，反映出中班幼儿的规则意识和自控能力都有了进一步的发展，能够在教师引导下与同伴开展合作。
指导建议 　　1. 丰富游戏情境，激发幼儿游戏兴趣。如用小动物头饰增加角色情境“小兔子采蘑菇”，用轻便、丰富的体育器械创设游戏情境“绕丛林”“钻山洞”“爬隧道”等。如果教师观察发现，因长时间的重复性动作，幼儿的兴趣点降低，幼儿的参与度慢慢消退，教师可巧妙地运用角色语言创设情境给幼儿提出新的规则和要求，使幼儿置身于特定的情境中，提高幼儿游戏的坚持性。 　　2. 根据幼儿动作水平增添或调整难度，激发幼儿的游戏兴趣。例如，梅花桩之间的距离增加，平衡木的接触面面积缩小或增加高度，提高运动游戏的挑战性，激发幼儿的运动兴趣与热情。 　　3. 增加不同的路线（曲线、弧线），鼓励幼儿因人而异，自由结伴、自由选择器材探索多种搭桥、过桥的方法，调动幼儿自主活动的积极性，提高平衡能力及合作能力。在幼儿开展运动游戏前，可引导提醒幼儿设置好规则。在幼儿游戏中出现问题时，教师可通过提问引发幼儿思考，通过讨论的方式分析问题的所在，提高幼儿解决问题的能力。

【案例 2】飞飞的牛仔衣外套

<table>
<tr><th colspan="3">实况详录</th></tr>
<tr><td colspan="3">观察日期：2019 年 12 月 9 日</td></tr>
<tr><td>幼儿姓名：飞飞</td><td>性别：男</td><td>年　　龄：3 岁 1 个月</td></tr>
<tr><td colspan="2">开始时间：12:00</td><td>结束时间：14:25</td></tr>
<tr><td colspan="2">观察地点：班级活动室</td><td>观 察 者：林老师</td></tr>
<tr><td colspan="3">观察目标：观察幼儿的精细动作发展</td></tr>
<tr><td colspan="3">观察记录
　　飞飞今天穿了件新的牛仔衣外套来园，吃过午饭后，孩子们在做睡前准备。飞飞如厕后进入睡觉房，脱下鞋子，坐在床上要脱下身上的牛仔衣外套。林老师问：“飞飞，你会自己脱外套吗？”</td></tr>
</table>

续表

实 况 详 录
飞飞回答：“老师，我的新衣服上有扣子，我不会解。”林老师说：“没事儿，你先自己试一下，待会儿我过去。”林老师站在远处看着飞飞，只见他双手从第三个扣子开始解，左右两只手一起，拇指和食指配合用劲，大概过了半分钟，飞飞才解开第一颗扣子。他表情放松下来，笑了起来。不到10秒钟，飞飞用同样的方法解开了第二颗扣子。就这样，扣子一颗一颗解完了，飞飞脱下牛仔衣外套，安静地躺下了。 下午起床后，飞飞穿上牛仔衣外套，开始扣纽扣。飞飞右手抓着衣服，左手拇指和食指捏着扣子，但是扣子怎么也塞不进扣眼。林老师见飞飞试了好几次，小脸涨得通红，赶紧来到飞飞床前，轻声问道：“需要帮助吗?”飞飞没有回答，继续低头努力。林老师在旁小声说道：“不着急，小纽扣对准小洞洞，小手抓紧小扣子。”林老师一边说，一边为飞飞做了扣纽扣的示范动作。飞飞也学着右手抓住扣眼，左手捏住对应的扣子，让扣眼和扣子离得很近，再把扣子塞进扣眼里。尽管飞飞能把扣子塞进扣眼了，但是扣子还没完全穿过扣眼就滑了出来，飞飞抬头看着林老师，说：“它出来了。”林老师说：“飞飞，你把扣子塞进去一点点，右手捏住扣子别让它滑出来。你再试一试。”在教师的指导下，飞飞试了多次，大概花了3分钟终于扣好了一颗扣子，剩下的扣子飞飞是和林老师一起完成的。
分析评价 解纽扣、扣纽扣属于典型的双手不对称精细动作，对幼儿精细动作的发展要求较高。3岁1个月的飞飞能够独立解开纽扣，在教师指导下成功扣上了一颗纽扣，说明飞飞的手指灵活性、双手合作能力、手眼协调动作发展较好。 飞飞在扣纽扣时，一开始没有掌握扣纽扣的要点，通过教师的言语讲解和行为示范及时调整了自己的动作，虽然多次失败但仍能坚持自己完成活动，也反映出飞飞具有较好的坚持性和学习品质。
指导建议 第一，教师应肯定飞飞在解开和扣上纽扣过程中表现出来的认真和坚持。教师的言语鼓励可以强化飞飞独立完成解开、扣上纽扣的成就感，也能提高飞飞独立完成自理行为的积极性。 第二，教师继续为幼儿提供动作练习的机会和条件。例如，可以在班级区域创设生活区，为幼儿提供带有拉链、魔术贴、纽扣的衣服，并结合日常穿脱衣服场景帮助幼儿掌握动作要领，引导幼儿多进行练习，提高幼儿的双手协作能力和手眼协调能力。 第三，教师日常多组织幼儿开展手指游戏，或者是锻炼手指力量、灵敏性和协调性的活动。例如，鼓励幼儿练习镊子夹豆（可以依据幼儿动作发展水平选择或不一样大小的豆子）、匹配瓶盖、挤压海绵、沿直线剪纸等，发展幼儿抓、捏、拧等精细动作。

第六单元

幼儿行为观察之“教学篇”

【情境导入】

彤彤是个比较安静的孩子，活动中她总会安静地倾听和思考，在环境熟悉且时间充裕的平时，她也会举手回答问题。但她胆子较小，有生人的场合更不愿意多讲话。家长开放日的时候，彤彤一直缄默不语。但我发现，她在操作中非常细致、认真，操作结果也完成得很好。她妈妈几次鼓励她到大家面前去展示。当展示活动开始时，我就对小朋友们说：“这次我来请没有举手的小朋友。”然后，我真的邀请了不举手的彤彤。邀请时，我说：“彤彤虽然没有举手，但我看到彤彤做得很认真，我们就请彤彤来介绍吧。”彤彤妈妈很是高兴，推着彤彤上去展示。然而，彤彤却表现得很为难，扭捏了半天。最后，经不住妈妈的强烈要求，以及我的热切目光，彤彤终于上去展示和介绍了。但由于过分紧张，她的声音很小，语言表达也简短和凌乱，说完之后便逃也似的跑回了座位，与平时的沉着、有序相差甚远。尽管我和其他孩子、家长及时给予了她热烈的掌声，但我看到，在后面的活动中，彤彤一直没有抬头。你认为教师的做法恰当吗?

在教学活动中，教师应该关注幼儿的哪些方面表现呢？在学习完本单元之后，你将会了解在集体教学活动、小组活动和幼儿个别化学习活动中如何对幼儿进行观察，如何分析幼儿的学习行为，以及提供何种支持。

【学习目标】

1. 理解教学活动中幼儿行为观察与分析的意义。
2. 掌握教学活动中幼儿的五大领域的行为观察的内容要点。
3. 能对教学活动中幼儿的行为进行观察、分析和指导。
4. 了解儿童，同时认识到儿童的独特性，做到尊重、关爱，在教育过程中寓教于乐。

【学习准备】

1. 阅读预习

（1）《幼儿园教师专业标准（试行）》

（2）《3—6 岁儿童学习与发展指南》

（3）《幼儿园保育教育质量评估指南》

（4）相关书籍推荐：

赵玫，张小青，李莉. 借我一双慧眼：学前儿童行为观察与分析［M］. 长春：东北师范大学出版社，2020.

孙诚 . 幼儿行为观察与指导［M］. 长春：东北师范大学出版社，2014.

杨兴国，黄程佳 . 幼儿观察与评估［M］. 北京：首都师范大学出版社，2019.

2. 思考求解

（1）为什么要观察教学活动?

（2）教学活动中重点观察哪些内容?

（3）教学活动中支持的策略有哪些?

第一课

幼儿教学活动的观察指导

幼儿教育活动的观察与指导是指对教师或者观察者带着明确的目的，直接或间接地从教学活动中收集资料，并依据资料进行研究的一种方法。在幼儿园的教学活动中，教师对幼儿表现出来的能力进行相应的分析，以了解幼儿的最近发展区，进而提高适宜的支持，促进幼儿进一步的发展。

一、幼儿教学活动的观察意义

幼儿园教学活动，是和一日生活活动及活动区活动相配合、共同构成幼儿园生活的一类活动，具体是指教师有目的、有计划地组织班级所有幼儿都参加的教育活动。它具有引领性、系统性、共同性等特点。教学活动是对幼儿实施教育的相对有效的一种方式，其计划性、目的性更强。因此，对幼儿的学习与发展具有更加积极的促进和引导作用。

（一）教学活动中观察的价值

如何更好地确定教育目标、选择教学内容与教学策略，从而保证教学活动的适宜性和有效性？这就需要教师通过对幼儿学习行为进行观察记录，对教师与幼儿、幼儿与幼儿、幼儿与活动材料之间的互动情况进行观察与了解。因此，教师通过观察记录能有效地提高幼儿园教学活动的质量。通过观察可以从不同侧面了解儿童的心理需要。观察不但可以使教师了解幼儿在言语表达、身体运动、社会性等认识能力上的发展状况，还可以让我们通过对幼儿外部行为特征的分析，帮助我们深入理解教育研究对象的心理状态。一般来说，幼儿的心理变化往往能通过语言、表情、动作等方式表露出来。有时原来活泼好动的孩子突然安静下来、默不作声，有可能是遇到了不顺心的事；而一向听话内向的孩子突然有粗暴的言行，也可能是他需要发泄内心的不满。识别孩子语言或动作中真正隐含的心理状态，有时是比较困难的，这需要教师细致、敏锐地观察有计划地实施有效的教育。

（二）教学活动是对幼儿观察了解的重要途径

幼儿园教学活动是促进幼儿全面发展的重要途径，而教学活动中观察记录的核心作用就是更准确地解读幼儿行为，促使教师调整教学目标、重构教学策略，最终使幼儿得到更好的发展。评估工具、评估项目涵盖五大领域，每一个领域中包含不同的项目，由于项目内容不同，观察途径也有所不同，因此在教学活动中进行观察记录有其特殊的途径与方法，对幼儿发展具有独特的、不可替代的意义和价值。通过观察可以了解幼儿能力的发展。在幼儿园，对幼儿能力发展水平的测查一般是通过量表考查和观察两种途径，但对教师而言，观察比正式的量表考察要简便易行，也更能真实地反映幼儿的客观状况，让我们更全面地了解幼儿的能力发展水平。如在游戏中，能发现有一些幼儿在与同伴交往中的点子很多，组织能力强，并常常担任小朋友的“小老师”，小朋友都很乐意和他玩；有一些幼儿没有自己的主见，总是跟在他人后面，处在“配角”的位置，或有些幼儿很少与同伴主动交往等。从以上分析中就能发现同一年龄阶段的幼儿在社会性发展上的差异，教师可观察幼儿进行他感兴趣的某些活动所坚持的时间，并记录幼儿完成某活动的质量，还可以记录幼儿在一定时间内变换活动方式的次数及真正投入活动的时间等。通过观察幼儿在活动中的行为表现就可以初步掌握其注意力的发展情况。

（三）观察是教师调整教学活动目标与内容的依据

优质的教学活动是幼儿园优化保教质量的重要措施之一，而优质的教学活动是建立在适宜的教学活动目标选择、内容确定的基础上的。因为适宜的目标能引发真正有效的教与学，使幼儿在与教师的互动中积极参与，在活动中主动学习，有利于教学目标的达成，能真正促进幼儿的发展。而过偏、过易或过难的教学目标，均会使幼儿产生游离于活动之外的状况。教学内容与容量适宜与否、是不是从幼儿生活经验而来的，也都直接影响教学目标能否达成。教师只有通过观察幼儿参与活动的状态、幼儿对活动内容的兴趣以及完成度，才能分析判定目标、内容适宜与否，并成为调整目标与内容的依据。

（四）观察是教师在教学活动中有效指导的前提

教师是组织教学活动的主体之一，在组织教学的过程中，教师要充分关注幼儿的活动状况，包括幼儿的现实需要、兴趣、活动投入度、遇到的困难等，以确保幼儿在活动中获得新经验，取得新发展。那么如何进行适宜的指导？这一定是建立在教师对幼儿行为最直接、最真实的观察基础之上的。没有细致的观察，就谈不上正确有效的教育指导。对于一个幼儿教育的观察者来说，掌握了观察方法，利用观察手段去评价幼儿就会使观察活动更富有成效。幼儿经验的获得是多途径的，他们通过与教师、家长、同伴以及材料、环境等的互动过程，不断地获取信息和积累感性经验。由于经验的获得是个体自我内化的过程，因此，教师若能深入孩子中去观察他们的言行，倾听他们的心声，就能不同程度地了解到近阶段幼儿所获得的各种经验。如在我班幼儿一次玩泥的实践活动中，我观察到：女孩大多数用泥捏成了小碗、小锅，并做面条、包饺子，办起了“娃娃家”；男孩子则多半把泥捏成了不同造型的“奥特曼”及飞船、火箭、枪、刀，并不自觉地围坐在一起相互模拟进攻。有一个男孩在一方形泥土上筑起了高高的堡垒，说是“恐龙的家，是从书上看的”。还有一男孩在一方形泥上戳了一个很深的洞，说“这是井，是从电视上学的”。通过观察到的玩泥片段，我了解到以下信息：其一是近阶段男孩子对“奥特曼”感兴趣，女孩子则不受其影响；其二是幼儿对泥的吸水性特点还没有相关经验；其三是通过幼儿对作品的表现，了解其泥工技巧。借助于观察，教师不仅能了解近阶段幼儿经验与认识上的发展变化，还可以了解到幼儿经验的来源以及对幼儿的指导策略的变化，使教学活动达到事半功倍的效果。

（五）观察是教师在教学活动后反思调整教学行为的基础

幼儿在学习的过程中，是通过与材料、环境的互动来建构学习经验的。环境创设是否有利于幼儿活动，活动材料是否有利于幼儿探索？什么方式最容易引发幼儿积极学习、良性互动？要想解决这些问题，教师仍然要对幼儿进行细致的观察，对幼儿的学习行为进行分析与反思，进而调整材料，组织应变策略，从而更好地提升设计活动材料、调整活动环境、选择适宜的组织策略的能力。如在玩“枪”的主题活动中，我给幼儿提供了各种有关枪的活动，由幼儿自由选择。有的幼儿玩起了冲锋枪，边玩边谈，说出了许多种枪的名称和威力；有的幼儿用积木插装成他喜欢的枪，插成又拆了，拆了又插，每次枪的样子都有变化，最后插成一个样子很奇特的枪；有的幼儿则选择画枪，并给枪画了眼睛……在以上活动中，可以看出有的幼儿通过动作的反复探索来学习，有的幼儿擅长以语言交流的方式来学习，有的则通过视觉形象的途径学习。通过观察，教师可以走近幼儿、了解幼儿，有针对性地进行教育，提高教育的有效性。

二、教学活动中观察记录的要点

幼儿园教学活动是教师根据教育目标和本班幼儿发展实际，有目的、有计划地选择相关内容实施的教育活动。领域不同，教学内容不同，教师运用评估工具进行观察记录的要点也有所不同。

首先，要观察幼儿对活动的兴趣。在教学活动中，如果幼儿对某一事物或内容感兴趣，那么他会情绪愉快、全身心投入、行为专注。这样幼儿不仅能积极参加活动，而且还能取得很好的学习效果。

其次，要观察幼儿在活动中参与的积极性、专注度。当学习成为幼儿自愿主动参与的行为时，幼儿参与活动的积极主动性更强，表现为在探索材料时反复摆弄，持续时间长。

最后，要观察幼儿与教师、幼儿与幼儿之间互动的有效性。幼儿的学是否与教师的教是一致的，幼儿的思维是否积极参与到活动中。主要观察幼儿与教师的互动情况，他是不是答非所问，能不能听懂别人的意思，能不能接纳别人的建议并积极调整自己，是不是努力让自己的行为与集体或他人同步。

《纲要》指出，幼儿园的教育内容是全面性、启蒙性的，可以分为健康、语言、社会、科学、艺术五个领域，下面分别从健康、语言、社会、科学、艺术方面说明不同领域的具体观察与记录要点。下面阐述的观察要点是根据 2021 年 9 月修订版的《3—6 岁儿童发展观察评估指导》的内容整理的。本评估指引以《3—6 岁儿童学习与发展指南》为依据，将其中五大领域 32 条目标整合为 25 条“发展关切点”。每个关切点给出“内涵解释”“发展进程”等，在此基础上举一反三。具体内容如下：

（一）健康领域的观察要点

健康领域有其独特的教育价值和作用，教师在教育活动中对幼儿进行观察，一般要关注幼儿的核心经验，主要包括幼儿对体育，户外活动内容的喜欢程度；幼儿在活动中的自我服务情况；幼儿在活动中的情绪表现；幼儿在运动时的协调、平衡能力；在活动中对周围环境的适应能力和自我防护能力等。具体来说，健康领域可以从以下四个发展的关切点入手，进行观察和评价。

第一个发展关切点是情绪的辨识和调节，内涵解释是辨识自身的情绪及其成因，适当表达和调节情绪，具体发展进程是从模糊的积极和消极感受，到逐渐分化出基本情绪、自然做出情绪反应（表情、激烈行为等），再到通过情绪词汇适当表达情绪并能说出引起情绪的事件，最后逐渐发展起细腻的情绪辨识和语言描述能力。（注：“基本情绪”通常被划分成几大类：愉快、生气/愤怒、害怕/恐惧、悲伤、厌恶、喜欢、好奇/惊奇，在此基础上有更细致的程度区分和复杂组合），从被动地对情境做出情绪反应，必须在他人关切和安抚下平复情绪，到主动向信任的人用语言倾诉、寻求帮助来调节情绪，再到主动通过解决引起情绪的问题或者让自己舒适的方式做情绪自我调节。

第二个发展关切点是身体整体运动能力，内涵解释是平衡/稳定性的保持、各部位协调、灵敏/敏捷、力量、耐力（平衡指保持自己身体的稳定性〈不摔或不重摔〉，协调指调整身体的不同部位的姿势或力量协同完成某个动作，灵敏指迅速对身体状态做出改变以回应突发状况，力量指力气、作用力，耐力指动作或活动能坚持多久。这些身体能力对人独立生存与探索和应对环境都至关重要。）具体发展进程是幼儿的发展可从任务的难度及动作完成质量两个维度来评价。任务难度是从任务对身体多部位做出不同姿势力度动作协调配合的要求来衡量。动作完成质量是从动作的准确性、速度、连贯流畅性来衡量，从跌跌撞撞、摇摇晃晃到一气呵成地做成。可参照《指南》年龄常模，针对自己幼儿园户外运动项目及日常活动中的肢体使用进行动作任务列举及难度分析。超重/肥胖幼儿有可能因体重而使某些任务的难度增大，在评估动作能力时需考虑在内。观察情境提示，不一定在晨练或运动时才观察，还有日常劳动、生活自理活动（搬较重或较大的东西、拎水、穿脱衣服）、通行等需要运用整个身体各部分协调配合的情境中观察。观察评价特别提示，需要特别关注肢体姿态不正常、走路不稳、身体动作极度不协调、恐高或恐惧旋空晃转的现象。筛查可能的感统失调或其他更严重的神经系统问题。

第三个发展关切点是精细动作，内涵解释是主要凭借手以及手指等部位的小肌肉或小肌肉群的运动。具体发展进程是从双手之间、手指和手掌之间、手指之间配合不好到配合良好但动作慢、任务完成不精细，再到能灵活调整各部位精准连贯地完成任务。从可以完成较单一的任务到可能完成复杂、多步骤的任务。

第四个发展关切点是生活能力及健康习惯，内涵解释是保障自己安全和健康的意识和为此照料自己的行为习惯。具体发展进程：在认知上，从不了解自己的身体不同状态的后果，到逐渐清楚保持身体健康的重要性及存在哪些可能危及自己安全和健康的因素或行为。在行为习惯上，从冲动、不计后果地行动，到主动调整自己的行为，自觉做有利健康的事、克制不利健康的事，避免做危险的事。

（二）语言领域的观察要点

语言发展与幼儿的倾听和口语表达密切相关，教师在语言领域教育活动中对幼儿进行观察，主要是对幼儿语言学习行为的观察，即幼儿倾听时的关注度和持续性；幼儿表达语言的准确性和流畅度；幼儿观察阅读材料的全面性和连贯性。具体来说，语言领域可以从以下六个发展的关切点入手，进行观察和评价。

第一个发展关切点是倾听的态度与语言理解能力，具体的内涵解释：良好的倾听习惯，以及理解语言的意愿和能力。具体发展进程为从偶然、被动地听到一些熟悉的词语和短句开始做出简单回应，到会有意识地认真倾听与自己有关或感兴趣的信息予以回应，并逐步发展为仔细倾听他人谈话的具体内容，听懂一些较为丰富复杂的词语和句子。

第二个发展关切点是语言表达能力，具体的内涵解释是运用语音、词汇、句子、语段进行叙事、描述、说明、表达观点和想法的能力。发展进程具体为幼儿在学说母语的过程中，有一个发音准确率逐步提高，语音从笼统含糊，到慢慢清晰、准确的发展进程。幼儿口语表达能力的发展从模仿、学说简单的词语和句子开始，到叙述一个人物行为的片段、描述事物直观外显的特征；逐步发展为能叙述一件事情完整的发生发展过程，运用较为丰富的词语和句子表达观点和想法。

第三个发展关切点是沟通交流的态度和能力，具体的内涵解释是运用语言进行沟通交流的意愿，对交流对象和交流情境的敏感性，以及根据情境变化保持对话的能力。发展进程具体为从一开始与生活中熟悉的人交流，逐步拓展交际范围，慢慢愿意在不同场合与不同的人进行语言交往。在与他人沟通交流的过程中，从最初的自说自话、各说各话，到慢慢能围绕话题谈话，然后发展为能根据话题进行持续的讨论与交流；在与人交流的过程中，逐步学会尊重交谈的对象，如不随意打断对方、轮流说话、积极回应等。

第四个发展关切点为阅读兴趣，具体的内涵解释是乐于关注和了解图书、标识及各种文字符号的兴趣。发展进程具体为对阅读的兴趣通常在大人为其看图书讲故事的过程中逐步萌发，然后慢慢有自己喜欢看的图书。从一开始对生活中出现的各种图文符号产生兴趣，逐步表现为对丰富多样的阅读内容、图书中的文字符号有深入阅读和了解的兴趣。

第五个发展关切点为阅读理解能力，具体的内涵解释为对图书、画册、标识、海报等图文阅读材料的信息提取、意义诠释能力。发展进程具体为阅读理解能力的发展，从最初能猜测单幅画面直观外显的信息和片段内容，到试图依据自己生活经验建立多个画面内容的关联，最后逐步发展为关注图文隐含的细节信息，进一步理解阅读材料的含义。

第六个发展关切点为前识字、前书写能力，具体的内涵解释为对文字的功能、形式及规则的感知或辨别能力；前书写能力是指幼儿运用涂鸦、图画、符号、近似字形等进行书面表达的萌发展现过程。是幼儿在正式学习读写之前的准备阶段。具体的发展进程为前识字能力的发展最初从区分文字和图画、知道文字有表意功能开始，然后慢慢发现文字有读音、形状和不同功能，最后发展为分辨文字组成的结构，并探索更多的使用功能和规则。前书写能力的发展从借助涂鸦表达情绪或意愿开始，然后慢慢会用各种图画、符号表达自己的愿望和想法，最后逐步发展为借助各种类似规范字形的符号、图案、标记等表达自己的观点和想法。

（三）社会领域的观察要点

教学活动是幼儿社会性发展的重要途径，也是幼儿获得社会交往技能的直接途径，教师关注的核心经验主要包括幼儿是否具有良好的自我认识与积极的情绪情感；在与同伴的合作与交流中，能否调整自己，适应生活与社会环境，从而建立良好的人际关系，建立自信，形成基本的认同感和归属感。具体来说，社会领域可以从以下五个发展的关切点入手，进行观察和评价。

第一个发展关切点是自尊、自信、自主，具体的内涵解释为自尊是个人基于自我评价产生的一种自重、自爱，并要求受到他人尊重的情感体验，维护自己和自己的物品、声誉不受伤害；自信指个人对自身有能力成功应付特定情境的估计，又称自我效能感；自主指个人自己作选择、做决定、不受他人支配或依赖他人安排，也为自己的决定带来的过程和结果负责。发展进程具体是从意识不到自己，到逐渐清晰地意识到自己的意愿、情绪和想法，再到了解自己的特点和能力，接纳自己，并想让自己变得更好。从不确定自己是否能应对某一情境而盲从他人的估计和评价，到对自己的胜任力日益形成积极的态度，再到能较准确地预估自己对一项任务的完成能力，并愿意在应对任务的过程中学习暂时不具备的能力。从依赖他人安排、代办，到可以根据自己的需要、愿望做选择和决定，再到认真对待自己的选择和决定，表现出对过程和结果的责任感。

第二个发展关切点为建立人际关系，具体的内涵解释是与成人和同伴建立及发展关系，具体的发展进程为在交往的范围上，逐渐扩展，从家人到班级的老师甚至到在幼儿园遇到的其他不熟悉的成人和同伴。在关系的深度上，从浅层、短暂接触或求助，到建立一定的信任感、结交特定玩伴，再到深入地交流，形成较稳定持续的友谊，对朋友非常关切。

第三个发展关切点为理解尊重他人，具体的内涵解释是体察他人的情绪、需求和想法，能接受他人与自己享有同等权利（平等相待的心态），避免以他人不喜欢或有冒犯性的方式与人交往。理解与尊重可以预防部分冲突事件的发生。具体的发展进程：在对他人的理解上，从以自己的需求或标准为准则理解他人表现，到知道他人的想法可能与自己不同，并试图从他人在特定情境中的表现推测他们的动机、想法和感受，逐渐发展起同理心（从自我中心视角转向换位思考的视角）。在待人处事的行动上，从旁若无人地满足自己的需求和愿望，到承认他人与自己有平等的权利，在与他人互动时顾及他人的喜好、主动询问他人想法，调整自己不恰当的行为。

第四个发展关切点为解决冲突，具体的内涵解释为在冲突业已发生时，寻求双方接受的方案来解决，控制对立升级，通常需要沟通、协商和妥协的过程。发展进程具体为从仅考虑自己的需求和想法，以激烈的方式达成自己的需求或让别人服从自己，逐渐向在成人的帮助下会与别人协商找到分歧点、寻找满足双方需求的方法发展，再到可以独立协商解决冲突甚至能调解别人的冲突。

第五个发展关切点是融入群体生活，具体的内涵解释为个体不断了解并认同不同团体（如家庭/家族、班级、幼儿园、学校、社区等）的期望和目标，在团体中发挥自己的作用，共同协商并遵守必要的行事规则，在融入团体的同时，也感受到团体的接纳和支持，形成归属感（社会角色意识）。具体的发展进程为在身处“团体”的范围上逐渐扩展，从家庭到幼儿园班级、社区、家乡再到国家。从意识不到自己是团体的一分子，到明确自己已经被归入某个团体，不排斥参与团体活动，再到自愿把自己归类为某一团体的一分子，将团体共同的事务视为与自己有关，承担某种角色，并对所处团体产生亲近的情感，在意团体的声誉（既知道“我”是独立于他人的，也意识到生活在一起的“我们”在一些事上需要共同行动实现共同的愿望）。从无法协调自己的个人需求与团体规则的矛盾，在要求下才能遵守规则，到在指导下理解规则对于共同生活的重要性并愿意遵守规则，再到主动用协商制定规则，寻找解决共同生活中问题的方法，公平对待团体中每个人的需求。

（四）科学领域的观察要点

幼儿的科学学习是在探究具体事务和解决实际问题中，尝试发现事物间的异同和联系的过程，幼儿科学学习的核心素养是激发探究学习兴趣，体验探究过程，发展初步的探究能力。具体来说，科学领域可以从以下五个发展的关切点入手，进行观察和评价。

第一个发展关切点为科学情感与态度，具体的内涵解释为亲近自然，喜欢探究。发展进程具体为对自然界的态度从被动吸引到主动关注，随之产生的求知欲、兴趣、关心等情感由浅入深。探究态度从询问答案向自己动手动脑寻找答案发展。

第二个发展关切点为科学能力，具体的内涵解释为具有科学探究的能力。发展进程具体是从随机的尝试错误式探究开始，发展到从问题引发的指向性探究，逐渐意识到证据的重要性，能根据问题计划和执行探究，能基于证据得出结论。

第三个发展关切点是科学认识，具体的内涵解释为发展科学认识。具体的发展进程是从认识事物的外部特征到内在属性，从单个事物到事物的外在联系再到内在联系。

第四个发展关切点是数概念，具体的内涵解释为能够理解数量的实际意义，比较数量多少，进行初步的加减运算。发展进程具体为从具体的量逐步到抽象的数的意义的理解。伴随对数字符号系统的熟练掌握，在进行计数、数量比较和加减运算时，逐步摆脱对具体动作的依赖。

第五个发展关切点为形状与空间关系，具体的内涵解释为认识常见几何图形的形状特征，理解初步的空间方位和空间组合关系。具体的发展进程为对几何图形的认识，从笼统感知发展到细节特征的把握，再到全面、概括的认识。对空间关系的认识，开始时要借助于实际动作，逐步发展到借助于心理表象探索空间关系。

（五）艺术领域的观察要点

艺术是人类感受美、表现美、创造美的重要形式，也是表达自己对周围世界的认识和情绪态度的独特方式。幼儿艺术领域学习的关键在于充分创造条件和机会，在大自然和社会文化生活中萌发幼儿对美的感受和体验，丰富其想象力和创造力，引导幼儿学会用心灵去感受和发现美，用自己的方式表现和创造美。具体来说，艺术领域可以从以下三个发展的关切点入手，进行观察和评价。

第一个发展关切点为感受与欣赏的兴趣，具体的内涵解释是喜欢欣赏周围环境、生活中美的事物和艺术作品，并产生相应的情感体验。具体的发展进程：从被自然界或生活中美的事物吸引，到关注自然界和生活中美的事物以及艺术作品，再到主动积极地寻找自己认为美的各种作品，并与他人交流表达自己的感受。

第二个发展关切点：艺术感受与欣赏的能力，具体的内涵解释为能感知自然与生活中的事物以及艺术作品的造型、色彩、节奏、韵律、结构、姿态等美的特征，并用语言、表情和肢体动作表达自己的想象与理解。具体的发展进程是从被作品熟悉的内容所吸引，产生先于对作品形式的感知，逐渐发展到能感知表现熟悉的事物以及有显著的色彩、节奏等特征的作品，再到能想象、理解作品的色彩、节奏等审美特征的意义，感受艺术作品所表现的情感特征。

第三个发展关切点为艺术表现与创造兴趣，具体的内涵解释是有探索画笔、颜料、纸张、黏土和乐器、嗓音、动作等艺术工具和材料以及造型、色彩、节奏、韵律、结构、姿态等艺术要素的兴趣，并能大胆地用于表现自己的经验。具体的发展进程是从起初单纯的对纸笔、嗓音、动作本身的好奇，到有目的地想用纸笔、嗓音、动作作为工具材料来表现自己的经验，再到为达到自己想要的艺术效果不断地探索各种艺术的工具材料的用法以及不同形式要素的表现力。

【资源链接】

质性评价的有效性

由于生活背景、性格等因素的影响，儿童呈现出的行为表现也各自有着迥异的描述和解释。再加上儿童在生活、游戏、学习中，通过不断体验来实现发展需要，因此不同于其他学龄段，他们的行为发展评价很难精确到具体的量化数据，或者说使用统一的量化方法。质性评价是相对于“量化评价”提出的概念，它更尊重儿童的想法、更强调儿童行为背后的内部意义，它力图借助实际观察来全面反映儿童的行为表现。效度即有效性程度，也就是“有意义”的所在。如何确定质性评价是否有效、是否有意义呢？建议可以从以下四个方面着手：

第一，是否实现了“评价儿童行为目标的发展性”。

评价儿童行为的最终目标在于帮助幼儿正视自身的行为并朝着适宜的方向前进。经历了观察分析、解读评判之后，教师需要掌握：现阶段幼儿在哪里？获得了什么有益的经验？接下来要往哪里去？怎么去？……而后给予幼儿贴切的指导。

第二，是否关注了“评价儿童行为方法的多样性”。

评价儿童行为的方法多种多样。面对一百种儿童在各自的情境中发生的行为时，教师需要斟酌：运用什么方法？为什么要用此方法？方法正确吗？通过这个方法幼儿有变化吗？……如果幼儿的行为得到完善，证明评价方式是合理的。

第三，是否体现了“评价儿童行为主体的参与性”。

评价儿童行为的主体有教师、幼儿、家长等，在此过程中，所有的个体不分彼此共同行进。教师和家长需要考虑：幼儿行为背后的原因是什么？提供机会让幼儿发出自己的声音了吗？幼儿能自我评价吗？……假设幼儿的行为是积极主动的，与他人的互动时良好的，那么评价儿童行为主体的参与性就得到落实。

第四，是否聚焦了“评价儿童行为表现的过程性”。

教师在实际教学中运用质性评价是为了优化儿童的行为，这必须立足于幼儿生活学习的整个过程。比如从幼儿在过程中的行为习惯、学习品质、兴趣需求、情感态度等方面的发展程度来进行评价，而非在一段时间结束时通过测评得出终结性结果。

资料来源：赵枚．张小青．李莉编著，借我一双慧眼：学前儿童行为观察与评价［M］．长春：东北师范大学出版社，2020：36.

二、教学活动的分析与指导策略

在幼儿园教学活动中，教师在对幼儿学习和发展情况进行观察评价基础上，应当明确幼儿发展的最近发展区，并为幼儿提供科学、适宜的支持，以促进幼儿能力向更高水平发展。

（一）教师对整个幼儿教育活动的方向全面关注

有了活动的目的才能够将活动顺利有序地进行下去。教师在这一过程中要能有目的地进行指导，对整个活动的发展要具有预见性，在对整个活动目的明确的基础上也要有一定的束缚，教师应有目的意识，不是幼儿活动到哪里，教师的指导就到哪里，而不管他们的活动是否已与预设的目的渐行渐远。教师应纵观和预见活动的整个发展状况。当幼儿的活动距离预设的大致目的太远，教师需要运用恰当的材料、动作、表情、话语等机智地把孩子引导到活动的大方向中。当然，在注意活动目的的同时，又要防止活动目的束缚教师的指导，以致指导成为“灌输注入式指导”，这样的指导会有忽视受指导者后来发展的危险。所以，指导是一项极富教学智慧的活动，既要重视幼儿获得的经验的完整性和丰富性，又要在活动中按“需”指导。

（二）注重幼儿学习的主体性

具体的幼儿教育活动中的指导要对幼儿的反应敏感度进一步加强，教师要仔细观察幼儿的一些反应。对幼儿的兴趣以及感受进行关注并准确观察幼儿对教师指导语的反应，这样就能将幼儿的注意力以及思维向着教学活动的中心进行引领。我们在实践中所看到的指导，常常是活动之“外”的指导。教师是幼儿活动的观察者，教师根据幼儿的行为状态、言语和表情、作品等来提供适时的指导，如当孩子在游戏时，教师进行评论、提问、示范和建议，并提供信息和附加材料。尽管这种指导也是有价值的，但笔者认为在这种指导中隐隐约约有一种权威的存在，更重要的是教师可能体会不到幼儿活动时的真实需要和感受，指导的针对性和有效性会打折扣。如果教师的专业能力不强，不能恰当地把握指导的度，那么它就很可能成为我们上面所分析的那几种有问题的指导。

“关心儿童关心的事情，是教师最需要具备的素质。”在这一点上瑞吉欧教育的主要做法是：当幼儿对什么东西感兴趣、全身心投入某种活动中时，教师一定要接近这个幼儿，想办法知道那种活动对幼儿具有什么样的意义。教师与幼儿一起活动，而不只是在幼儿身边打转。只有教师亲自进行活动，才更能深切地体会到活动本身蕴含的价值和存在的困难，才能更好地从孩子的角度出发来看孩子能看到的世界。通过教师的活动，教师的指导就会像服装的裁剪制作，对每个幼儿量体裁衣，从孩子出发最终又回到孩子。活动中的教师不只是追随幼儿的兴趣，还需关注幼儿的潜在兴趣，让指导适当地走在孩子活动前面。同时，这种教师参与活动的指导也有可能避免我们在上面所提到的过于关注活动目的的弊病，能更好地满足幼儿的兴趣和需要。总之，关注孩子的活动过程，就必须要与孩子共同参与活动，让自己的心与孩子的心同频共振。

（三）适当留取空白

留取空白主要包括问题上留白以及时间上留白两个重要层面。心理学中的“超限效应”认为，当教师的指导在量上达到一定程度时，幼儿的神经细胞会处于抑制状态，产生一种不耐烦的心理体验，进而影响其学习效果。问题留白主要就是指在实际活动过程中，在遇到了实际问题的时候要能够给幼儿留白，让幼儿的想象空间及好奇心得到有效激发。而从时间留白层面来说，主要就是指能对自己出镜的时间进行有效控制，尽量让幼儿的活动时间增多。因此，在幼儿活动时，教师的指导可以适度留白，教师的指导要能够为幼儿的学习寻找一个有效的途径，促进幼儿学习能力和思维能力的发展。

总而言之，对幼儿的教育活动指导要能够结合实际进行，教师自身先要具备多方面的才能，能对整个活动局面进行把控及疏导，让指导的科学性得到真正的体现。苏霍姆林斯基曾经认为讲课就好像是微微开了一个通道，望一望天际的科学世界窗口，而把某些东西留下不讲。尽管此观点是针对中小学教育而言的，但对于幼儿园课程与教学来说同样适合。教师的指导就是为孩子学习找到一条路径，并指明行进的方向，但对于路上的石头等障碍物教师不必清除。幼儿的学习之路不是坦途，经过摸爬滚打而获得的经验才最有价值。“平庸的教师讲述，好的教师解释，优秀的教师论证，伟大的教师赋予灵感”，这是有一定道理的，它指出了在指导中给予孩子灵感的重要性。总之，“恰是未曾着墨处，烟波浩渺满目前”，幼儿园教育活动中的教师指导也应有这般意境。

第二课

幼儿集体教学活动的观察案例与评析

一、幼儿集体教学活动的观察记录

在集体教学活动中，师幼互动是幼儿园教师与幼儿互相影响的行为过程。良好的师幼互动对幼儿生理和认知的发育具有深远的影响。集体教学活动要基于儿童，这一理念契合时代发展的需求，强调教学源于幼儿的生活，识别幼儿的心理需要、兴趣及其表现形式，借助典型的情境和问题，关注幼儿的学习方式、特点和个体差异，实现幼儿经验的聚焦、碰撞和延展。在集体活动中，在幼儿积极表达的过程中，教师要协助幼儿思考问题、解决问题，升华幼儿有意义的学习经验，促进幼儿完整经验的建构和良好学习品质的培养。可以运用轶事记录法、实况详录法、行为检核法及等级评定法等方法来开展。在实际观察中，应该结合观察目标和观察情境来选择适宜的观察方法，开展观察记录与分析评估工作。

以下是运用轶事记录法对幼儿在教学活动中的行为进行的观察记录。

【案例 1】科学活动：沉与浮（1）

轶 事 记 录		
儿童姓名：正邦、文宇	性　　别：男	编号：06
年　　龄：3 岁 1 个月	观察日期：2019 年 10 月 31 日	
开始时间：9:00	结束时间：9:30	
观察地点：活动室	观 察 者：张老师	
观察目标：观察科学活动中幼儿的行为表现		
观察记录 在沉与浮的活动中，教师请幼儿想办法将其提供的材料浮起来。		

续表

轶事记录
场景一： 正邦拿着手中的橡皮泥，捏了捏，往水中一扔。“咦？怎么橡皮泥没有沉下去呢？为什么别人的橡皮泥是沉下去的？”于是，他从水中拿起了橡皮泥，又揉了揉，揉成团，仍不放心，又看了看，才放到了水中，沉下去了！“为什么同一块橡皮泥，一会儿沉一会儿浮呢？”他又琢磨开了。我问他：“刚才橡皮泥的形状一样不一样？有什么区别？”正邦想了想说：“摊开来的时候浮在了水面上，揉成团的时候沉下去了。” 场景二： 文宇选了鸡蛋，放入清水后沉了下去。一开始，他把鸡蛋放进了铁盒，因为铁盒能浮在水面上，他想通过铁盒的浮力，让鸡蛋也浮在水面上，刚开始还行，可慢慢地，鸡蛋又沉了下去。这时我走过去，提示他可以选择老师准备的调料——糖、盐、味精。之后，文宇一个个试，最终发现放了盐之后，鸡蛋浮起来了。

二、幼儿集体教学活动的观察分析

基于幼儿的学习经验对教学活动的评估是幼儿集体教学活动的重要环节。幼儿的活动过程是动态变化的、存在预设又生成的过程。在实际的教学中，幼儿的个体差异、开展活动的环境因素、教师的教学能力、教师的个性特征等，都会对幼儿的学习经验产生影响，致使教学效果与预期的教学目标有所不同。因此，教学方案实施后，需要活动结束后的评估环节。幼儿园集体活动的评价可以用观察、访谈的形式进行，收集有利于评估幼儿行为变化的数据，如集体活动中幼儿的作品，集体活动后幼儿的思想及行为的变化等。对集体活动的评价就是判断幼儿行为实际上产生了多大程度的变化的过程。可以运用轶事描述法、实况详录法、行为检核法及等级评定法等方法来开展。在实际观察中，应该结合观察目标和观察情境来选择适宜的观察方法，开展观察记录与分析评估工作。

集体教学活动是全班儿童都参与的高结构活动，对儿童的状态和行为表现的观察是教师合理调控并实施教育活动的重要依据。具体来说，集体教学活动中进行观察记录与分析评估时，可以参考以下几个方面来进行：

1. 幼儿参与度、参与率。多少儿童参与？参与的程度如何？

2. 思维状态。如儿童是否敢于提出问题、发表见解？问题与见解是否具有挑战性与创造性？

3. 交往状态。如儿童之间的合作氛围如何？能否互相沟通与交流信息？

4. 情绪状态。如儿童是否能控制与调节学习情绪？

在具体实践中，不同的领域对于儿童的不同方面有不同的侧重，通过这样的观察记录以及之后的分析，可以使教师明确自己教育行为的适宜性，以更好地组织儿童的活动。

【练一练】

分心的男孩

任务：请扫码看视频，撰写观察记录，对小男孩的课堂行为进行分析，并提出你的指导建议。

扫码观看视频：6-1 分心的男孩

结合上述观察与分析要点，案例 1“科学活动：沉与浮”的分析评价如下：

【案例 1】科学活动：沉与浮（2）

分析评价

大班幼儿敢于尝试、探索，富有挑战性的实验对于他们来说是非常乐于接受的活动。小实验“探索改变物体原状”引起了孩子们的极大关注，抓住了孩子们的兴趣点，这个内容对孩子来说是一个新的挑战，孩子可以带着任务去尝试，去探索。在实验过程中，根据孩子的特点及时调整与应对，在“抛接问题”中拓展了孩子的思维。

教学活动中的观察与分析要点除了参考上面来进行，也可以按照五大领域的各项行为内容来开展观察。具体观察内容要点可以参见第一课的内容。

三、幼儿集体教学活动的观察指导

（一）集体活动的选材——从幼儿的生活中选择典型材料

首先，集体活动的选材应遵循如下原则：活动内容应符合幼儿的年龄特点及兴趣；

贴近幼儿生活，符合幼儿现有的经验；内容具有挑战性，能让幼儿有所发展。

其次，关于“学什么”这个问题，陶行知认为“要什么，学什么；学什么，教什么；教什么，就拿什么来训练教师”。因此，幼儿园集体活动的选材没有一定的标准，需要教师根据活动内容以及幼儿的实际情况，从幼儿的生活中选择典型材料，让集体活动更贴近幼儿的生活，以激发幼儿学习的热情。有什么，学什么，教师不能无中生有，要运用幼儿生活环境里已有的事物去引起幼儿对活动的兴趣。幼儿学习的教材不是固定的书本形式，而是环境已有的事物。

例如，自然界的光线、空气、食物、水、植物，生活里会用到的语言文字，生活中人与人之间的互相合作、照顾，幼儿生活中的一些矛盾、问题冲突，都可以是幼儿学习的教材。对幼儿生活中的困难或不利因素，教师可将其化解为触动幼儿探究、思维、质疑、试验等的动力，其也是集体活动的好教材。自然界和幼儿生活中的助力及阻力都能成为课程及集体活动的资源，教师应当运用这些资源培植幼儿的生活力，使他们成为有创造性、有贡献、能胜任工作的社会中的一员。

要什么，学什么。虽然自然界和幼儿生活中能成为教材内容的材料有很多，但集体活动教材的选择还是应从幼儿的现状、环境出发，在幼儿力所能及的范围内，选择适合幼儿的成就水平、心理倾向等并能让幼儿获得满足感的材料。教师要了解本班幼儿有什么能力，有什么需要，他们共同的困惑是什么，他们的最近发展区在哪里。

基于此分析环境中的材料对幼儿的作用，这些材料对幼儿有助力还是阻力，教师只有进行具体的、清晰的分析才能指导集体活动的实施。

学什么，教什么。有幼儿的“学”才有教师的“教”，学习是通过幼儿的主动行为发生的，幼儿学到了什么取决于其了解了什么而不是教师做了什么。

教师要进一步分析幼儿生活中发生的每件事的价值，评析每件事是否有利于幼儿思维、技能、兴趣、社会态度的培养，是否有利于幼儿获取信息。教师要对材料评估之后再做选择，把价值最低、需要可缓、幼儿园不必教不能教的删除，将可用的容纳到课程及集体活动里来，进而进行设计，支持幼儿主动地去做、去学。情境是生活、自然界变化和活动的综合体，集体活动要从幼儿的生活中选择典型的情境和问题，与幼儿的自然生活、社会生活连接起来。这样的集体活动才是有根的，它的根安在环境里，吸收环境的肥料、阳光，化作自己的生命，进而取得良好的教学效果，助力幼儿的发展。

（二）集体活动目标——聚焦幼儿的经验

1. 基于幼儿的需要及兴趣分析幼儿的发展水平，推演出教育目标

这样，教师才能够明确学习者目前的状况与公认的标准之间的差异。这种“差异”或“差距”，即幼儿的“需要”。“需要”是教育目标的重要来源。另外，幼儿的兴趣是

教育目标的基础。教育是一个主动的过程，它要求幼儿自己积极主动地努力。教师可尝试依据幼儿的兴趣写出教育目标，再分析如何达到这些教育目标，考虑哪些因素会影响目标的达成。这样做有助于教师看到幼儿需要、兴趣与教育目标之间的关系。

2. 基于生活情境与学习情境之间的关联

教师可以从幼儿的生活中，根据幼儿的需要及相应的情境生成集体活动目标。教师也可以从目标出发，创造源于生活的情境，深入幼儿的生活。只有当幼儿发现所学的情境与现实生活情境有相似之处时，他们才更有可能学以致用，发现生活情境与学习情境之间的关联。因此，教师在制订集体活动目标时，要诠释生活资源对不同年龄段、不同经验水平幼儿的教育发展意义。

3. 善用参考依据

专家有丰富的专业领域知识，能为专业领域问题提出有效建议。教师可多咨询相关专家，以制订出基于一定理论的、契合教育发展规律的、有助于幼儿发展的集体活动目标。另外，教师可参考《指南》《纲要》等文件，这些文件可以为制订集体活动目标提供参考和依据。教师可分析、参考权威的文献，以制订出合理的集体活动目标。

4. 基于教育观、价值观

教育哲学的要务之一是概述人们认为对满意并有效的生活来说不可缺少的价值观。教师的教育哲学影响其教育观和价值观的形成，进而影响教师的教学及集体教学活动目标的设定。以下的教育观体现了一定的教育哲学思想：承认幼儿每一个个体作为人的重要性，为幼儿广泛参加各种社会团体活动提供机会，鼓励多样化的个性而非要求单一类型的个性。哲学教育观和价值观反映了人本主义的教育哲学。教师只有拥有积极的教育哲学思想，才能形成正确的教育观、价值观，才能制订需要的、合适的集体教学目标。

（三）集体活动实施——呈现幼儿的观点

有效的集体活动需考虑经验的连续性、顺序性和整合性。连续性是指主要课程要素的直线式重复，假如培养幼儿的某项技能是一条重要目标，就要确保幼儿有机会重复、不断地发展某项技能。顺序性关涉连续性，是指在重复某一技能或知识时，每一次重复不能仅停留在同一水平，要有进一步的发展，即每一后续经验都建立在先前的经验之上，且要更深入、更广泛地探究所涉及的事物。整合性是指经验的横向联系，学习经验的组织也是如此，这些经验会帮助幼儿逐渐获得统一的观点，并逐渐将自己的行为与所处理的相关要素统一起来

例如，在大班社会活动《一分钟逃生》中，教师以“规则”为活动组织的要素，“规则”这一要素被安排出现在整个教学活动的各个环节。幼儿以“一分钟体验”“分组穿越”“逃生演习”“震后逃生”这四个情境推进话题讨论，每一个情境幼儿在体验、

讨论中呈现观点。在"一分钟体验"的情境中，幼儿可能的观点是"一分钟时间很短。要想在一分钟内做更多的事，就要遵守规则，合理安排"。在"逃生演练"情境中，幼儿可能的观点是"有压力时更要沉着冷静""紧张时更要训练自己遵守秩序""越是遇到很困难的情况，越要懂得遵守规则""按照规则做事才更可能获得成功"等。上述活动让幼儿经历了以下过程：因为幼儿从不知道规则，所以不遵守规则——幼儿知道规则，但不遵守规则（和自己的主观愿望冲突、没有意识到规则对自己和周围人的重要性或没有方式和方法）——遵守规则，并知道如何守护规则。

由此可见，在上述活动中幼儿的经验是连续性、顺序性、整合性的，在每一个环节中幼儿能通过对"秩序、规则"的自由表达、互相分享、共同建构，逐步明晰规则对生活的影响，从而感受并愿意自觉遵守规则。

（四）集体活动的评价

以幼儿为中心的集体活动可以用以下几个问题来衡量其有效性：是否能厘清本次集体活动与园本课程的关系？活动内容是否有必要进行？是否关联幼儿的生活、游戏？活动内容能否激发全班幼儿的学习兴趣？在教学过程中是否充分照顾到幼儿的个体差异？在集体活动中幼儿能否产生有意义的学习？是否以幼儿的已有经验为基础？活动过程是否能帮助幼儿利用旧经验建构新经验？教师怎样观察、了解到幼儿的已有经验，并作为活动设计的重要依据？这些问题包含了有关集体活动的设计、目标、评价、实施等内容，是其实施有效性的衡量标准，也是集体活动开展的指南。

参考以上的指导要点，案例"科学活动：沉与浮"的指导建议为：

【案例 1】科学活动：沉与浮（3）

指导建议

针对大班幼儿好奇好问、敢于尝试、愿意探索的行为特征，教师首先在活动中明确任务内容与操作要求，通过适当引导，规范幼儿的操作行为，以提高幼儿的实验水平。其次，教师要以开放性的探索问题引导幼儿关注自己的操作过程与实验结果，让幼儿在亲身体验中获得经验，并积极思考操作与结果的关系。最后，在大班科学活动中，教师还要关注幼儿各种能力的培养，如观察能力，记录能力及表达能力。

注：【案例 1】"科学活动：沉与浮"完整的观察记录见本单元末【学习资源】。

第三课

幼儿小组学习活动的观察案例与评析

一、幼儿小组学习活动的观察记录

幼儿小组活动行为的观察记录为教师观察儿童提供了自然的机会，教师能够通过儿童在小组活动中自然的表现来观察儿童的能力、兴趣、性格等，教师可以利用小组活动的机会，将需要观察记录的资料保存下来，从而有助于了解与评价儿童的发展状况，并为今后指导小组活动与制定小组活动计划提供依据。可以运用轶事描述法、实况详录法、行为检核表法及等级评定法等方法来开展。在实际观察中，应该结合观察目标和观察情境来选择适宜的观察方法，开展观察记录与分析评估工作。

例如，在区角活动中，教师通过观察可以了解儿童参与活动的喜好，使用材料的情况及儿童语言、合作等行为表现和认知水平，可以发现儿童在活动中产生的问题，并及时调整教育内容。针对区域小组活动进行观察，可以从使用材料、社会交往等方面进行。

在小组区域活动中观察应注意的问题有：

首先，观察从材料出发。在一种材料的投放前期，教师最为关注的是这一材料在幼儿间的兴趣是如何引发的，寻找到幼儿与材料之间的兴趣碰撞点，观察到材料能与幼儿互动，能让大部分幼儿参与其中，就是适宜的材料。

其次，观察从幼儿出发。组织一项活动，教师最主要的作用就是指导幼儿，了解幼儿的特点，对幼儿进行详细的观察。观察是为了准确地了解幼儿在活动中的表现。在幼儿活动的过程中教师要观察了解所有投放的材料是否是幼儿喜欢的，是不是和幼儿的年龄特点相符合，是不是能够促进幼儿的全面发展，教师不但要注意观察幼儿在做些什么，更要着重观察幼儿到底是怎样玩的。如小班幼儿社交能力相对来说比较差，不会自己解决问题，教师应该对这样的幼儿单独指导，观察每个幼儿在活动中的一举一动、一言一行，这样就会发现幼儿的闪光点和不足之处，才能更好地指导幼儿。

以下是运用实况详录法对幼儿的小组学习行为进行的观察记录。

【案例 2】吸纸屑（1）

实况详录	
儿童姓名：5 名幼儿	编号：06
年　　龄：4—5 岁	观察日期：2019 年 10 月 31 日
开始时间：8:30	结束时间：9:00
观察地点：活动室	观 察 者：张老师
观察目标：观察科学区中的幼儿的行为表现	
观察记录 今天，科学区里来的小朋友有思思、心心、鑫鑫、明明、乐乐，在科学区里，教师投放了神奇的纸屑。在选择区角的时候因为是新投放的材料，大部分孩子非常喜欢，这些孩子一来到科学区就开始讨论这些纸屑和尺子是用来做什么的。明明说：“尺子是用来量纸的大小的，大的纸长度更长，小的更短。”乐乐说：“不对，这个尺子是用来画线用的，老师就经常用尺子这么做。”两人都觉得自己有道理就争论起来了，明明说：“我们去问问老师吧。”很快两个孩子找到了教师。在教师的指导下，孩子们知道了尺子和纸是用来做实验的，而且这个实验非常神奇。说干就干，两人很快就默契地点点头。可是实验做下来尺子没有像老师说的那么神奇，没有吸住纸呀。乐乐查看了下纸屑，说：“这个纸屑太大了，又大又重，尺子怎么吸得起来。”明明说：“把它撕得再小一点。”很快，两个孩子又开始撕起了纸屑，这次纸屑撕得又细又多，孩子们又开始实验了。这几个小朋友一起做实验，有的用尺子擦自己的皮肤，有的擦头发。擦皮肤的鑫鑫小胳膊变得红红的，可是还是不能够吸住纸屑。很快乐乐说：“哈哈，我成功了！”鑫鑫说：“教教我呢。”乐乐说：“尺子要多擦几下头发，这样就可以了。”很快大家再次尝试，哈哈，奇迹发生了，纸屑居然都立起来了，吸在了尺子上面，孩子们别提有多开心了。	

二、幼儿小组活动的观察分析

对活动区游戏的观察记录应该作为教师必备的教育手段之一。在开放的活动区游戏中，儿童自主性强、自由度高、人数多，此时教师该观察什么呢？以往我们在观察活动区活动时会出现教师多侧重于对儿童知识技能方面的观察，而忽视对儿童能力及个性品质方面的观察；多侧重于对个别区域的观察，而忽视对整体区域的观察。因此，在活动区进行观察的重点要素应该是什么？怎么观察？如何捕捉有效信息？这些问题就成为教师在活动区游戏中需面临的挑战。这部分主要从两个角度介绍活动区游戏观察的要点：一是对活动区游戏过程的全面观察，二是对每个活动区进行重点的观察。

这个阶段教师的主要任务是在支持和引导幼儿制订计划的同时观察幼儿制订计划的

过程。计划就是幼儿表达意愿做出决定的过程，包括选择材料、行动和合作伙伴。计划的时间通常为10—15分钟，基于幼儿的年龄和交流能力，他们通常通过语言、手势、绘画、游戏等方式来表达他们的计划。计划不同于简单的选择，因为计划包含幼儿关于想做什么以及将怎样做的具体思考。计划比选择更具有目的性和意向性。在制订计划的时间里观察幼儿是否会确定问题或目标，是否有想象和预期的行动，是否表达了个人的意图和兴趣，是否将意图变成目标等。

1. 观察分析幼儿实施计划的情况

此环节教师重点观察幼儿专心投入创作、实地执行计划的情况，观察幼儿是否能按照自己制订的计划行动。如果幼儿改变计划，教师应该给予帮助，引导幼儿重新按改变的计划行动。

2. 观察分析幼儿选择材料的过程

活动刚刚开始时，幼儿会选择活动材料，这是观察的一个重点。通常会出现以下几种情况：如果幼儿很快被活动材料所吸引，马上可以操作或借助图示等辅助材料明白方法，并很快获得成功，那么这种材料是较适宜的；如果许多幼儿争抢一种操作材料，很可能出现这种情况的原因是材料数量过少，或者材料很新颖等；如果幼儿选择材料后，不去操作，反而无所事事地坐在一旁，或者虽然拿着自己的材料却看着其他同伴的材料，那么这种情况的原因可能是材料不吸引幼儿或材料所涉及的内在情境让幼儿难以理解。

3. 观察分析幼儿使用材料的过程

幼儿如何处理和使用材料可以反映幼儿的想法和感觉。教师在观察记录时一是需要记录幼儿当时所处的环境，幼儿所处环境直接影响到幼儿使用材料的质量；二是观察幼儿在何种刺激下使用该材料（教师的建议、模仿其他幼儿、幼儿的建议、偶然随意、幼儿喜欢等）；三是观察幼儿使用材料花费的时长，操作材料使用的时间长短可以反映幼儿注意力的持久度、感兴趣程度、情感投入、挫折耐受力、对挑战的忍耐力、对新事物的反应等。幼儿在操作材料的过程中，会出现许多情况，有利于教师观察整个活动过程，发现幼儿的实际水平，为教师调整材料、捕捉评价的素材提供依据。四是观察幼儿在活动中运用材料的方法。同一种材料，不同幼儿在操作时的表现是不同的。有的幼儿拿着材料只是重复一种玩法，有的幼儿却能创造出多种多样的玩法，出现这种情况，主要与幼儿的实际水平有关。五是观察幼儿在运用材料中解决各种困难的情况。幼儿在运用材料的过程中会遇到各种问题，但是他们寻求的解决方法是不同的，教师通过观察可以了解到许多情况。有的幼儿完全依靠自己，由始至终都独立寻求解决问题的方法，这种幼儿独立性、任务意识较强；有的幼儿一遇到困难，马上向教师或同伴表示需要援助，这些幼儿多是缺乏自信的。教师应分析情况，通过请幼儿暂时等待或引导的方式，鼓励他们完成计划；有的幼儿遇到困难，不去求助，只是模仿同伴的解决方式去解决问题，这些幼儿多是性格内向或是缺乏与人交往的策略，教师可以教他们一些交往的策略，鼓励他们与同伴交流。

4. 观察幼儿在活动区游戏中的状态

观察幼儿是否有机会表达自己的游戏意图，是否可以依据自己的游戏意图选择想玩的游戏、用什么材料玩、和谁一起玩、在哪个区域玩，是否可以选择随时调换区域（改变游戏选择），并自由取放活动室所有的材料及按照自己的方式使用，是否可以自由地将一个区域的材料拿到其他区域。观察幼儿在熟悉和了解区域常规后，是否能够遵守常规。在游戏的过程中是否始终对参与的游戏保持高度的兴趣和专注。幼儿在游戏的过程中，是否乐于和敢于表达多种情绪。幼儿之间发生冲突的时候，他们是否愿意说明情况，并尝试提出或者选择解决方案。

5. 观察活动区活动中的师幼互动情况

教师支持幼儿用自己的方式来表达游戏意图。幼儿进入活动区以后，教师通过观察和聆听等策略来了解幼儿游戏的意图，判断是否需要介入、如何介入。如果确定需要介入，教师要选择正确的介入时机和方式。在了解了幼儿的游戏意图后，教师能够在幼儿的现有发展水平上支持幼儿实现游戏的意图，而不是指导幼儿来实现教师的教学目标。教师和幼儿交流的时候，要关注幼儿，要看着幼儿说话，要跟随幼儿说话的方向和线索，要等待幼儿说完后再讲。教师要多认可幼儿说的话并且多聆听幼儿的想法。教师少给幼儿提问题，如果要提问题，需要提指向明确的具体问题，而不是大而空的定规性问题，教师用鼓励的方式而不是表扬的方式来鼓励幼儿。

6. 观察幼儿活动区活动中制定和遵守规则的情况

活动区规则来源于幼儿，教师一定要让幼儿参与规则的制定，并且理解这些规则，从中选择适合自己的活动材料，在没有压力的环境中主动学习。幼儿自由进出各个区域，从而得到较多的同伴交往、在同伴面前表现自己的机会，但在区域管理中，还存在诸多问题，如有的幼儿没有及时整理，给其他的幼儿造成了不便；有的幼儿穿梭在动态活动区和静态活动区之间，影响了静态区活动的幼儿。针对这些问题，教师可提供机会让幼儿在各种活动的过程中自由探索，通过自身的体验去寻找答案“怎样玩才能开心快乐，既学到本领又不影响别的小朋友？”然后让幼儿把自己的想法画出来，贴到各个区去，大家一起讨论，保留观点一致的画，达成共识。

例如，一次活动区活动时间，壮壮对张老师说：“我上午搭的桥总是被取玩具的小朋友碰倒，我下次不在柜子旁边摆了，我靠中间摆，这样就不容易被其他小朋友碰倒了。”教师在活动结束时将这个问题提出供大家讨论，幼儿发现，搭积木时要选择离玩具柜远一些、空间较大的地方搭建，这样自己的作品就不容易被碰倒。大家觉得这个办法好，就将此规则补充到积木区规则中，由于这些规则的形成，是幼儿自己的体验和感触，幼儿的规则意识很容易就转变成一种自觉的行为，这样大多数幼儿愿意并能够遵守共同制定的规则。

结束环节教师应重点观察分析幼儿是否愿意参与回顾的环节，是否能够围绕自己做的计划进行回顾，能否说出曾做过或使用过的物品及一起游戏的幼儿的名字，描述做了什么以及如何做的，能用手势（唱歌、图画、材料）等表示游戏时间的活动，给大家展示在游戏时间里制作的作品，找到游戏时间使用过的物品等。教师也可以创设有针对性的情境鼓励幼儿参与，进而观察幼儿的表现。例如，将游戏中观察到的典型事例、发现的主要问题以情境描述的形式提出来供幼儿讨论，帮助幼儿将游戏中好的经验及错误经验呈现出来，使幼儿更加清晰，遇到类似的问题会有效解决。再如，可让幼儿通过绘画将自己的活动情况表达出来，给每位幼儿回顾表达活动情景的机会，以便教师更好地了解幼儿的已有经验。也可以组织幼儿介绍和观摩活动中的各类作品，引发思考。

结合上述要点，对科学区中的幼儿行为表现的分析评价如下：

【案例 2】吸纸屑（2）

分析评价

《纲要》中提道，“小班幼儿的科学教育的价值在于注重儿童的情感态度和儿童探究问题、解决问题的能力”。“尺子吸纸”是个有趣的科学实验，孩子们通过实验了解到了摩擦生电的原理，知道了怎样通过摩擦让原本没有电的尺子产生静电从而吸住纸屑。在本次区域活动中，孩子们之所以对这个活动感兴趣，首先是因为对尺子能够吸住纸屑这一神奇的现象产生兴趣，但是为什么会这样呢？这是需要探索的，虽然探索了多次孩子们大多都以失败告终，可孩子不放弃。其次是因为科学探索类的游戏有挑战的难度，孩子们一旦获得成功就会充满喜悦，这种喜悦是对自己的高度肯定，也是将来信心确立的源泉。

三、幼儿小组活动的观察指导

小组活动多数是区域活动，是幼儿自发的游戏活动，活动的目的不指向外部，不指向结果，幼儿在游戏中获得需要和满足，这是游戏的根本目的。因此教师介入指导的前提是观察解读幼儿的游戏行为，思考介入是否有效后，适时地帮助幼儿发展并延伸游戏。

（一）游戏前根据幼儿的兴趣和需求创设隐形的指导环境

1. 学会观察，是指导区角活动的前提

教师要指导幼儿进行区角游戏，首先要了解幼儿。要了解幼儿，就需要对幼儿进行观察。教师进行观察的目的是为了准确地了解幼儿在活动中的需要和表现，因此观察要有连贯性。教师可采用整体观察的方法，如整体观察幼儿的活动，了解投放的材料是否符合幼儿的年龄特点、是否为幼儿所喜欢、是否能促进幼儿的发展等。在观察过程中，不但要注意幼儿做了什么，更要了解幼儿是怎么做的。还可采用个别观察的方法，如小班幼儿自我解决问题的能力弱，社会交往能力差，因此教师就应特别注意观察还没找到感兴趣活动的幼儿，或者幼儿是如何进入某一个区角的等。只有认真地观察幼儿在活动中的一言一行，教师才会有新的发现，才能为指导提供素材，才能为幼儿创设一个宽松、自由、探索的活动环境。

2. 合理分配区角

区角的选择需要师幼共同参与创设，每个区角的设计要新颖、创新，尽量做到多样化。区角的设置不仅要考虑本班幼儿的年龄特点、能力和兴趣，还要考虑到地域性，要让活动区兼顾艺术性、教育性、发展性、多样性。就幼儿的能力来说，不同年龄阶段的幼儿和同一年龄阶段的不同幼儿水平发展有较大的差异，“儿童的发展具有差异性，这种差异性既体现为不同于成人的群体性差异，又表现为儿童群体内部的差异”。在选择主题时，应当依据幼儿现有的发展水平，在符合幼儿“最近发展区”的条件下选择主题。托、小班幼儿进入幼儿园时间较短，适应幼儿园的集体活动和生活的能力还需提高，主要的教育重点放在情感培养、动作发展、规则养成，宜多开设建构区、角色游戏区等；而中、大班幼儿入园时间较长，教育重点转向探究能力、思维能力以及解决问题的能力，因此适宜多开设探索和学习性区角，多增设科学区、数学区、益智区等。随着幼儿年龄的增长，水平的不断提高，同一区角主题的内容选择难度应由浅到深不断变化。以角色游戏区为例，不同年龄的班级角色游戏区的内容也有所不同，小班幼儿入园时间短，入园焦虑现象比较严重，在角色游戏区的内容选择应以娃娃家、超市为主。例如小班幼儿普遍喜欢的“娃娃家”主题的区角游戏，教师应当在教室中单独划分出一部分相对封闭的区域，营造一种“家”的空间感，更重要的是“娃娃家”中相关设备的摆放与排列应尽量符合家庭生活的日常习惯；进入中班后，幼儿的社会交往能力、合作能力变得更为重要，幼儿的自身社会经验比较丰富，角色游戏区的内容可以设置的丰富和更具有层次化。

3. 适时调整投放材料

区角游戏区的游戏材料长期得不到更换容易使得幼儿的游戏兴趣降低，导致游戏水平停滞不前。教师应尽可能地为幼儿的区角游戏区提供有意义的材料，由于结构性材料的结构性较强，为幼儿留下的想象和创造的空间较小，区角游戏本身又具有“扮演”的特点，所以在提供游戏材料时要尽量投放非结构性的材料，为幼儿提供自由想象的游戏空间，实现教师的隐形指导。在区域活动中，幼儿是与教室里投放的材料发生互动、拓展游戏情节的。只有幼儿与游戏材料发生有效互动，游戏材料的功能才能得到最大限度地发挥，话说回来，想达到这样的目标，丰富有意义的材料投放及更新是达到目标的有效途径。材料的投放要照顾到不同幼儿的能力差异，既要符合幼儿的年龄特点和游戏需要，同时鼓励引导幼儿自制玩具材料，最后还要考虑幼儿收拾玩具的便利。

4. 创设活动规则

无论是活动前还是活动后创设相应的游戏规则都有利于活动的展开，比如，在进入区角的时候，教师在尊重幼儿个体兴趣时，也要顾及幼儿全方位的发展与其他幼儿的需要。对区角里的人数有所规定。因为区角的空间有限，只能容纳几个幼儿在一个区角内进行活动。那么教师在幼儿选择进入区角的时候，可以让幼儿实行插卡进入，看到人数满了以后自行换一个区角进行活动。这样不仅可以培养幼儿的规则意识，也可以在无形中学习到相应的数学常识。

（二）游戏中尊重幼儿需要，适时介入指导

区角是幼儿自主自愿的游戏活动，所有的介入都应在细致地观察后，以幼儿的需要为指导契机，提出有针对性的建议和指导。在指导的过程中教师的定位应该是信息的导航者、兴趣的激发者、愿望的支持者、关系的协调者。常用的介入游戏的方式有：平行式介入法、交叉式介入法、垂直式介入法。

平行式介入法是指教师在幼儿四周，和幼儿玩相同的或不同的游戏材料，目的在于引导儿童模仿，教师起着暗示指导的作用。当幼儿对新玩具材料不感兴趣、不会玩，或不喜欢玩时，或只喜欢玩某一类游戏，而不喜欢玩其他游戏时，教师可以用这种平行介入的方式进行指导。教师一般以平行角色的身份或教师的身份来参加游戏。

交叉式介入法是指当幼儿有教师参与的需要或教师认为有指导的必要时，由幼儿邀请教师作为游戏中某一角色或教师自己扮演一个角色进入幼儿的游戏，通过教师与幼儿、角色与角色间的互动，起到指导幼儿游戏的作用。当幼儿处于主动地位时，教师则扮演配角，根据幼儿的游戏行为做出反应。如果教师认为有必要对幼儿游戏加以直接指导，则可以根据游戏情节的发展，采用提问、建议、启发等游戏指导的方法来介入。例如，提问：“我想做一顶假发，可以用什么东西来做呢？”（引导幼儿使用替代性材料）“可以用什么办法和你的邻居打招呼？”（发展游戏情节）游戏中的“提问”尽量使用开放式问题，目的是培养幼儿发散性思维。建议：“娃娃生病了，你们带他去看医生了

吗?”（帮助幼儿解决困难）“超市的饼干卖完了，你们可不可以开个食品加工厂?”（协助幼儿提出新的游戏主题）“你今天要当师傅了，我带来一个实习医生，给你当助手好不好?”（协助分配角色）教师在“建议”时，一定要使用协商式的语气。启发：“要是有什么办法使你们两个人都可以留在果果家玩就好了。”（启发幼儿思考）幼儿在区角游戏中会出现上述各种各样的问题，这些都是下一步发展新的游戏主题和游戏情节的契机，教师要耐心细致地观察幼儿扮演角色的进展情况，敏锐地捕捉教师介入的时机。

垂直式介入是指在幼儿游戏中如果出现严重违反规则、攻击等危险行为时，教师则以教师的身份直接进入游戏，对幼儿的行为进行直接干预。主要表现在约束纪律、提出要求、解决矛盾，其中也包括制止幼儿在使用材料上出现的一些不当做法。

（三）游戏后自然结束，做好评价

在愉快自然的状态下结束区角活动是游戏后不可忽略的重要环节，良好的结束有利于保持幼儿下次继续游戏的积极性。通常两种情况下结束游戏：第一种是游戏情节开展得比较顺利，幼儿情绪尚未低落时；第二种是游戏情节再往下发展下去有困难时，提醒幼儿结束游戏以免产生倦怠感。游戏结束之后，制定相应的整理规则，让幼儿主动收拾区角里的工具和玩具。让他们养成一个良好的习惯，从哪里拿就放到哪里去。也可以让幼儿进行协商，共同整理玩具，培养幼儿的人际交往能力。

区角游戏结束时，教师需注意对幼儿的游戏进行活动评价。教师可以对幼儿执行游戏规则的情况作小结，对积极的行为予以肯定和表扬，对游戏活动的质量予以评价鼓励，如幼儿有哪些新玩法、新创意等。教师还要注意进一步提出下一次深入开展游戏的新要求，激发幼儿下次游戏的欲望和兴趣。同时对于幼儿游戏中出现的一些问题，如规则方面的问题，教师可正面引导，明确认识以寻求改进的措施。对于中、大班幼儿，教师可以鼓励幼儿介绍游戏过程，进行自我评价，发展幼儿的自我意识，教师还可以鼓励幼儿互评，相互交流游戏的经验体会。

参考以上的指导要点，案例 2“吸纸屑”的指导建议为：

【案例 2】吸纸屑（3）

指导建议

作为教师，在活动中应及时了解幼儿真实、已有的相关经验，从而设计适合孩子最近发展区的实验，本次实验能真实有效地解决幼儿理解方面的问题，促进幼儿在原有基础上科学探究的兴趣和能力的提高。在开放的探索活动过程中，幼儿更多地表现出个体的行为和思维特征，关注幼儿的游戏过程和游戏行为，解读幼儿行为背后的思维特质和个体风格，把握教育的契机，适当的时候给予幼儿帮助，建立与幼儿的良好互动，从而实现区角游戏的价值。

在整个区角游戏阶段，指导幼儿的关键是："轻推一把"。"轻推一把"不是"推一把"，教师不是单纯地以"教师"身份出现，而是以双重角色身份参与幼儿的活动，并不断调整与幼儿的关系，从而有效地影响其游戏行为。游戏开始前，教师主要以"教师"身份指导幼儿游戏，发挥教师的教育指导作用；游戏过程中，教师则更多是以"角色"身份参与幼儿的游戏，以隐性的方式引导幼儿的游戏；游戏结束时，教师以"教师"身份组织幼儿总结游戏，提出新要求，同时又以"角色"身份与幼儿共同讨论游戏过程，共享游戏的乐趣。正是在"教师"与"角色"的双重身份切换中，教师不断发挥着"魔力"，促进幼儿游戏水平的提高。

注：【案例 2】"吸纸屑"完整的观察记录见本单元末"学习资源"。

第四课

幼儿个别化学习活动的观察案例与评析

一、幼儿个别化学习活动的观察记录

个别化学习是指教师根据教育目标和幼儿发展水平，有目的地创设活动环境，投放活动材料，让幼儿按照自己的意愿和能力，以操作摆弄为主的方式进行个别化的自主学习活动，实现儿童的自主建构与自主发展。关注幼儿个体差异，结合个性化的成长需求，为幼儿尽可能定制个性化发展计划和方案，通过集体教学活动的延伸与个别化学习活动中的观察和指导，对幼儿实施更适合自己的有效教育。充分尊重幼儿的自然成长和发展规律，根据幼儿社会交往能力、语言发展能力、科学探索能力、数学思维能力、美术创造能力以及音乐综合能力等五大领域发展情况，了解幼儿近期的发展能力，从而有针对性地创设活动环境及进行有效的指导。幼儿个别化行为的观察与评析，可以运用轶事描述法、实况详录法、行为检核表法及等级评定法等方法来开展。在实际观察中，应该结合观察目标和观察情境来选择适宜的观察方法，开展观察记录与分析评估工作。个别化学习活动观察应注意的要点如下：

首先，教师的观察意识和观察行为。教师需要明晰每个主题目标“要什么”，了解幼儿发展的重点难点，理解个别学习与主题要求的关系，如教师是否能够意识到活动中值得思考的问题，能否通过观察者客观反映幼儿的真实学习情况，教师对观察前幼儿的活动情况是否了解，教师站位是否合适等。

其次，只有心中装着“核心经验”，眼里看着幼儿发展，才能实现有效的师生互动。如，以数数、数量比较为核心经验点的个别化学习材料，教师为幼儿提供了方格棋谱、骰子、棋子等，教师引导幼儿放一个动物棋子在棋盘中间，两人分别从两边开始轮流掷骰子走棋，可以在棋谱上横竖任意行走（不能斜走），先“吃”到动物棋子的幼儿获胜。幼儿初步了解游戏规则后，教师投放了更多的动物棋子，引导幼儿将多个动物棋子任意摆在棋谱上，“吃”到动物棋子多的幼儿获胜（幼儿需要根据自己棋子的位置估算，判断如何走棋才能“吃”到更多的动物棋子）。

以下是运用轶事记录法对幼儿的折纸行为进行的观察记录。

【案例 3】向日葵折纸（1）

轶事记录		
幼儿姓名：菲菲	性　　别：女	编号：04
年　　龄：3 岁 2 个月	观察日期：2019 年 10 月 12 日	
开始时间：10:40	结束时间：10:50	
观察地点：手工区	观 察 者：岑老师	
观察目标：观察菲菲的折纸行为		
观察记录 区域活动开始后，孩子们纷纷来到自己喜欢的活动区活动，而菲菲却在教室里转来转去，这个区域看看，那个区域瞅瞅，就是不能下定决心去哪里游戏。就在她四处张望的时候，大部分区域都满员了，孩子们也开始游戏起来了。 菲菲没有办法，只好很不情愿地坐在了唯一还没坐满的美工区进行游戏。只见，菲菲手里拿着一张黄色的手工纸，眼睛一会看着向日葵的折纸图示，一会看着旁边正在折纸的同伴，就是不见她动手折纸。过了一会儿，菲菲开始烦躁起来，她面对自己眼前较为复杂的图示有些失去耐心。这时，她放下彩纸向我走过来说："老师，我不会折，你能过来帮我折一下吗?"我微微一笑，对她说："你可以按照图示，一步一步折啊。"菲菲马上就说："可是我看不懂图示啊。"听到菲菲的话，我让菲菲坐到了桌子的另一面，对她说："你看，这里有老师准备的步骤图，你可以尝试按照老师折纸的步骤图来折纸。"菲菲一听，皱起了眉头，于是我坐在她身边对她说："菲菲，老师坐在你边上看你折纸怎么样?"于是，菲菲在我的关注下，开始按照步骤图折纸。而我见她折出了第一步，就鼓励她说："菲菲，你真棒，你看，不用老师教，你就会折了，老师相信你一定能折出向日葵的。"说完，她原先皱着的小眉头舒展了很多，高兴地点点头，继续折纸。最后，在游戏时间快结束时，菲菲终于在多次拆拆折折后，让一朵美丽的向日葵在手中绽放。		

二、幼儿个别化学习活动的观察分析

个别化学习促进幼儿与环境材料的互动，积累与环境相关的经验，不断丰富对身边事物的认知，从而培养幼儿关注身边的问题，发现、质疑、解决问题的能力，以及操作探索的兴趣。在个别化学习当中，更多促进幼儿和材料环境进行互动，培养孩子自己去发现、去创作、去解决问题并操作材料的兴趣。在幼儿个别化学习活动中的观察分析，主要观察的是学习品质。

学习品质主要指学习态度、行为习惯、方法等与学习密切相关的基本素质，在幼儿期开始出现与发展，并对幼儿现在与将来的学习都具有重要影响。美国华盛顿州的教育文件中将其定义为：“能反映儿童自己以多种方式进行学习的倾向、态度、习惯、风格等。它不是指儿童所要获得哪些技能，而是儿童自己怎样使自己去获得各种各样的技能。”从这一定义可以看到，学习品质包括与学习有关的倾向、态度、习惯、风格、特质等，它不指向具体的方法、技能，而是指向儿童是如何获得、如何运用这些方法和技能的。在儿童的学习与发展中，并不存在一个单独的学习品质领域，学习品质渗透于健康、语言、社会、科学、艺术等领域的学习与发展之中。具体来说，可以重点关注幼儿以下方面的表现：

1. 好奇心和兴趣

好奇、好问、好动是人与生俱来的，幼儿一旦面临新奇的、神秘的事物，就会由内而外地产生一种动力，在这种内在需要的驱动下产生三种形式的探究行为：感官探究、动作探究、言语探究。正是通过这些探究使幼儿有选择地了解周围事物，并积累大量生活经验。成人可以鼓励幼儿提问，认真倾听和回应他们的问题；赞赏幼儿对问题答案的猜测、推想；可能的话，和幼儿一起阅读图书、做科学小实验，验证他们的猜测，激发他们继续探索的兴趣。要善于发现他们的好奇心和内驱力，充分利用大自然和日常生活机会帮助幼儿积累经验，引导幼儿运用多种方式发现问题、分析问题和解决问题。欣赏、接纳儿童的好奇心和探究行为，不论其在探索中出现什么错误，结果是对是错，都给予积极的鼓励和肯定。

2. 主动性与做计划

幼儿是与生俱来的主动的学习者，他们越来越有意识和有目的地做出选择、决定和做计划，这是他们学习主动性的重要体现。成人应保护幼儿主动做事的愿望与参与的积极性，尽可能给他们提供选择、表达愿望的机会，如去哪里玩？玩什么？和谁玩？怎么玩？成人应帮助幼儿理解计划的重要性，表示愿意配合执行计划。在生活中，成人应有意识地让幼儿感受到有计划的好处或缺少计划的坏处。成人应养成做事有计划的好习惯，潜移默化地影响幼儿。随着幼儿的成长，他们想做的事情会越来越多，所制订的计划越来越复杂，有时会需要几天的时间才能完成，并能从中得到成功的体验。

3. 解决问题的能力

“支持和鼓励幼儿在探究过程中积极动手动脑寻找答案或解决问题。”在活动的过程中，幼儿在与材料、他人互动时会遇到各种各样的问题。如果幼儿发现自己的行为会产生结果并解决问题，就可以培养其独立性和自信心。从尝试一个想法到多个想法直至他们找到一个有效方法的过程中，幼儿获得发展。面对的问题越复杂，幼儿的解决方法也变得越复杂。幼儿从只会被动地对问题做出反应到能够预判并采取行动预防问题发生的过程中，不断地提升解决问题的能力。

根据上述观察与分析要点，案例 3 “向日葵折纸” 的分析评价为：

【案例3】向日葵折纸（2）

分析评价

菲菲性格比较内向，缺少自信，很多时候还没开始她就先否定了自己，每次总是先求助于老师或同学，得到帮助后她才能安心进行游戏，所以当她在面对向日葵折纸的图示犯难时，教师让她根据图示板后面老师自制的步骤图进行折纸。因为从上学期开始，班上孩子接触剪纸较多，对于剪纸的一些基本符号已有一定了解，而对于折纸的基本符号鲜少了解，所以对于大部分孩子来说，观察原始图示，并根据图示折纸是有一定难度的。

三、幼儿个别化学习活动的观察指导

（一）材料支持，注重材料的开放性、功能性和层次性

给孩子足够的、成套的材料，供幼儿自己去进行探索和学习，在这个过程当中，幼儿可能会碰到一些困境，或者一些难题，他自己也会不断去探索和解决，这个非常重要。所以老师们需要非常关注对于材料投放的开放性。材料的投放也不是越多就越好，材料投放是有一定功能性和开放性的。材料的投放要考虑到幼儿的学习目标和幼儿本身的需要。所以材料投放的数量和种类要是不同的、成套的、开放的。提供材料时要关注到这个材料本身的可玩性、可变性、多样性，使材料可以让幼儿有更多自己探索的机会。有一类方法叫做低结构材料的投放，去满足幼儿的兴趣需求，并实时调整材料当中的一些内容。我们经常把低结构材料和废旧材料混淆，废旧材料其实是一些生活常见的、不用的材料。低结构材料是具有功能性的，是幼儿可以自由使用的，它不仅仅只是我们生活当中的一些废旧的材料。幼儿进行探索的时候，他需要一些低结构的可以塑形的材料，老师提供的辅助材料就应该是原来材料无法达到某种效果的。比如有时候教师提供一些纸、树枝、纸箱，幼儿可以根据自己需要来进行一些调整、使用，这几个材料它就是具备一定的功能性和开放性。

【资源链接】

大班：动物分类

动物分类是大班活动“动物大世界”中常见的个别化学习内容，经常能看到

老师利用教室墙面用几个不同颜色的图形作为集合圈。我经常看到在这个区域里的幼儿并没有投入活动中，而是东张西望或做其他事情。看看老师投放的材料就能发现幼儿不喜欢的原因，老师把分类的具体要求都贴在集合圈上，如“哺乳动物”“卵生动物”或“海洋动物”“陆地动物”“两栖动物”等。虽然老师也投放很多动物的图片，但是因为分类的要求很明确，孩子的操作只有一种答案，所以即使老师投放的动物图片再多，幼儿玩一两次后他们就知道答案了，对动物自然不感兴趣了。

于是，我尝试着只投放动物图片和集合圈，至于怎么分类，幼儿可以有自己的想法。刚开始幼儿是很简单地根据动物外表特征分类，如“2条腿的动物”和“4条腿的动物”，“有翅膀的动物”和“没有翅膀的动物”，也有“吃草的动物”和“吃肉的动物”等。我的要求很简单，就是“希望能有和别人不同的分法”。幼儿就要动一番脑筋思考怎么和别人不同，而且随着主题活动的开展，幼儿对动物的经验越来越丰富，他们自然而然开始出现难度较高的根据动物习性的分类，同时进一步发现了有些动物两种条件都满足，就开始出现交集，反映了幼儿对动物认知经验发展的过程。

（二）经验支持，设计的任务也要有层次性

七巧板在幼儿园当中非常常见，有时候老师们在小中大班都会投放这个材料，但是老师们有没有想过：这个材料在小中大班投放的时候，难度和提供的支持应该是不一样的。放在小班的时候老师要怎么来支持孩子？中班又会关注什么？到了大班又是如何呢？活动设置当中，不同年龄段难度设置是不一样的，同一个年龄段，也可以有不同层次的难度去满足幼儿不同的需要。根据孩子的喜爱程度，我们挑选了《小青花》的故事片段，如利用故事最后“小青花摔碎之后变成了真正的猫咪”这一内容，鼓励孩子将自己之前画的青花瓷剪碎后进行重新组合，变成新的小青花猫。当孩子有了自发的创作欲望和兴趣后，教师的作用就在于引导孩子重组已有的表达表现经验，以及借助由绘本而来的情感经验进行创意表现。

【案例链接】

拆装圆珠笔

科学区是让幼儿通过自己的探索发现去学习，获得相关经验。例如“拆装圆珠笔”，往往是教师准备一些圆珠笔，将它们全部拆成一个个小零件就投放给幼儿操

作。但孩子对于这些小零件一点都不了解其作用是什么，一堆零件让孩子没有方向，不知道如何操作，孩子就不会有兴趣去探索。教师可以提供装成一支圆珠笔所需要的相应材料和零件，并配上相应的安装步骤图。首先让孩子找到这些材料，然后孩子可以看着步骤图尝试将圆珠笔重新安装好，幼儿在感受到一些方法、体验到自己成功之后，教师再投放1—2支和前面安装方法类似的圆珠笔但是没有安装步骤图，让孩子自己探索安装方法。这样的安装步骤图能够让孩子清楚自己操作的目的、了解安装的方法，提高了材料的可操作性，孩子对材料的操作兴趣就会大大增加。

资料来源：幼师口袋公众号

（三）情感支持，言语互动推进探索

情感支持——顺应幼儿多元表达的需要，老师要作为一个好的提问者，用开放式的问题让幼儿回答出他们的一些想法和观点。在这个过程中老师千万不要把答案告诉幼儿，作为一个支持者，通过一些小小的提问，幼儿可能会有更多拓展，关键是千万不要帮幼儿回答问题。如何进行提问，如何来进行引导，是非常重要的。包括整理不同的提问方式、询问原因以及一些验证的问题；还要记得要等待，因为幼儿需要时间去进行思考；也不需要问太多问题，几个可能让幼儿更多去思考如何去进行延伸的问题即可。

参考以上的指导要点，案例3中菲菲折纸行为的指导建议为：

【案例3】向日葵折纸（3）

指导建议

1. 为幼儿提供一些折纸基本符号的参考图。

2. 可在图示板后面提供教师做的实物步骤图，让能力较弱的幼儿参考。

3. 利用同伴的力量。在美工区建立师徒任务卡，熟练的幼儿可以指导不会的幼儿，如果教会了，两人都有奖励。

注：【案例3】“向日葵折纸”完整的观察记录见本单元末“学习资源”。

【学思研训】

一、选择题

1. 在音乐欣赏活动中使用辅助材料，其目的是帮助学前儿童更好地（　　）。

A. 表现音乐作品　　B. 喜欢音乐作品

C. 感受和理解音乐作品　　D. 掌握音乐作品

2. 教师和幼儿是否建立良好关系，关键在于教师能否正确地看待幼儿，即(　　)。

A. 是否树立了正确的师生观

B. 是否树立了正确的儿童观

C. 是否树立了正确的教学理念

D. 是否树立了正确的知识观

3. 对幼儿发展状况评估的目的是（　　）。

A. 筛选、排队

B. 教师反思性成长

C. 提高保教质量

D. 了解幼儿的发展需要

4. 雨后天空出现了彩虹，教师不失时机地组织幼儿观看，体现了教育活动的(　　)特点。

A. 广泛性和启蒙性　　B. 趣味性和游戏性

C. 综合性和整合型　　D. 随机性和潜在性

5.《幼儿园教育指导纲要（试行）》中指出，幼儿的科学教育是科学启蒙教育，重在激发幼儿的（　　）。

A. 自尊、自信，培养幼儿关心、友好的态度和行为，促进幼儿个性健康发展

B. 幼儿的情感，培养初步的感受美、表现美的情趣和能力

C. 好奇心和探究欲望，发展认识能力

D. 参加游戏和其他各种活动，体验和同伴共处的乐趣

二、问答题

1. 如果要观察集体教学活动中的幼儿，你会采用什么观察方法，说一说理由。

2. 观看大班幼儿的科学探究活动视频，完成以下任务：

（1）撰写师幼互动观察记录；

（2）分析幼儿科学探究活动中的行为表现，并对教师的指导行为进行评价。

试题来源：2022 年全国职业院校技能大赛高职组学前教育专业教育技能赛项 B 赛项保教视频 10 赛题；学习网址：http://www.chinaskills-jsw.org/content.jsp?id=ff8080817f93a18e017fbf0213700064&classid=ff8080814ead5a970151265649470341.

【学习资源】

【案例 1】科学活动：沉与浮

轶事记录		
儿童姓名：正邦、文宇	性　　别：男	编号：06
年　　龄：3 岁 1 个月	观察日期：2019 年 10 月 31 日	
开始时间：9:00	结束时间：9:30	
观察地点：活动室	观 察 者：张老师	
观察目标：观察科学活动中幼儿的行为表现		
观察记录 在沉与浮的活动中，教师请幼儿想办法将其提供的材料浮起来。 场景一： 正邦拿着手中的橡皮泥，捏了捏，往水中一扔。“咦？怎么橡皮泥没有沉下去呢？为什么别人的橡皮泥是沉下去的？”于是，他从水中拿起了橡皮泥，又揉了揉，揉成团，仍不放心，又看了看，才放到了水中，沉下去了！“为什么同一块橡皮泥，一会儿沉一会儿浮呢？”他又琢磨开了。我问他：“刚才橡皮泥的形状一样不一样？有什么区别？”正邦想了想说：“摊开来的时候浮在了水面上，揉成团的时候沉下去了。” 场景二： 文宇选了鸡蛋，放入清水后沉了下去。一开始，他把鸡蛋放进了铁盒，因为铁盒能浮在水面上，他想通过铁盒的浮力，让鸡蛋也浮在水面上，刚开始还行，可慢慢的，鸡蛋又沉了下去。这时我走过去，提示他可以选择老师准备的调料——糖、盐、味精。之后，文宇一个个试，最终发现放了盐之后，鸡蛋浮起来了。		
分析评价 大班孩子敢于尝试、探索，富有挑战性的实验对于他们来说是非常乐于接受的活动。小实验“探索改变物体原状”引起了孩子们的极大关注，抓住了孩子们的兴趣点，这个内容对孩子来说是一个新的挑战，孩子可以带着任务去尝试，去探索。在实验过程中，根据孩子的特点及时调整与应对，在“抛接问题”中拓展了孩子的思维。		
指导建议 针对大班幼儿好奇好问、敢于尝试、愿意探索的行为特征，教师首先在活动中明确任务内容与操作要求，通过适当引导，规范幼儿的操作行为，以提高幼儿的实验水平。其次，教师要以开放性的探索问题引导幼儿关注自己的操作过程与实验结果，让幼儿在亲身体验中获得经验，并积极思考操作与结果的关系。最后，在大班科学活动中，教师还要关注幼儿各种能力的培养，如观察能力，记录能力及表达能力。		

【案例 2】吸纸屑

<table>
<tr><td colspan="2">实 况 详 录</td></tr>
<tr><td>儿童姓名：五个小朋友
年　　龄：4—5 岁
开始时间：8:30
观察地点：活动室</td><td>编号：06
观察日期：2019 年 10 月 31 日
结束时间：9:00
观 察 者：张老师</td></tr>
<tr><td colspan="2">观察目标：观察科学区中的幼儿的行为表现</td></tr>
<tr><td colspan="2">观察记录
今天，科学区里来的小朋友有思思、心心、鑫鑫、明明、乐乐，在科学区里，教师投放了神奇的纸屑。在选择区角的时候因为是新投放的材料，大部分孩子都非常喜欢，这些孩子一来到科学区就开始讨论这些纸屑和尺子是用来做什么的。明明说：“尺子是用来量纸的大小的，大的纸长度更长，小的更短。”乐乐说：“不对，这个尺子是用来画线用的，老师就经常用尺子这么做。”两人都觉得自己有道理就争论起来了，明明说：“我们去问问老师吧。”很快两个孩子找到了教师。在教师的指导下，孩子们知道了尺子和纸是用来做实验的，而且这个实验非常神奇。说干就干，两人很快就默契地点点头。可是实验做下来尺子没有像老师说的那么神奇，没有吸住纸呀。乐乐查看了下纸屑。说：“这个纸屑太大了，又大又重，尺子怎么吸得起来。”明明说：“把它撕得再小一点。”很快，两个孩子又开始撕起了纸屑，这次纸屑撕得又细又多，孩子们又开始实验了。这几个小朋友一起做实验，有的用尺子擦自己的皮肤，有的擦头发。擦皮肤的鑫鑫小胳膊变得红红的，可是还是不能够吸住纸屑。很快乐乐说：“哈哈，我成功了！”鑫鑫说：“教教我呢。”乐乐说：“尺子要多擦几下头发，这样就可以了。”很快大家再次尝试，哈哈，奇迹发生了，纸屑居然都立起来了，吸在了尺子上面，孩子们别提有多开心了。</td></tr>
<tr><td colspan="2">分析评价
《纲要》中提道，“小班幼儿的科学教育的价值在于注重儿童的情感态度和儿童探究问题、解决问题的能力”。“尺子吸纸”是个有趣的科学实验，孩子们通过实验了解到了摩擦生电的原理，知道了怎样通过摩擦让原本没有电的尺子产生静电从而吸住纸屑。在本次区域活动中，孩子们之所以对这个活动感兴趣，首先是因为对尺子能够吸住纸屑这一神奇的现象产生兴趣，但是为什么会这样呢，这是需要探索的，虽然探索了多次孩子们几乎都以失败告终，可孩子不放弃。其次是因为科学探索类的游戏有挑战的难度，孩子们一旦获得成功就会充满喜悦，这种喜悦是对自己的高度肯定，也是将来信心确立的源泉。</td></tr>
<tr><td colspan="2">指导建议
作为教师，在活动中应及时了解幼儿真实、已有的相关经验，从而设计适合孩子最近发展区的实验，本次实验能真实有效地解决幼儿理解方面的问题，促进幼儿在原有基础上科学探究的兴趣和能力的提高。在开放的探索活动过程中，幼儿更多地表现出个体的行为和思维特征，关注幼儿的游</td></tr>
</table>

续表

实况详录
戏过程和游戏行为，解读幼儿行为背后的思维特质和个体风格，把握教育的契机，适当的时候给予幼儿帮助，建立与幼儿的良好互动，从而实现区角游戏的价值。 在整个区角游戏阶段，指导幼儿的关键是："轻推一把"。"轻推一把"不是"推一把"，教师不是单纯地以"教师"身份出现，而是以双重角色身份参与幼儿的活动，并不断调整与幼儿的关系，从而有效地影响其游戏行为。游戏开始前，教师主要以"教师"身份指导幼儿游戏，发挥教师的教育指导作用；游戏过程中，教师则更多是以"角色"身份参与幼儿的游戏，以隐性的方式引导幼儿的游戏；游戏结束时，教师以"教师"身份组织幼儿总结游戏，提出新要求，同时又以"角色"身份与幼儿共同讨论游戏过程，共享游戏的乐趣。正是在"教师"与"角色"的双重身份切换中，教师不断发挥着"魔力"，促进幼儿游戏水平的提高。

【案例3】向日葵折纸

实况详录		
幼儿姓名：菲菲	性　　别：女	编号：04
年　　龄：3岁2个月	观察日期：2019年10月12日	
开始时间：10:40	结束时间：10:50	
观察地点：手工区	观 察 者：岑老师	
观察目标：观察菲菲的折纸行为		
观察记录 区域活动开始后，孩子们纷纷来到自己喜欢的活动区活动，而菲菲却在教室里转来转去，这个区域看看，那个区域瞅瞅，就是不能下定决心去哪里游戏。就在她四处张望的时候，大部分区域都满员了，孩子们也开始游戏起来了。 菲菲没有办法，只好很不情愿地坐在了唯一还没坐满的美工区进行游戏。只见，菲菲手里拿着一张黄色的手工纸，眼睛一会看着向日葵的折纸图示，一会看着旁边正在折纸的同伴，就是不见她动手折纸。过了一会儿，菲菲开始烦躁起来，她面对自己眼前较为复杂的图示有些失去耐心。这时，她放下彩纸向我走过来说："老师，我不会折，你能过来帮我折一下吗？"我微微一笑，对她说："你可以按照图示，一步一步折啊。"菲菲马上就说："可是我看不懂图示啊。"听到菲菲的话，我让菲菲坐到了桌子的另一面，对她说："你看，这里有老师准备的步骤图，你可以尝试按照老师折纸的步骤图来折纸。"菲菲一听，皱起了眉头，于是我坐在她身边对她说："菲菲，老师坐在你边上看你折纸怎么样？"于是，菲菲在我的关注下，开始按照步骤图折纸。而我见她折出了第一步，就鼓励她说："菲菲，你真棒，你看，不用老师教，你就会折了，　　老师相信你一定能折出向		

续表

实况详录
日葵的。”说完，她原先皱着的小眉头舒展了很多，高兴地点点头，继续折纸。最后，在游戏时间快结束时，菲菲终于在拆拆折折的多次后，一朵美丽的向日葵在手中绽放。
分析评价 菲菲性格比较内向，缺少自信，很多时候还没开始她就先否定了自己，每次总是先要求助于老师或同学，得到帮助后她才能安心进行游戏，所以当她在面对向日葵折纸的图示犯难时，让她根据图示板后面老师自制的步骤图进行折纸。因为从上学期开始，我班孩子接触剪纸较多，对于剪纸的一些基本符号已有一定了解，而对于折纸的基本符号鲜少了解，所以对于大部分孩子来说，观察原始图示，并根据图示折纸是有一定难度的。
指导建议 1. 为幼儿提供一些折纸基本符号的参考图。 2. 可在图示板后面提供教师做的实物步骤图，让能力较弱的幼儿参考。 3. 利用同伴的力量。在美工区建立师徒任务卡，熟练的幼儿可以指导不会的幼儿，如果教会了，两人都有奖励。

参考文献

[1] [美] 沃伦 · R · 本特森. 观察儿童：儿童行为观察记录指南（第二版）[M]. 于开莲，王银玲，译. 北京：人民教育出版社，2017.

[2] 蔡春美，洪福财，邱琼慧. 幼儿行为观察与记录 [M]. 上海：华东师范大学出版社，2013.

[3] [英] 莎曼等. 观察儿童实践操作指南（第三版）[M]. 单敏月，王晓平，译. 上海：华东师范大学出版社，2008.

[4] 陈向明. 质的研究方法与社会科学研究 [M]. 北京：教育科学出版社，2000.

[5] 黄意舒. 儿童行为观察法与应用 [M]. 台北：心理出版社，1996.

[6] 施燕，韩春红. 学前儿童行为观察 [M]. 上海：华东师范大学出版社，2010.

[7] 朱晓娟. 幼儿园教师反思能力培养研究 [M]. 北京：教育科学出版社，2008.

[8] 王翠肖. 幼儿行为观察与记录精选 [M]. 北京：北京交通大学出版社，2017.

[9] 冯晓霞. 幼儿园课程 [M]. 北京：北京师范大学出版社，2001.

[10] [美] 尼尔 · J · 萨尔金德. 心理学研究方法（第九版）[M]. 北京：中国人民大学出版社，2019.

[11] [美] 纽曼等. 发展心理学（第八版）[M]. 白学军等，译. 西安：陕西师范大学出版社，2005.

[12] 中共教育科学研究所学前教育研究室. 幼儿园教育质量评价手册 [M]. 北京：教育科学出版社，2020.

[13] [美] 劳拉 · E · 贝克. 婴儿、儿童和青少年（第 5 版）[M]. 桑标，译. 上海：上海人民出版社，2014.

[14] [美] 谢弗等. 发展心理学：儿童与青少年（第八版）[M]. 邹泓等，译. 北京：中国轻工业出版社，2009.

[15] 彭聃龄. 普通心理学 [M]. 北京：北京师范大学出版社，2001.

[16] 鄢超云. 学前教育评价 [M]. 北京：高等教育出版社，2013.

[17] 李晓巍. 幼儿行为观察与案例 [M]. 上海：华东师范大学出版社，2017.

[18] 李季湄，冯晓霞.《3—6 岁儿童学习与发展指南》解读 [M]. 北京：人民教育出版社，2013.
[19] 柳倩，周念丽，张晔. 学前儿童健康学习与发展核心经验 [M]. 南京：南京师范大学出版社，2016.
[20] 叶平枝. 幼儿园健康领域教育精要——关键经验与活动指导 [M]. 北京：教育科学出版社，2020.
[21] 潘月娟. 学前儿童观察与评价 [M]. 北京：北京师范大学出版社，2015.
[22] 刘焱. 儿童游戏通论 [M]. 北京：北京师范大学出版社，2014.
[23] 杨枫. 学前儿童游戏 [M]. 北京：高等教育出版社，2019.
[24] 于开莲. 幼儿行为观察与指导 [M]. 北京：北京理工大学出版社，2018.
[25] 王淑琴，郭丽璟. 幼儿体育教学活动创新设计 [M]. 杭州：浙江大学出版社，2005.
[26] 刘晨. 基于《幼儿园教师专业标准》的幼儿园教师专业能力调查研究 [D]. 保定：河北大学，2016.
[27] 刘佳丽. 教师运用《指南》观察儿童的策略 [D]. 成都：四川师范大学，2012.
[28] 李忠毅. 区域活动中幼儿园教师观察行为研究 [D]. 贵阳：贵州师范大学，2019.
[29] 李振威. 幼儿自由活动中教师观察行为存在问题及优化策略 [D]. 锦州：渤海大学，2019.
[30] 杨雪. 幼儿园教师观察记录文本的个案研究 [D]. 成都：成都大学，2020.
[31] 刘昆. 幼儿园教师的儿童行为观察与支持素养的提升研究：以 2—5 年教龄的适应期教师为例 [D]. 上海：华东师范大学，2018.
[32] 夏靖. 轶事记录法在幼儿评价中的应用 [J]. 学前教育研究，2003（21）：50-52.
[33] 但菲，梁美玉，薛瞧瞧. 教师对幼儿情绪表达事件的态度及其意义 [J]. 学前教育研究，2014（240）.
[34] 李芹. 关于教师专业能力本质的思考 [J]. 中国教育学刊，2013（S2）.
[35] 郝林晓，折延东. 教师专业能力结构及其成长模式探析 [J]. 教育理论与实践，2004（14）.
[36] 刘占兰. 幼儿园教师的专业能力 [J]. 学前教育研究，2012（11），5-11.
[37] 冯建军. 论个性化教育的理念 [J]. 教育科学，2004（2）.
[38] 刘占兰. 学前教育的普及必须兼顾质量的提高——谈《规划纲要》中基本普及学前教育的内涵与措施 [J]. 学前教育研究，2010（10）.
[39] 刘占兰. 我国幼儿园教育质量的现状——与 1992 年幼儿园质量状况比较 [J]. 学前教育研究，2012（2）：3-10.

[40] 黄美蓉.《3—6 岁儿童学习与发展指南》引领下幼师生观察能力的培养 [J]. 宁波教育学院学报，2017 (19).

[41] 张文新，张福建. 学前儿童在园攻击性行为的观察研究 [J]. 心理发展与教育，1996 (4).

[42] 赵雯. 例谈教师观察分析技能的培养 [J]. 早期教育 (教师版)，2015 (3).

[43] 李霈，叶一舵. 婴幼儿同伴交往中的家庭影响及教育策略 [J]. 教育评论，2017 (12).

[44] 孙盈盈. 浅谈幼儿良好午睡习惯的培养——中班幼儿午睡存在的问题与对策 [J]. 教育 (文摘版)，2016 (7).

[45] 张彤彤，陈红梅. 幼儿园午睡环境存在问题的分析及对策 [J]. 中外企业家，2018 (2).

[46] 王锟，马丽娜. 幼儿园教师组织幼儿午睡活动存在的问题及对策——以云南省玉溪市 A 幼儿园为例 [J]. 家教世界，2017 (12).

[47] 吴晓玥. 从绘本到表演游戏的实践探索——以绘本《谁咬了我的大饼》的表演为例 [J]. 幼儿教育研究，2018 (4).

[48] 李曼. 表演游戏中提升幼儿游戏性体验的策略探析 [J]. 保育与教育，2022 (1).

[49] 蚁树英. 基于动作发展核心经验的幼儿运动指导策略——以匍匐爬动作发展为例 [J]. 福建教育，2019 (24).

[50] 朱秀华. 自主学习 自在成长——记一次中班幼儿“平衡区”运动的观察与思考 [J]. 好家长，2020 (45).

[51] 潘婷. 小班生活操作区游戏推进策略 [J]. 福建教育，2019 (33).

[52] 刘晨. 民间游戏促进幼儿手部精细动作发展的实践研究 [C]. 第二届张雪门教育思想研讨会论文集，2020 (12).